低压电工作业

（2021 练习题版）

全国安全生产教育培训教材编审委员会　组织编写

中国矿业大学出版社
·徐州·

图书在版编目(CIP)数据

低压电工作业/全国安全生产教育培训教材编审委员会组织编写.—修订本.—徐州:中国矿业大学出版社,2015.8(2021.4 重印)

ISBN 978-7-5646-2713-3

Ⅰ.①低… Ⅱ.①全… Ⅲ.①低电压-电工-安全培训-教材 Ⅳ.①TM08

中国版本图书馆 CIP 数据核字(2015)第 116949 号

书　　名　低压电工作业
组织编写　全国安全生产教育培训教材编审委员会
责任编辑　周　丽
出　　版　中国矿业大学出版社有限责任公司
（江苏省徐州市解放南路　邮编 221008）
印　　刷　涿州市旭峰德源印刷有限公司
开　　本　787 mm×1092 mm　1/16　**印张**　16.25　**字数**　406 千字
版次印次　2015 年 8 月第 1 版　2021 年 4 月第 4 次印刷
定　　价　48.00 元
（图书出现印装质量问题,请联系调换:010-64463761　64463729）

前　言

为贯彻落实《国务院安委会关于进一步加强安全培训工作的决定》（安委〔2012〕10号），进一步做好特种作业人员的培训和考核工作，提高从业人员安全素质，我们组织专家对《低压电工作业》（2013 年 3 月第 1 版）进行了修订。该教材是低压电工作业人员考试配套教材，也可作电工作业人员自学的工具书。

本次修订以“特种作业人员安全技术培训大纲及考核标准”（AQ 标准）为依据，按照新《中华人民共和国安全生产法》、《特种作业人员安全技术培训考核管理规定》（2013 年修正）等最新颁布的法律法规要求，对原有教材内容进行了调整修改，同时为配合全国特种作业人员操作证资格考试，在每章后面增加模拟考试练习题，为提高培训质量和考试的针对性、实效性提供支持。

本教材的内容主要包括：绪论、电工基础知识、常用低压电器、异步电动机、照明电路、电力线路、常用电工测量仪表、手持电动工具和移动式电气设备、防雷与防静电、电气防火防爆、接触电击防护、电气安全管理、安全用具和安全标志、触电事故与急救。

本教材共十四章，由徐三元担任主编，柳红卫担任副主编。各章节编写分工如下：第一、九、十四章，黄新文；第二、三章，王运莉、庄志惠；第四、五、六章，谭伟光、徐超志；第七章，梁健；第八章，庄志惠；第十章，徐超志；第十一、十二章，梁健；第十三章，镡志伟、庄志惠。本教材由应急管理部培训中心组织审定，崔恩刚、钮英建进行了审稿。

教材在编写与修订过程中，得到了应急管理部有关领导和有关司局的指导与帮助，部分省市应急厅（局）、培训机构和广东省安全生产技术中心也给予了大力支持，在此一并表示感谢。

2021 年 3 月

目　录

第一章　绪　　论

第一节　电气安全的重要性

电能已成为现代化建设中最普遍使用的能源之一，不论生产还是生活都离不开电。电力的广泛使用促进了经济的发展，丰富了人们的生活。但是，在电力的生产、配送、使用过程中，电力线路和电气设备在安装、运行、检修、试验的过程中，会因线路或设备的故障、人员违章行为或大自然的雷击、风雪等原因酿成触电事故、电力设备事故或电气火灾爆炸事故，导致人员伤亡，线路或设备损毁，造成重大经济损失，这些电气事故引起的停电还会造成更严重的后果。

从实际发生的事故中可以看到，70%以上的事故都与人为过失有关，有的是不懂得电气安全知识或不掌握安全操作技能，有的是忽视安全，麻痹大意或冒险蛮干，违章作业。因此，必须高度重视电气安全问题，采取各种有效的技术措施和管理措施，防止电气事故，保障安全用电。

第二节　电工作业人员的安全职责

电力的广泛应用，使从事电工作业的人员广泛分布在各行各业。电工作业过程可能存在如触电、高处坠落等危险，直接关系到电工的人身安全。电工作业人员要切实履行好安全职责，确保自己、他人的安全和各行各业的安全用电。作为一名合格的电工，应履行好以下职责：

(1) 认真贯彻执行有关用电安全规范、标准、规程及制度，严格按照操作规程进行作业；

(2) 负责日常现场临时用电安全检查、巡视和检测，发现异常情况采取有效措施，防止发生事故；

(3) 负责日常电气设备、设施的维护和保养；

(4) 负责对现场用电人员进行安全用电操作安全技术交底，做好用电人员在特殊场所作业的监护作业；

(5) 积极宣传电气安全知识，维护安全生产秩序，有权制止任何违章指挥或违章作业行为。

第三节　低压电工作业的安全技术培训、考核要求

为有效预防电气安全事故发生，规范电工作业人员的管理，我国将电工作业人员纳入特种作业人员管理。特种作业人员是指直接从事特种作业的人员，而特种作业是指容易发生人员伤亡事故，对操作者本人、他人及周围设施的安全可能造成重大危害的作业。

《中华人民共和国安全生产法》第二十七条规定，生产经营单位的特种作业人员必须按照国家有关规定经专门的安全作业培训，取得相应资格，方可上岗作业。第九十四条规定，生产经营单位特种作业人员未按照规定经专门的安全作业培训并取得相应资格，上岗作业的，责令生产经营单位限期改正，可以处五万元以下的罚款；逾期未改正的，责令停产停业整顿，并处五万元以上十万元以下的罚款，对其直接负责的主管人员和其他直接责任人员处一万元以上二万元以下的罚款。企业、事业单位使用无特种作业操作证人员从事特种作业的，发生重大伤亡事故或者造成其他严重后果，按《中华人民共和国刑法》一百三十四条规定，处三年以下有期徒刑或者拘役；情节特别恶劣的，处三年以上七年以下有期徒刑。

2010 年 5 月，国家安全生产监督管理总局发布了《特种作业人员安全技术培训考核管理规定》(国家安全生产监督管理总局令 30 号)，具体规定了电工作业、焊接与热切割作业、高处作业、制冷作业、危险化学品安全作业等 11 个作业类别为特种作业，电工作业是指对电气设备进行运行、维护、安装、检修、改造、施工、调试等作业(不含电力系统进网作业)，分为低压电工、高压电工、防爆电气作业。本教材主要适用于低压电工作业培训。

特种作业人员应当符合下列条件：

(1) 年满 18 周岁，且不超过国家法定退休年龄；

(2) 经社区或者县级以上医疗机构体检健康合格，并无妨碍从事相应特种作业的器质性心脏病、癫痫、美尼尔氏征、眩晕、癔症、震颤麻痹、精神病、痴呆以及其他疾病和生理缺陷；

(3) 具有初中及以上文化程度；

(4) 具备必要的安全技术知识与技能；

(5) 相应特种作业规定的其他条件。

危险化学品特种作业人员除符合前款第(1)项、第(2)项、第(4)项和第(5)项规定的条件外，应当具备高中或者相当于高中及以上文化程度。

特种作业人员符合上述条件并接受与本工种相适应的专门的安全技术培训，经安全技术理论考核和实际操作技能考核合格，持证上岗。特种作业操作证全国通用，每 3 年复审 1 次。特种作业人员在特种作业操作证有效期内，连续从事本工种 10 年以上，严格遵守有关安全生产法律法规的，经原考核发证机关或者从业所在地考核发证机关同意，特种作业操作证的复审时间可以延长至每 6 年 1 次。

根据国家安全生产监督管理总局《电工作业人员安全技术培训大纲及考核标准》(试行)，低压电工作业是指对 1 kV 以下的低压电气设备进行安装、调试、运行操作、维护、检修、改造施工和试验的作业。低压电工作业培训考核要求见表 1-1、表 1-2。

表 1-1　　低压电工作业人员安全技术培训要求

项目		培训内容	学时
安全技术知识（88 学时）	安全基本知识（20 学时）	安全生产常识	4
		触电事故及现场救护	4
		防触电技术	4
		电气防火与防爆	4
		防雷和防静电	4
	安全技术基础知识（24 学时）	电工基础知识	8
		电工仪表及测量	8
		电工安全用具与安全标识	4
		电工工具及移动电气设备	4
	安全技术专业知识（40 学时）	低压电气设备	12
		异步电动机	8
		电气线路	8
		照明设备	8
		电力电容器	4
	复习		2
	考试		2
实际操作技能（60 学时）		低压电气设备安装与调试操作	14
		低压配电及电气照明安装操作	10
		电气设备维护与检修操作	12
		电工测量操作	8
		防火防雷设备使用操作	4
		安全用具使用操作	4
		触电急救操作	4
		复习	2
		考试	2
合计			148

表 1-2　　低压电工作业人员安全技术复审培训要求

项目	培训内容	学时
复审培训	典型事故案例分析 相关法律、法规、标准、规范 电气方面的新技术、新工艺、新材料	6
	复习	1
	考试	1
合计		8

习题一

一、判断题

1. 取得高级电工证的人员就可以从事电工作业。

2. 有美尼尔氏征的人不得从事电工作业。

3. 企业、事业单位使用未取得相应资格的人员从事特种作业的，发生重大伤亡事故，处三年以下有期徒刑或者拘役。

二、填空题

4. 国家规定了__________个作业类别为特种作业。

5. 特种作业人员必须年满__________周岁。

6. 特种作业操作证有效期为__________年。

7. 特种作业操作证每__________年复审1次。

8. 电工特种作业人员应当具备__________及以上文化程度。

9. 低压运行维修作业是指在对地电压__________及以下的电气设备上进行安装、运行、检修、试验等电工作业。

三、单选题

10. 以下说法中，错误的是(　)。

A.《安全生产法》第二十七条规定：生产经营单位的特种作业人员必须按照国家有关规定经专门的安全作业培训，取得相应资格，方可上岗作业

B.《安全生产法》所说的"负有安全生产监督管理职责的部门"就是指各级安全生产监督管理部门

C. 企业、事业单位的职工无特种作业操作证从事特种作业，属违章作业

D. 特种作业人员未经专门的安全作业培训，未取得相应资格，上岗作业导致事故的，应追究生产经营单位有关人员的责任

11. 以下说法中，错误的是(　)。

A. 电工应严格按照操作规程进行作业

B. 日常电气设备的维护和保养应由设备管理人员负责

C. 电工应做好用电人员在特殊场所作业的监护

D. 电工作业分为高压电工、低压电工和防爆电气

12. 生产经营单位的主要负责人在本单位发生重大生产安全事故后逃匿的，由(　)处15日以下拘留。

A. 公安机关　　B. 检察机关　　C. 安全生产监督管理部门

13.《安全生产法》规定，任何单位或者(　)对事故隐患或者安全生产违法行为，均有权向负有安全生产监督管理职责的部门报告或者举报。

A. 职工　　B. 个人　　C. 管理人员

14. 特种作业人员未按规定经专门的安全作业培训并取得相应资格，上岗作业的，责令生产经营单位(　)。

A. 限期改正　　B. 罚款　　C 停产停业整顿

15.《安全生产法》立法的目的是加强安全生产工作，防止和减少(　)，保障人

民群众生命和财产安全，促进经济发展。

A. 生产安全事故　　B. 火灾、交通事故　　C. 重大、特大事故

16. 特种作业人员在操作证有效期内，连续从事本工种 10 年以上，无违法行为，经考核发证机关同意，操作证复审时间可延长至(　)年。

A. 4　　B. 6　　C. 10

17. 从实际发生的事故中可以看到，70%以上的事故都与(　)有关。

A. 技术水平　　B. 人的情绪　　C. 人为过失

18. 工作人员在 10 kV 及以下电气设备上工作时，正常活动范围与带电设备的安全距离为(　)m。

A. 0.2　　B. 0.35　　C. 0.5

19. 接地线应用多股软裸铜线，其截面积不得小于(　)mm^2。

A. 6　　B. 10　　C. 25

20. 装设接地线，当检验明确无电压后，应立即将检修设备接地并(　)短路。

A. 单相　　B. 两相　　C. 三相

21. 低压带电作业时，(　)。

A. 既要戴绝缘手套，又要有人监护

B. 戴绝缘手套，不要有人监护

C. 有人监护不必戴绝缘手套

四、多项选择题

22. 下列工种属特种作业的有(　)。

A. 电工作业　　B. 金属焊接切割作业

C. 登高架设作业　　D. 压力容器作业

23. 特种作业人员应当符合的条件有(　)等。

A. 具备必要的安全技术知识和技能

B. 具有高中及以上文化程度

C. 具有初中及以上文化程度

D. 经社区及以上医疗机构体检合格，并无妨碍从事相应特种作业的疾病和生理缺陷

24. 电工作业是指对电气设备进行(　)等作业。

A. 运行、维护　　B. 安装、检修　　C. 改造、施工　　D. 调试

五、简答题

25. 电工作业包括哪几个工种?

26. 特种作业人员哪些行为，是给予警告，并处 1 000 元以上 5 000 元以下的罚款的?

第二章　电工基础知识

第一节　直 流 电 路

一、电路的基本概念

（一）电路和电路图

电路是为了某种需要，将电气设备和电子元器件按照一定方式连接起来的电流通路。直流电通过的电路称为直流电路。电路图是为了研究和工程的实际需要，用国家标准化符号绘制的、表示电路设备装置组成和连接关系的简图(图 2-1)。

电路一般都是由电源、负载、控制设备和连接导线四个基本部分组成的。

在实际生产中，电路中还常装有其他一些设备，例如熔丝、测量仪表等，作为保护测量及监视电路用。图 2-1 所示为最简单的电路。

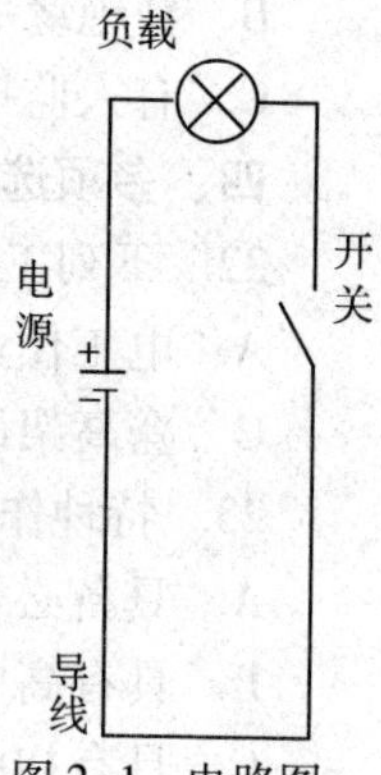

图 2-1　电路图

（二）电路的基本物理量

1. 电荷、电场和电场强度

带电的基本粒子称为电荷，失去电子带正电的粒子叫正电荷，得到电子带负电的粒子叫负电荷。电荷的多少用电量或电荷量来表示；电量的符号是 Q，单位是 C(库仑)。

电场是电荷及变化磁场周围空间里存在的一种特殊物质。电场对放入其中的电荷有作用力，这种力称为电场力；当电荷在电场中移动时，电场力对电荷做功，说明电场具有通常物质所具有的力和能量等特征。电场的强弱用电场强度表示，符号是 E，单位为 V/m(伏/米)。

2. 电流和电流密度

电流是电路中既有大小又有方向的物理量。电荷在导体中的定向移动形成电流。电流方向规定为正电荷移动的方向，与电子移动的方向相反。在生产和生活中，常把电流分为直流电和交流电两大类。直流电是指方向不随时间做周期性变化，但大小可能不固定的电流。交流电是指大小和方向随时间做周期性变化的电流。

电流大小是衡量电流强度的物理量，等于单位时间内通过导体截面电荷总量。

3. 电位、电压和电动势

电位，也称电势，是衡量电荷在电路中某点所具有能量的物理量。电路中某点的电位，数值上等于正电荷在该点所具有的能量与电荷所带电荷量的比。电位是相对的，电路中某点电位的大小，与参考点(即零电位点)的选择有关。电位是电能的强度因素，它的单位是 V(伏特)。

生活中常见水往低处流，是因为水流两端存在水位差，同理，能促使电流形成的条件是导体两端有电位差(电势差)的存在，即电压。

电压是衡量电场做功本领大小的物理量，在一个闭合的外电路，电流总是从电源的正极经过负载流向电源的负极，电场力做功，将电能转换为其他形式的能。而内电路，电源是如何建立并维持正极与负极之间的电位差的呢？任何一种电源都是一个能量转换装置，它能把正电荷从负极不断地持续地流通到正极。电动势则是衡量这种将电源内部的正电荷从电源的负极推动到正极、将非电能转换成电能本领大小的物理量，用符号 E 表示，单位为 V(伏特)。电动势也是电路中既有大小又有方向的物理量，方向规定为从低电位点指向高电位点，即从电源的负极指向正极。

常用的电位、电压、电动势的单位还有 kV(千伏)、mV(毫伏)和 μV(微伏)。它们之间的换算关系为:

$$1\ \text{kV} = 1\ 000\ \text{V},\ 1\ \text{V} = 1\ 000\ \text{mV},\ 1\ \text{mV} = 1\ 000\ \mu\text{V}$$

4. 电阻

电阻是电流遇到的阻力，用符号 R 或 r 表示。导体的电阻与其材料的电阻率和长度成正比，而与其横截面积成反比。电阻率是单位长度、单位截面积导体的电阻，不同材料导体的电阻率不尽相同。20 ℃时导体的电阻可用下式表示，即

$$R=\rho\frac{L}{S}$$

式中，R 为导体电阻，单位是 Ω(欧姆)；L 为导体的长度，单位是 m；S 为导体的截面积，单位是 mm^2，ρ 为导体的电阻率，单位是 $\Omega\cdot\text{mm}^2/\text{m}$。

电阻的常用单位是 Ω(欧姆)，也可用 kΩ(千欧)和 MΩ(兆欧)等作单位，它们之间的换算关系为:

$$1\ \text{k}\Omega = 1\ 000\ \Omega,\ 1\ \text{M}\Omega = 1\ 000\ \text{k}\Omega$$

电阻是导体自身的特性，与导体的材料、温度、长度等有关系。绝大多数的金属材料温度升高时，电阻将增大；而石墨、碳等在温度升高时，电阻反而减小，至于康铜及锰钢等合金，受温度的影响极小，电阻比较稳定。

二、电路的欧姆定律

(一) 欧姆定律

1. 部分电路的欧姆定律

[JP2]欧姆定律是反映电路中电压、电流和电阻之间关系的定律。欧姆定律指出，当导体温度不变时，通过导体的电流与加在导体两端的电压成正比，而与其电阻成反比。如图 2-2(a)所示电路，即[JP]

$$U=IR \quad 或 \quad I=U/R$$

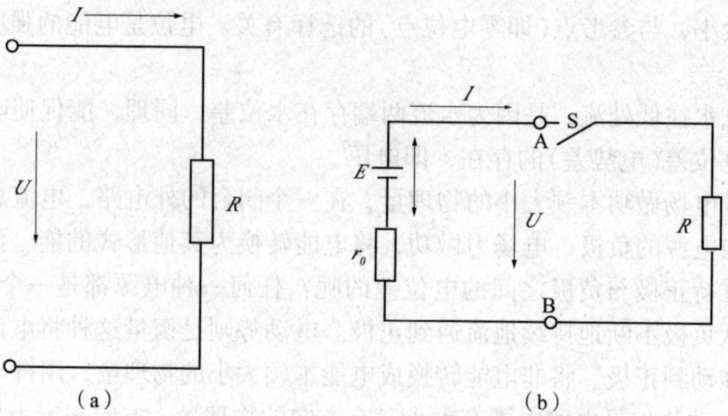

图 2-2　电路图

(a) 部分电路；(b) 全电路

2. 全电路的欧姆定律

包含电源的闭合电路称为全电路。图 2-2(b)是简单的全电路。全电路的欧姆定律指出，电流的大小与电源的电动势成正比，而与电源内部电阻 r_0 与负载电阻(R)之和(r_0+R)成反比，即

$$E=I(R+r_0)=U+Ir_0 \quad 或 \quad I=E/(R+r_0)$$

由上式可知，当电源两端开路时，电流为零，电源端电压在数值上等于电源的电动势。

（二）电阻的串联、并联和混联

1. 电阻的串联电路

两个或两个以上电阻首尾依次相连，使电流只有一条通路的电路称为电阻的串联电路。电阻的串联电路有如下特点：

① 流过各电阻的电流相等，即

$$I=I_1=I_2=I_3=\cdots=I_n$$

式中，下标 1，2…n，分别表示第 1、第 2…第 n 个电阻(以下相同)。

② 电路总电阻 R 等于各串联电阻之和，即

$$R=R_1+R_2+\cdots+R_n$$

③ 电路总电压 U 等于各电阻的分电压之和，即

$$U=U_1+U_2+\cdots U_n=I_1R_1+I_2R_2+\cdots I_nR_n$$

由此可见，电压的分配与电阻成正比，即电阻越大，其分电压也越大，这就是串联电阻的分压原理。

两个电阻的简单串联电路如图 2-3(a)所示，可以推知有如下关系成立：

$$U=U_1+U_2,\quad R=R_1+R_2$$

$$I=I_1=I_2 \quad 即\frac{U}{R}=\frac{U_1}{R_1}=\frac{U_2}{R_2}$$

2. 电阻的并联电路

两个或两个以上电阻的首尾两端分别接在电路中相同的两节点之间，使电路同时存在几条通路的电路称为电阻的并联电路。并联电路有以下性质：

① 各电阻两端电压相等，即

$$U=U_1=U_2=\cdots=U_n$$

② 电路中的总电流 I 等于各电阻中的电流之和，即

$$I=I_1+I_2+\cdots+I_n$$

③ 电路中的等效电阻 R（即总电阻）的倒数等于各并联电阻的倒数之和，即

$$\frac{1}{R}=\frac{1}{R_1}+\frac{1}{R_2}+\cdots+\frac{1}{R_n}$$

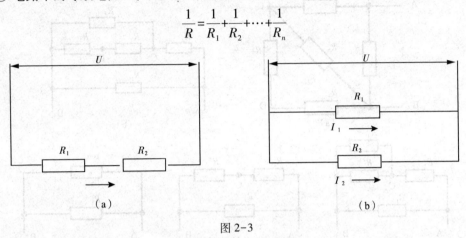

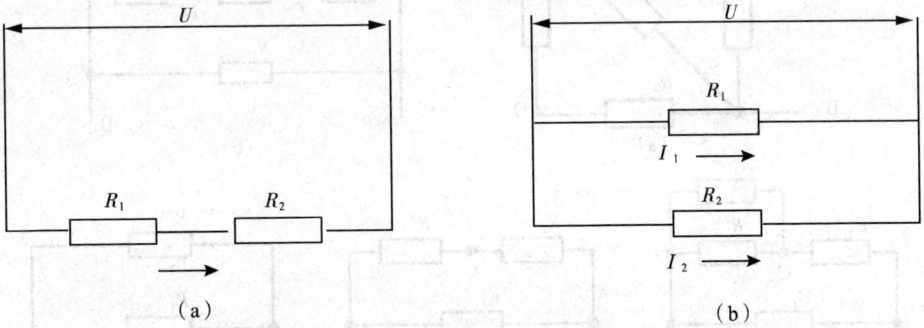

图 2-3

(a) 简单串联电路；(b) 简单并联电路

由此可见，电流的分配与支路电阻成反比，即支路电阻越大其分电流越小；这就是并联电阻的分流原理。

两个电阻的简单并联电路如图 2-3(b) 所示，可以推知有如下关系成立：

$$U=U_1=U_2 \text{ 和 } I=I_1+I_2$$

$$\frac{1}{R}=\frac{1}{R_1}+\frac{1}{R_2} \qquad \text{即 } R=\frac{R_1R_2}{R_1+R_2}$$

3. 电阻的混联电路

既有电阻串联又有电阻并联的电路称为混联电路。这种电路的计算方法如下：首先整理化简电路，把几个串联或并联的电阻分别用等效电阻来代替，然后求出该电路的总电阻，根据电路的总电压、总电阻计算出该电路的总电流，最后计算出各部分的电压和电流等。

例　已知图 2-4(a) 中 $R_1=R_2=R_3=R_4=R_5=1\ \Omega$，求 AB 间的等效电阻 R_{AB}。

解　先按照上述办法画出图 2-4(a) 所示一系列等效电路，然后进行计算。

因为 R_3 和 R_4 依次相连，中间无分支，则它们是串联，其等效为图 2-4(b)：

$$R'=R_3+R_4=2(\Omega)$$

此时图 2-4(b) 可等效为图 2-4(c)，可看出，R_5 和 R' 都接在相同的两点 BC 之间，则它们是并联，其等效电阻：

$$R''=R_5//R'=\frac{R_5R'}{R_5+R'}=\frac{1\times2}{1+2}=\frac{2}{3}(\Omega)$$

此时图 2-4(c) 又可等效为图 2-4(d)，可看出，R_2 和 R'' 依次相连，中间无分支是串联，则它们的等效电阻为：

$$R'''=R_2+R''=1+\frac{2}{3}=\frac{5}{3}(\Omega)$$

此时图 2-4(d) 可等效为图 2-4(e)。根据图 2-4(e) 很容易看出 R_1 和 R''' 并联，于是

AB 间的等效电阻为：

$$R_{AB}=R_1//R'''=\frac{R_1R'''}{R_1+R'''}=\frac{5}{8}(\Omega)$$

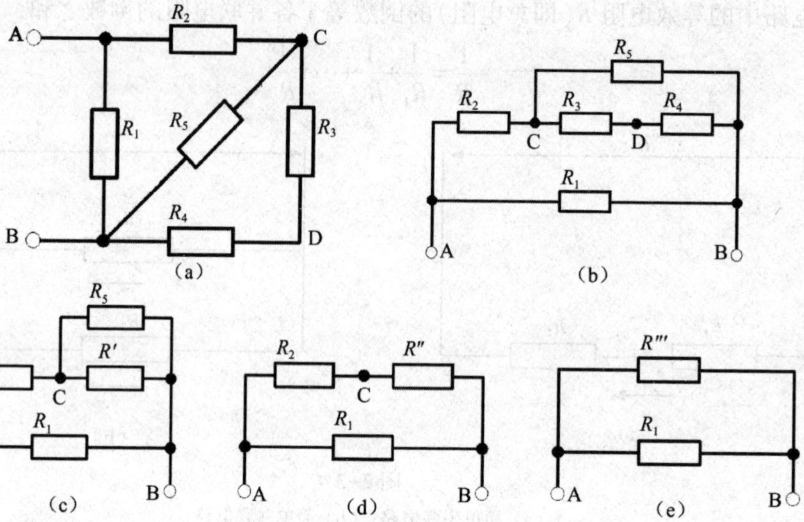

图 2-4

三、基尔霍夫定律

基尔霍夫定律是电路中电压和电流所遵循的基本规律，是分析和计算较为复杂电路的基础，既可以用于直流电路的分析，也可以用于交流电路的分析。

1. 基尔霍夫电流定律

基尔霍夫电流定律也称为基尔霍夫第一定律，该定律表述为：对于电路中任一节点，流入节点的电流之和恒等于流出节点的电流之和。图 2-5 中，I_1、I_2 是流入节点 D 的电流，I_3 是流出节点 D 的电流。根据基尔霍夫电流定律，I_1、I_2、I_3 之间关系为：

$$I_1+I_2=I_3 \quad 或 \quad I_1+I_2-I_3=0$$

电流是有大小和方向的物理量，即有正有负；绕行方向与电动势或电压降方向一致的电压取正号，反之取负号。电路中任意一节点的电流代数和为零，即

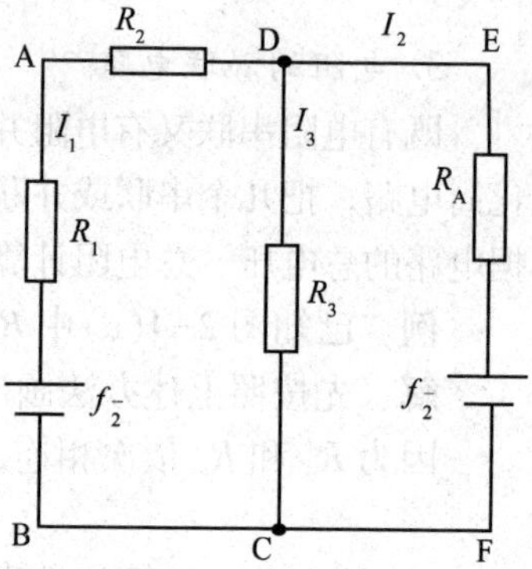

图 2-5

$$\sum_{0\leqslant m\leqslant n} I_m = 0$$

式中，$\sum$ 表示求代数和，n 表示被选定的节点上流入、流出电流的总支路数，m 表示被选定的节点上任一选定的电流支路。

2. 基尔霍夫电压定律

基尔霍夫电压定律也称为基尔霍夫第二定律，该定律表述为：对于电路中的任意一个回路，回路中各电源电动势的代数和等于各电阻上电压降的代数和。即

$$\sum E=\sum IR$$

如图 2-5 的 A—B—C—D、E—D—C—F 回路中，必有：

$$E_1=I_1R_1+I_1R_2+I_3R_3 \quad 和 \quad E_2=I_3R_3+I_2R_4$$

应当注意：绕行方向与电动势或电压降方向一致的电压取正号，反之取负号。

四、功率和电能

在电力系统中，供电部门的主要任务是输送电功率，向用户销售电能，故经常遇到功率和电能的计算问题。

1. 功率

即单位时间内元件发出或吸收的电能。设电路任意两点间的电压为 U，流入此部分电路的电流为 I，则这部分电路消耗(吸收)的功率为：

$$P=U\times I$$

直流电功率等于它的电压和电流的乘积，即

$$P=UI$$

式中，P 为负载功率，单位是 W(瓦特)；U 为负载两端的电压，单位是 V(伏特)；I 为通过负载的电流，单位是 A(安培)。

功率的单位是 W(瓦特)，常用单位还有 kW(千瓦)、MW(兆瓦)，它们之间的换算关系为：1 kW=1 000 W，1 MW= 1 000 kW。

功率计算公式也可写成：

$$P=I^2R=U^2/R(因为 U=IR、I=U/R)$$

2. 电能

电动机、电灯等用电负荷的功率只反映它们的工作能力，而它们完成的工作量则需通过电能来反映。电能的大小除了与功率有关外，还与工作时间有关。电能 W 就是用来表示电力在一段时间内所做的功，即

$$W=P\cdot t$$

式中，t 为时间，单位是 s；P 为功率，单位是 W。

国际单位中，电能的单位是 J(焦耳)，它表示功率为 1 W 的用电设备在 1 s 时间内所消耗的电能。实用中的电能单位还有 kW · h(千瓦 · 时)，即通常所说的1度电，有换算关系：

$$1 度电=1\ kW\cdot h=3\ 600\ kJ$$

第二节 交流电路

大小和方向随时间按正弦曲线的规律发生周期性变化的电动势、电压和电流分别称为交变电动势、交变电压和交变电流，通称交流电。在交流电作用下的电路称为交流电路。电工在工作中接触最多的是交流电。目前，工业、农业和日常生活中所使用的电能几乎都来自交流电网，它们都属于交流电。交流电动机、变压器等电气设备都是根据电磁感应原理工作的设备，必须在交流电源下工作，且在正弦交流电的作用下具有较好的性能。交流电比直流电输送方便、价格便宜，交流电机的结构也比直流电机简单、成本较低、维护方

便，因此在工业生产和日常生活中获得广泛应用。

一、交流电的特性及产生

交流电是由交流发电机产生的。交流发电机的原理如图 2-6 所示。

固定的磁极 N 极和 S 极(称为定子)之间，装有可以转动的圆柱形铁芯，铁芯上绕有线圈。线圈两端头分别接有集电环，集电环固定在转轴上且与转轴绝缘，每个集电环都与一个电刷相接触，电刷固定不动，当转子旋转时，转子线圈切割磁力线而产生感应电动势，集电环随转轴一起旋转利用电刷和集电环的滑动接触，将线圈中的感应电动势引到负载上，形成供电线路。

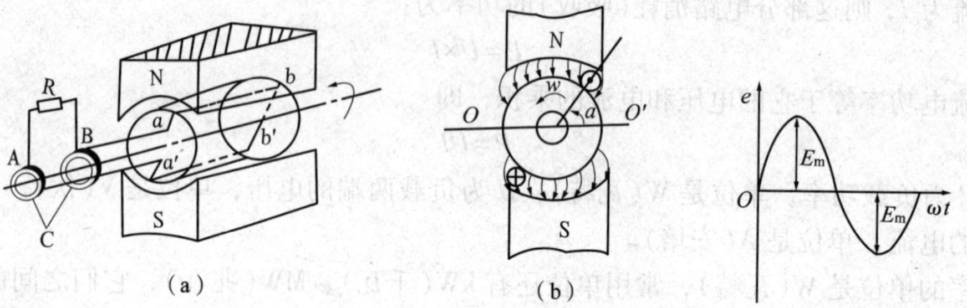

图 2-6

磁极形状呈马鞍形，磁感应强度从中性面开始按正弦规律分布，转子在外力的作用下，以 n 的转速旋转，线圈有效边长度为 L，匝数为 N，以中性面为计时起点，则线圈中产生的电动势为：

$$e=2NB_m\sin(360\ t_n/60)L=E_m\sin(\omega t)$$

可见，从电刷 A、B 端获得了正弦电动势 e。e 与时间 t 的关系见图 2-6(c)所示的波形。由上可知，正弦交流电动势是应用电磁感应的原理产生出来的。

二、交流电的基础物理量

1. 瞬时值和最大值

在交流电路中，交流电在每一瞬时的电动势、电压和电流的数值叫作电动势、电压和电流的瞬时值，分别用符号 e、u 和 i 表示。

瞬时值中最大的数值，叫作交流电的最大值，用符号 E_m、I_m、U_m 表示。瞬时值和最大值的关系表示 $e=E_m\sin(\omega t)$。

2. 周期、频率和角频率

交流电每交变一次(或一周)所需的时间叫作周期，用符号 T 表示，单位为 s(秒)。

每秒内交流电交变的周期数或次数叫作频率，用符号 f 表示，单位为 Hz(赫兹)。

周期和频率为倒数关系，即

$$T=1/f \quad 或 \quad f=1/T$$

角速度是单位时间内变化的电角度，又称角频率，符号为 ω，单位为 rad/s。由定义可知，导线旋转一周，角度变化 2π 弧度，所需时间为一个周期 T，即

$$\omega=2\pi/T=2\pi f$$

频率、周期和角频率都是反映交流电重复变化快慢的物理量。交流电正弦曲线图如图 2-7 所示。我国交流电频率为 50 Hz，每秒变化 50 个周期，周期为 0.02 s。对于 50 Hz 的工频交流电，其角频率为 314 rad/s。

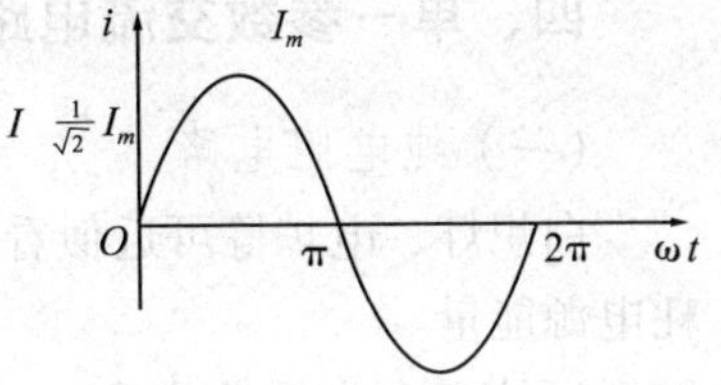

图 2-7

3. 相位、初相位和相位差

① 相位

反映正弦量变化进程的量，它确定正弦量每一瞬时的状态，$(\omega t+\varphi)$称为相位角，简称相位。其中，$(\omega t+\varphi)$及 ωt 是表示正弦交流电瞬时变化的一个量，称为相位或相角，不同的相位对应不同的瞬时值。$t=0$ 时的相位，称为初相位或初相角。初相位与计时起点有关，因此可正可负，也可以为零。

最大值、频率和初相角是确定正弦量的三要素。

② 相位差

在任一瞬时，两个同频率正弦交流电的相位之差叫作相位差。可见，相位差就是初相位之差，它与时间及角频率无关。

当相位差为零时，它们的初相位相同，即表示两个交流电同时达到零值或最大值，这叫作同相。若一个交流电比另一个交流电早到零位或正的最大值，则前者叫作超前，后者叫做滞后。如果两者相位差为 180°，即表示同时到达零位或符号相反的最大值，叫作反相。

应注意，只有同频率的正弦量之间，才有相位差、超前、滞后等概念。频率不同，在相位上不能进行比较，并规定超前或滞后的角度数不超过 π。

4. 有效值

正弦交流电的大小和方向随时在变，实际应用中常用与热效应等效的直流电流值来表示交变电流值的大小，这个直流电流值就称为交流电的有效值，用大写字母 I 表示。同理可得交流电动势与交流电压的有效值分别为 E、U。

通过计算可知，正弦交流电的有效值等于交流电的电流、电压、电动势最大值 I_m、U_m、E_m 的 $1/\sqrt{2}$，即

$$I=0.707I_m$$
$$U=0.707U_m$$
$$E=0.707E_m$$

三、交流电的表示法

（1）解析法：用三角函数式来表达交流电随时间变化关系的方法，如：

$$e=E_m\sin(\omega t+\varphi)$$

（2）曲线法：在直角坐标中用正弦曲线来表示交流电的方法，如图 2-7 所示。

（3）旋转矢量法：是利用绕原点以角速度 ω 逆时针旋转的矢量来表示正弦量的方法，此矢量与 x 轴的夹角表示初相角，矢量的长度表示交流电的最大值或有效值。

由于交流电可以用矢量来表示，使得同频率的交流电的加、减运算变得非常方便。

四、单一参数交流电路的分析

(一) 纯电阻电路

白炽灯、电炉等可近似看作是纯电阻负载，这种负载没有储能或释能的能力，只会消耗电源能量。

1. 电压和电流的关系

在纯电阻电路中，电压和电流瞬时值符合欧姆定律。

U 与 I 之间的数值关系如下：

$$U=IR \quad 或 \quad U_m=I_mR$$

即加在纯电阻两端的电压与通过它的电流始终是同频率、同相位的正弦量。u 与 i 的矢量图及波形如图 2-8(a)、(b)所示。

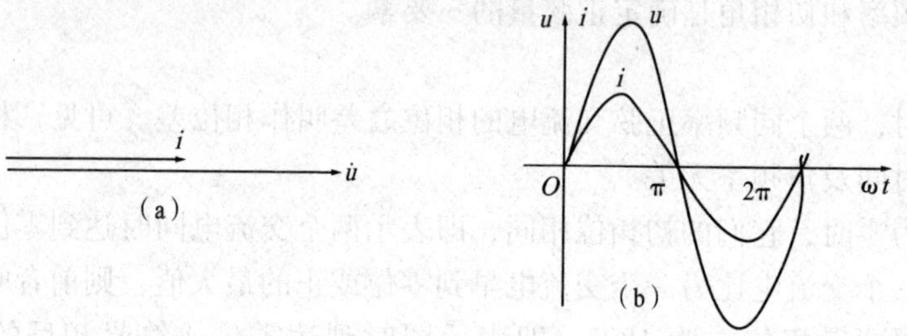

图 2-8

2. 功率关系

电阻上消耗的有功功率为：

$$P=UI=U^2/R=I^2R$$

(二) 纯电感电路

1. 电压与电流的关系

铁芯线圈可看成是纯电感电路。设电流为参考正弦量，即

$$i = I_m \sin \omega t$$

当此交变电流通过线圈时，将产生自感电动势 $e_L = -L\Delta i/\Delta t$，则

$$u = U_m \sin(\omega t + \pi/2)$$

可见 u 与 i 的相位差为 $\pi/2$，即 u 超前 i $\pi/2$，其波形关系如图 2-9 所示。

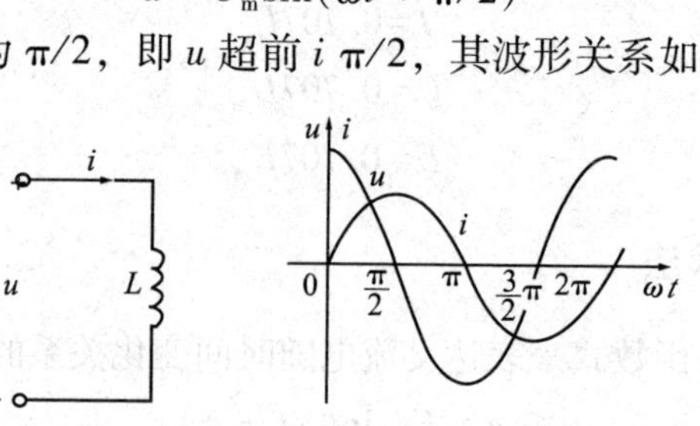

图 2-9

U 与 I 之间的数值关系为：

$$U = I\omega L \quad 或 \quad U_m = I_m\omega L$$

令 $X_L = \omega L$，则

$$U=IX_L \quad 或 \quad U_m=I_mX_L$$

从上式可知：对于直流电路因$f=0$，纯电感线圈相当短路；f越高，X_L越大，电流越小；故有通直流阻交流的作用。

2. 功率关系

电感线圈的瞬时功率为：

$$p = ui = U_m\sin(\omega t + \pi/2)\ I_m\sin \omega t = U_mI_m\sin \omega t \cos \omega t = UI \sin 2\omega t$$

如图 2-9 所示，在第一和第三半周，电流和电压同方向，p是正值，线圈从电源吸取电功，将电能转换为磁场能；而在第二和第四半周，电流和电压方向相反，p是负值，线圈向电源输出电功率，将储存在线圈中的磁场能转换为电能。在一个周期内的平均功率为零，即纯电感线圈在交流电路中，不消耗有功功率，有功功率为零。

3. 无功功率

衡量电源和线圈之间这种能量互换的速率的物理量，定义为：

$$Q=U_LI=I^2X_L$$

无功功率不是无用的功率，它在电力系统中占有很重要的地位。这是因为电力系统中有许多根据电磁感应原理工作的设备，它们必须依靠磁场来传送和转换能量，即这些电气设备必须依靠无功功率来维持其正常工作。无功功率的单位为 var（乏）和 kvar（千乏）。

（三）纯电容电路

1. 电压与电流的关系

U与I之间的数值关系如下：

$$I = U\omega C \quad 或 \quad I_m = U_m\omega C$$

其波形关系如图 2-10 所示。

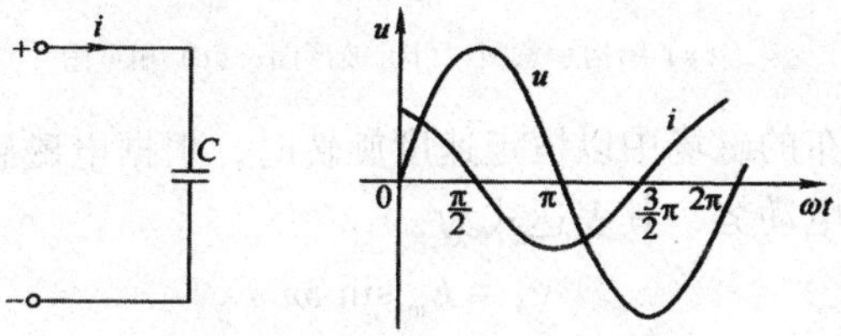

图 2-10

令$X_C = \frac{1}{\omega C}$，则：$U = IX_C$ 或 $U_m = I_mX_C$

从上式可知：对于直流电路因$f=0$，纯电容相当开路；f越高，X_C越小，电流越大；故有通交流阻直流的作用。

2. 功率关系

电容上的瞬时功率为：

$$p = ui = U_m\text{Sin}\ \omega t\ I_m \sin(\omega t + \pi/2) = UI\sin 2\omega t$$

如图 2-10 所示，在第一和第三半周，电流和电压同方向，p是正值，电容从电源吸取电功率，将电能转换为电场能；而在第二和第四半周，电流和电压方向相反，p是负值，电容向电源送出电功率，将储存在电容中的电场能转换为电能。这样，在一个周期中，时而将电场能转换成电能，时而将电能转换为电场能，在一个周期内的平均功率为零，即纯电容在交流电路中，不消耗有功功率，有功功率为零。

3. 无功功率

衡量电源和电容之间这种能量互换的速率的物理量，定义为：

$$Q_C = U_C I = I^2 X_C = U_C{}^2 / X_C$$

五、三相交流电路

最大值相等、频率相同、相位互差 120°的三个正弦交流电动势称为三相对称电动势，由三相对称电动势所组成的电源称为三相对称交流电源，每一个电动势便是电源的一相。采用三相制供电的电路系统，称为三相交流电路。

（一）三相交流电的产生

图 2-11 表示一个最简单的三相交流发电机的构造，在转子上放置着三个完全相同的绕组 AX、BY、CZ。A、B、C 代表各相绕组的首端，X、Y、Z 代表各绕组的末端，三绕组在空间彼此相隔 120°。

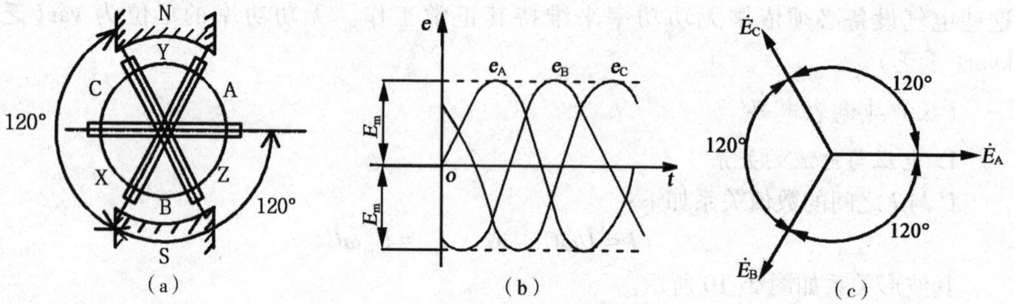

图 2-11

（a）结构示意图；（b）波形图；（c）相量图

当转子在按正弦分布的磁场中以恒定速度旋转时，根据电磁感应原理，在三个绕组中会产生三相对称的正弦电动势，其表达式为：

$$e_A = E_m \sin \omega t$$

$$e_B = E_m \sin(\omega t - 120°)$$

$$e_C = E_m \sin(\omega t + 120°)$$

这三个电动势具有如下三个特点：由于三相绕组以同一速度切割磁力线，所以电动势的频率相同；由于每相绕组的几何形状、尺寸和匝数均相同，因此电动势的最大值（或有效值）彼此相等；由于三相绕组的空间位置互差 120°的电角度，所以三个电动势之间存在着 120°的相位差。图 2-11（b）、（c）为三相对称正弦电动势的波形图和相量图。

三相电动势或电流最大值出现的次序称为相序。在三相电源中，每相绕组的电动势称为相电动势，每相绕组两端的电压称为相电压。通常，规定从始端指向末端为电压的正方向。在任何瞬时，三相对称正弦电动势之和都等于零。

（二）三相电源的连接

通常，把三相电源（包括发电机和变压器）的三相绕组接成星形或三角形向外供电。

1. 三相电源的星形连接

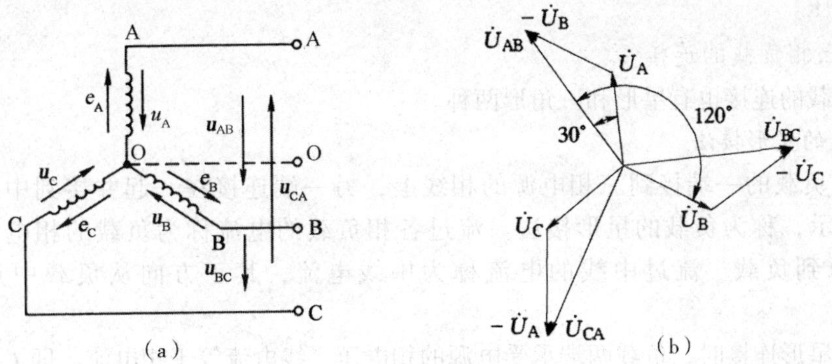

图 2-12

(a) 电源的星形连接；(b) 线电压与相电压的相量图

把三相绕组的末端 X、Y、Z 连到一起，从首端 A、B、C 引出连接负载的导线，如图 2-12 所示，称为星形连接。三相绕组末端的结点称为电源的中性点，以字母 O 表示，其引出的导线称为中线，又称零线。每相引出的导线称为相线，俗称火线。有中线的三相供电方式称为三相四线制；不引出中线的三相供电方式称为三相三线制。

相线与中线间的电压称为相电压，其瞬时值和有效值分别用 u_A、u_B、u_C 和 U_A、U_B、U_C 表示。任意两相线间的电压称为线电压，其瞬时值和有效值分别用 u_{AB}、u_{BC}、u_{CA} 和 U_{AB}、U_{BC}、U_{CA} 表示。用相量法分析可得：线电压超前于所对应的相电压 30°，即 U_{AB} 超前 U_A 30°；线电压是相电压的 $\sqrt{3}$ 倍，即：$U_{AB}=\sqrt{3}\ U_A$，$U_{BC}=\sqrt{3}\ U_B$，$U_{CA}=\sqrt{3}\ U_C$。由于相电压是对称的，则线电压也是对称的，见图 2-12(b)。采用这种接法的特点是电源向负荷提供两种电压，即相电压和线电压，相当于平常低压系统所说的 220 V 和 380 V 两种电压。

2. 三相电源的三角形连接

一相绕组的末端与相邻一相绕组的首端依次连接，组成封闭的三角形，再从三首端 A、B、C 引出三根端线，如图 2-13(a)所示，称为三角形连接。由于绕组本身已构成闭合回路，必须使闭合回路内的电动势之和为零。因三相绕组产生的是三相对称正弦电动势，可以满足上述条件。但若有一根头尾接错，则会引起闭合回路中的总电动势为一相电动势的 2 倍，致电源绕组烧毁，其矢量关系如图 2-13(b)所示。故接线前，应正确判定各绕组的首末端。

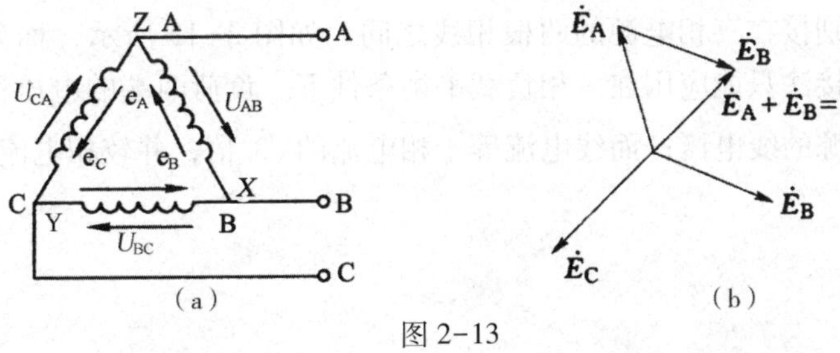

图 2-13

(a) 电源的三角形连接；(b) 线电压与相电压的相量图

采用三角形接法时，线电压等于相电压，即 $U_{AB}=U_A$，$U_{BC}=U_B$，$U_{CA}=U_C$。电源只能输出一种电压。

（三）三相负载的连接

三相负载的连接也有星形和三角形两种。

1. 负载的星形接法

将三组负载的一端接到三相电源的相线上，另一端连接在一起并接到中线上，如图 2-14 所示，称为负载的星形接法。流过各相负载的电流称为负载的相电流，其正方向从电源到负载。流过中线的电流称为中线电流，其正方向从负载中点到电源中点。

负载作星形连接时，负载两端承受电源的相电压。线电流等于相电流，即 $I_{线}=I_{相}$。

根据基尔霍夫电流定律，中线电流等于各相负载电流的相量之和，即

$$\dot{I}_O=\dot{I}_A+\dot{I}_B+\dot{I}_C$$

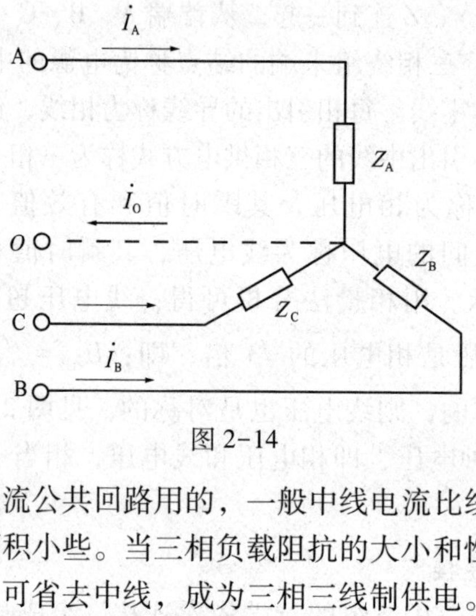

图 2-14

由于中线是作为三相电流公共回路用的，一般中线电流比线电流小，因此，中线导线的截面积一般可比相线截面积小些。当三相负载阻抗的大小和性质相同时，即三相负载对称平衡，则中线电流为零，可省去中线，成为三相三线制供电。照明电路的负载，一般总是不平衡的，故需采用具有中性线的供电回路。

对三相四线制供电，中线在正常工作时，不允许断开，否则会使负荷大的一相端电压较正常相电压低，负载小的那相端电压较正常相电压高，严重时会烧坏电器，而对单相负荷则不可能有回路，因此，规定在中线干线上不允许安装熔断器和开关设备，并选用机械强度高的导线。

2. 负载的三角形接法

将三相负载分别接在三相电源的两根相线之间，如图 2-15 所示，称为负载的三角形接法。负载三角形接法只能应用在三相负载平衡条件下。负荷两端的电压称为相电压，且相电压等于三相电源的线电压；而线电流等于相电流的 $\sqrt{3}$ 倍，并较相电流滞后 30°。

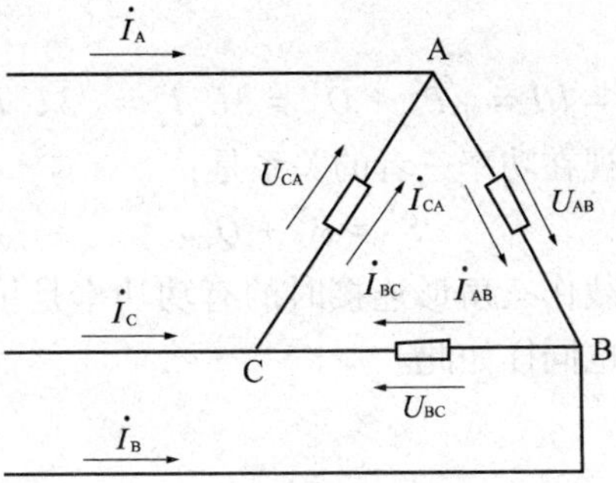

图 2-15

三相负载如何连接，应根据负载的额定电压和电源电压的数值而定，必须保证每相负载上承受的电压等于铭牌上按接法折算为绕组上的额定电压。对于 380 V/220 V 的三相四线制低压供电系统，可分成以下几种情况来考虑：

① 当使用额定电压为 220 V 的单相负载时，应把它接在电源的端线与中线之间。

② 当使用额定电压为 380 V 的单相负载时，应把它接在电源的端线与端线之间。

③ 如果三相对称负载的额定电压为 220 V，要想把它们接入线电压为 380 V 的电源上，则应接成星形连接。

④ 如果三相对称负载的额定电压为 380 V，则应将它们接成三角形连接。

（四）三相电路的功率计算

对一个三相电路而言，不论负载接成星形或三角形，三相总功率就是各相功率的总和，即三相电路的总功率等于各相功率之和，这是计算三相电路功率总的原则。不论是有功功率还是无功功率，都应符合这个原则。

1. 三相有功功率

各相有功功率分别为：

$$P_A = U_A I_A \cos\varphi_A$$
$$P_B = U_B I_B \cos\varphi_B$$
$$P_C = U_C I_C \cos\varphi_C$$

三相有功功率为：

$$\begin{aligned} P &= P_A + P_B + P_C \\ &= U_A I_A \cos\varphi_A + U_B I_B \cos\varphi_B + U_C I_C \cos\varphi_C \end{aligned}$$

当三相负载对称时，三相有功功率则等于一相有功功率的 3 倍，即

$$P = 3U_\varphi I_\varphi \cos\varphi_A = \sqrt{3}\,U_1 I_1 \cos\varphi_A$$

2. 三相无功功率和视在功率

$$\begin{aligned} Q &= Q_A + Q_B + Q_C \\ &= U_A I_A \sin\varphi_A + U_B I_B \sin\varphi_B + U_C I_C \sin\varphi_C \end{aligned}$$

当三相负载对称时，三相无功功率则等于一相无功功率的 3 倍，即

$$Q = 3U_\varphi I_\varphi \sin\varphi_A = \sqrt{3}\,U_1 I_1 \sin{}_A$$

式中，U_φ、I_φ 为相电压和电流（如 U_A、I_A）；

U_1、I_1 为线电压和电流。

三相视在功率为：

$$S = UI = \sqrt{P^2 + Q^2} = 3U_{\varphi}I_{\varphi} = \sqrt{3}U_1I_1$$

有功功率、无功功率和视在功率三者的关系是：

$$S^2 = P^2 + Q^2$$

在相同的线电压下，负载作三角形连接时的有功功率是星形连接时有功功率的 3 倍。对于无功功率和视在功率，也同样如此。

第三节 磁与磁路感应

一、磁的基本概念

1. *磁场*

磁场是一种看不见摸不着，存在于电流、运动电荷、磁体或变化电场周围空间的一种特殊形态的物质。磁场的存在表现为：使进入场域内的磁针、磁体发生偏转；对场域内的运动电荷施加作用力，即电流在磁场中受到力的作用。

磁场的强度用磁感应强度表示。磁感应强度大小为单位长度的单位直流电流在均匀磁场中所受到的作用力，数学公式为：

$$B = F/(I \cdot L)$$

2. *磁力线*

如图 2-16 所示，在磁场中画一些曲线(用虚线或实线表示)，使曲线上任何一点的切线方向都跟这一点的磁场方向相同(且磁感线互不交叉)，这些曲线叫作磁力线。磁力线是闭合曲线。规定小磁针的北极所指的方向为磁力线的方向。磁铁周围的磁力线都是从 N 极出来进入 S 极，在磁体内部磁力线从 S 极到 N 极。

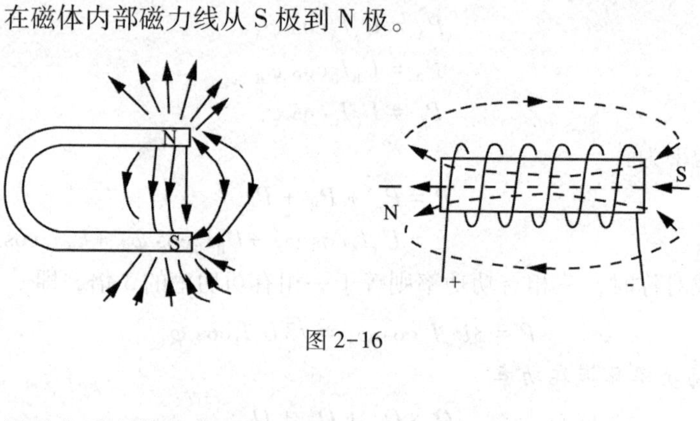

图 2-16

3. *磁导率*

磁导率是表征磁介质磁性的物理量，常用符号 μ 表示，μ 又称为磁导率。μ 等于磁介质中磁感应强度 B 与磁场强度 H 之比，即

$$\mu = B/H$$

通常使用的是磁介质的相对磁导率 μ_r，其定义为磁导率 μ 与真空磁导率 μ_0 之比，即

$$\mu_r = \frac{\mu}{\mu_0}$$

其中，真空磁导率 $\mu_0=1$。比 1 略大的材料称为顺磁性材料，如白金、空气等；比 1 略小的材料，称为反磁性材料，如银、铜、水等。

4. *磁通*

磁感应强度与磁场前进方向上某一面积的乘积称为磁通，数学公式为：

$$\Phi = BS$$

其中，Φ 是磁通符号，单位为 Wb(韦伯)和 Mx(麦克斯韦)，它们之间的换算关系为：

$$1\ \text{Wb} = 10^4\ \text{Mx}$$

B 是磁感应强度符号，单位为 T(特斯拉)；由上式可知 $B = \Phi/S$，因此磁感应强度也称为磁通密度。S 是面积符号，单位为 m^2。

二、磁路和磁性材料

1. *磁路*

磁通的闭合回路称为磁路。电动机、变压器、各种电磁铁都带有不同类型的磁路。图 2-17(a)的磁路由线圈和铁芯组成，而图 2-17(b)的磁路则还有空气间隙组成，这是两种基本的磁路组成方式。

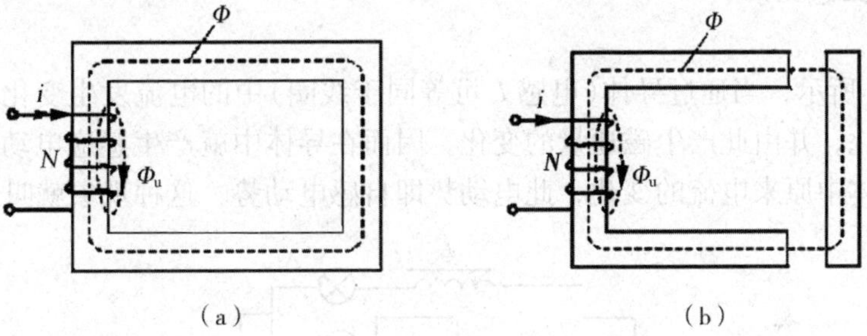

图 2-17

图中 N 表示载流线圈的匝数，i 表示导线通过的电流，N 与 I 的乘积称为磁动势。磁通在磁路中也会遇到阻力，称为磁阻，用 R_m 表示，表达式为：

$$R_m = \frac{l}{\mu S}$$

其中，l 与 S 分别为导磁体的长度、截面积；μ 为材料的磁导率。

在磁路中，当磁阻大小不变时，磁通与磁动势成正比，表达式为：

$$NI = \Phi R_m \quad 或 \quad R_m = NI/\Phi$$

可以类比于电路的欧姆定律，称为磁路欧姆定律，又被称为霍普金森定律。

2. *磁性材料*

如空气、橡胶、铜等，在载流线圈中只能产生很弱的磁场，这些导磁性能很差的材料称为非磁性材料。而磁性材料的主要特征是磁导率很高，载流线圈在材料中能产生很强的磁场，如铁、硅钢片、铁镍合金等。

磁性材料大致可以分为三类：软磁材料、硬磁材料和矩磁材料。软磁材料的特点是载流线圈的电流为零时，几乎没有磁性。硬磁材料的特点是载流线圈的电流为零时，仍然保持很强的磁性。矩磁材料的特点是载流线圈的电流为零时，因此磁性几乎保持不变，矩磁材料可用作记忆元件。

三、电磁感应

1. 法拉第电磁感应定律

当载流线圈内的磁通 Φ 发生变化时，线圈内将会产生感应电动势；如果线圈形成闭合回路，还会产生感应电流；感应电动势 e 的大小与磁通的变化速度 $|\Delta\Phi/\Delta t|$ 和载流线圈匝数 N 成正比。表达式如下：

$$e = N\left|\frac{\Delta\Phi}{\Delta t}\right|$$

这一规律被称为法拉第电磁感应定律。又 $\Phi = BS$ ，S 为截面积，当单根导线均匀切割磁场时，即 $N=1$，则截面积 S 可以表达为：

$$S = lvt$$

其中，l 、v 分别为均匀切割磁场导线的长度、运动速度；t 为时间。由以上各式，有：

$$e = \left|\frac{\Delta\Phi}{\Delta t}\right| = B\frac{\Delta S}{\Delta t} = B\left|\frac{lv\Delta t}{\Delta t}\right| = Blv$$

2. 自感与互感现象

① 自感

如图 2-18 所示，当通过导体(电感 L 可等同于线圈)中的电流发生变化时，它周围的磁场就随着变化，并由此产生磁通量的变化，因而在导体中就产生感应电动势，这个电动势总是阻碍导体中原来电流的变化，此电动势即自感电动势。这种现象就叫作自感现象。

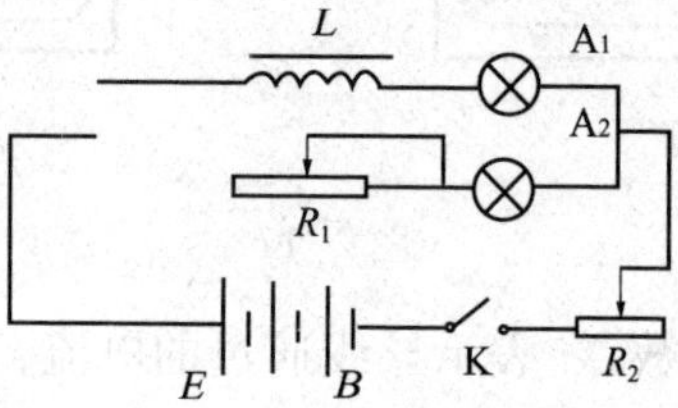

图 2-18

自感现象在电工无线电技术中应用广泛。自感线圈是交流电路或无线电设备中的基本元件，利用线圈具有阻碍电流变化的特性，可以稳定电路的电流，它和电容器的组合可以构成谐振电路或滤波器。自感现象有时非常有害，例如具有大自感线圈的电路断开时，因电流变化很快，会产生很大的自感电动势，导致击穿线圈的绝缘保护，或在电闸断开的间隙产生强烈电弧，可能烧坏电闸开关，如果周围空气中有大量可燃性尘粒或气体，还可引起爆炸。这些都应设法避免。

② 互感

如图 2-19 所示，如果有两只线圈互相靠近，则其中第一只线圈中电流所产生的磁通有一部分与第二只线圈相环链。当第一线圈中电流发生变化时，则其与第二只线圈环链的磁通也发生变化，在第二只线圈中产生感应电动势。这种现象叫作互感现象。

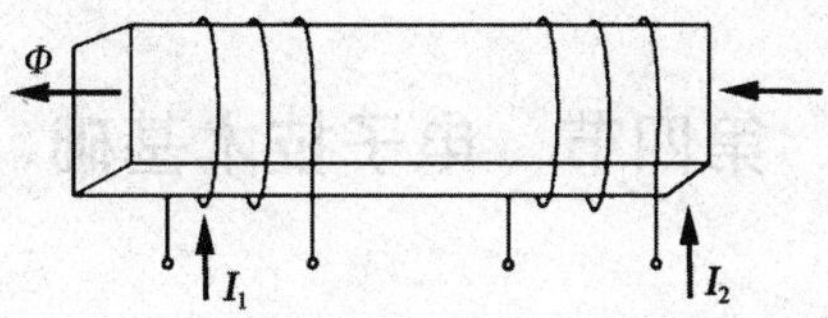

图 2-19

互感现象的基本原理是磁耦合。

利用互感现象，可以制成变压器、感应线圈等。自感现象有时也有害，如互感现象会干扰自感构成的谐振、滤波等电路，在这种情况下应该设法减少互感的耦合作用。

3. *左手定则和右手螺旋定则*

① 左手定则

载流导体在磁场中将会受到磁场力的作用。力是有大小和方向的物理量。力的大小与磁感应强度、通过导体的电流、导体长度成正比，即

$$F = BIl$$

式中，F 为导体受到的作用，单位是 N；B 为磁感应强度，单位是 T；I 为通过导体的电流，单位是 A；l 为导体有效长度，单位是 m。

如图 2-20 所示，载流导体受到作用力的方向可由左手定则判断，方法是左手平展，大拇指与其余四指垂直，磁力线垂直穿入手心，手心面向 N 极，四指指向电流方向，则大拇指的方向就是导体受力的方向。

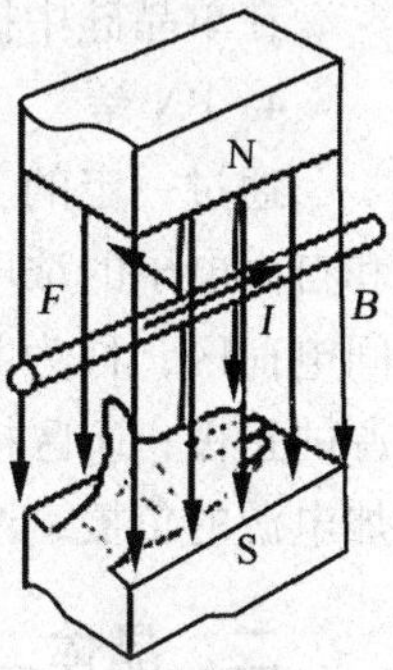

左手定则

图 2-20

② 安培定则

安培定则，也叫右手螺旋定则，是表示电流和电流激发磁场的磁感线方向之间的关系的定则，分为两条：

安培定则一(通电直导线中的安培定则)：如图 2-21(a)所示，用右手握住通电直导线，让大拇指指向电流的方向，那么四指的指向就是磁感线的环绕方向。

安培定则二(通电螺线管中的安培定则)：如图 2-21(b)所示，用右手握住通电螺线管，使四指弯曲与电流方向一致，那么大拇指所指的那一端是通电螺线管的 N 极。

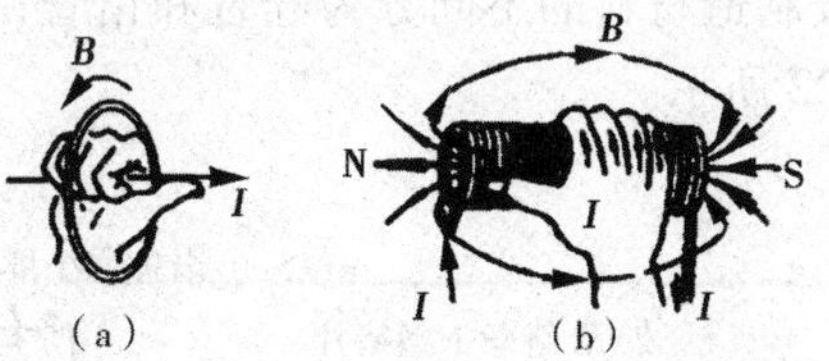

图 2-21

由安培定则判断结果可以知道，当磁通 Φ 增大时，线圈中感应电动势和感应电流实际方向与图中所示电动势 e 的方向相反；而当磁通 Φ 减弱时，线圈中感应电动势和感应电流实际方向与图中所示电动势 e 的方向相同。由此可知，感应电动势趋于产生一个电流，该感应电流的磁场总是力图阻止原磁场发生的变化，这一规律称为楞次定律。

第四节　电子技术基础

一、半导体的基本知识

1. 半导体

物体按照它的导电性能可分为导体、绝缘体和半导体。各种金属、酸、碱、盐的水溶液以及人体等善于传导电流，这类物质称为导体。橡胶、塑料、玻璃、云母、陶瓷、电木、纸张、空气等物体不善于传导电流，这类物体称为绝缘体。导电性能介于导体和绝缘体之间的物体，称为半导体；硅、锗和金属氧化物及硫化物等都属于半导体材料，其中硅和锗使用最为普遍。

2. 本征半导体

完全不含杂质且无晶格缺陷的纯净半导体称为本征半导体。

3. P、N 型半导体

在单晶硅中，掺入少量的五价磷或三价硼，这种半导体称为 N 型半导体。

在单晶硅中掺入少量的三价硼，这种半导体称为 P 型半导体。

4. PN 结

通过一定的工艺使 P、N 型半导体结合在一起，在 PN 型半导体的交界处存在着空穴和自由电子的浓度差，相互扩散，这样，就在交界处留下不能移动的由正负离子组成的空间电荷区，称为 PN 结。PN 结具有单向导电性，当给 PN 结加正向电压，即 P 区接外加电源的正极，N 区接负极，这时 PN 结导通，正向电阻小；PN 结加反向电压，即 P 区接外加电源的负极，N 区接正极，这时 PN 结截止，反向电阻大。

二、晶体二极管

1. 晶体二极管结构

把 PN 结封装在管壳内，并引出两个金属电极，就构成一个二极管。P 区引出的电极叫阳极，N 区引出的电极叫阴极。

二极管的种类很多，按制造材料的不同分为硅管和锗管；按 PN 结结构的不同分点接触型和面接触型，如图 2-22 所示。

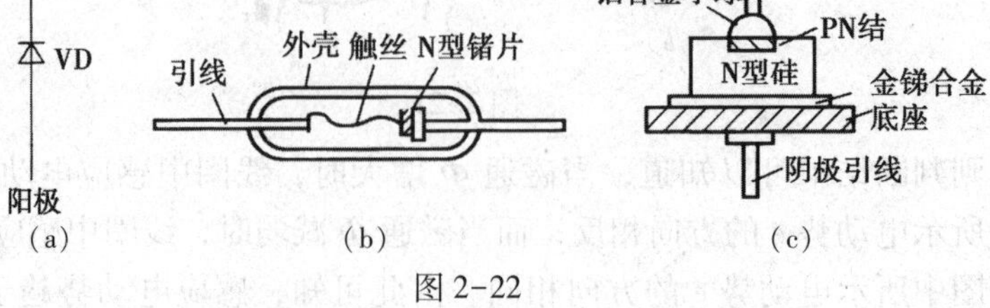

图 2-22

(a) 圆形符号；(b) 点接触型；(c) 面接触型

2. 晶体二极管的伏安特性与参数

反映二极管的电流与电压的关系曲线叫二极管的伏安特性曲线，如图 2-23 所示。

① 正向特性

在二极管两端加上正向电压时，电流与电压的关系叫正向特性。当所加电压较小时，正向电流很小，二极管呈现的电阻较大。当管子两端电压超过一定值(这个电压叫死区电压，通常硅管为0.7 V，锗管为0.2 V)以后，电流随电压增加得很快。但增加后的电流不能超过管子的允许电流，否则管子将被烧坏。

② 反向特性

加上反向电压时，电流与电压的关系叫反向特性。这时只有很小的反向漏电流，并且它基本上不随电压而变化；若反向漏电流较大，说明管子性能不好。

③ 反向击穿电压

当反向电压高于某值时，反向电流突然增大，这个电压叫反向击穿电压。普通二极管击穿后，PN 结失去单向导电性，而导致管子损坏。

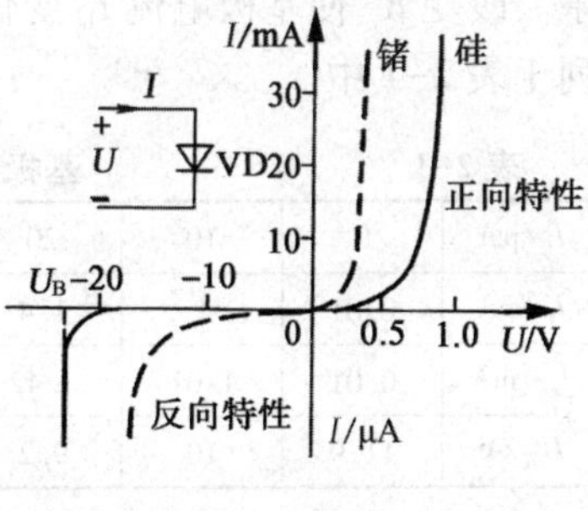

图 2-23

3. 晶体二极管的参数

① 最大整流电流 I_{FM}：是指二极管长时间使用时所允许通过的最大正向平均电流。

② 最大反向电压 U_{RM}：是保证二极管不被击穿而允许施加的最大反向电压。

③ 最大反向电流 I_{RM}：指二极管加上最大反向工作电压时的反向电流。反向电流越大，说明二极管的单向导电性能越差。

三、晶体三极管

1. 晶体三极管的结构和工作原理

晶体三极管又称半导体三极管，应用极为广泛。晶体管有 3 个不同的导电区，中间是基区，两侧分别是发射区和集电区，每个导电区引出一个电极分别称为基极 b、发射极 e 和集电极 c。发射区与基区之间的 PN 结称为发射结，集电区与基区之间的 PN 结称为集电结。晶体三极管的结构、外形和符号如图 2-24 所示。晶体管的内部结构如下：发射区的掺杂浓度远高于集电区掺杂浓度，集电区掺杂浓度大于基区掺杂浓度；基区做得很薄，载流子浓度小；集电区比发射区体积大。

晶体三极管的工作原理可用如图 2-25 的电路加以分析。

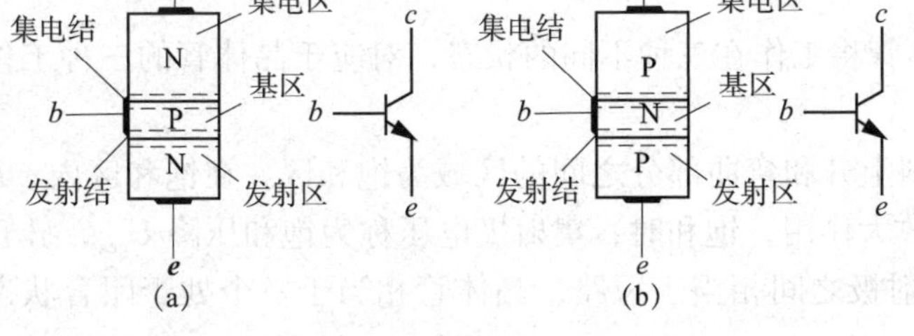

图 2-24

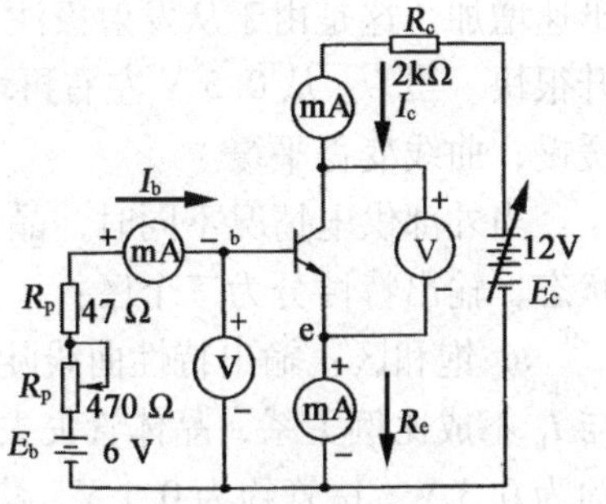

图 2-25

图 2-25 中，基极电源 E_b 给晶体管的发射结加上正向的偏置电压；集电极电源 E_c 给晶体管的集电结加上反向的偏置电压，基极电压 E_b 产生的基极电流 I_b 由基极注入，由发射极流出回到 E_b 的负端，集电极电源 E_c 提供的集电极电流 I_c 电集电极注入，经发射极流出回到 E_c 的负端，即：发射极电流 I_e 等于集电极电流 I_c 与基极电流 I_b 之和，$I_e=I_c+I_b$，这就是晶体管的电流分配关系。对于 PNP 型三极管，电流方向相反，仍符合上述分配关系。改变 R_p 使基极电流 I_b 变化，便可相应地得到集电极电流 I_c 和发射极电流 I_e 的数值，列于表 2-1 中。

表 2-1　基极电流、集电极电流和发射极电流的数值

I_b/μA	0	10	20	30	40	50	60	70	80	90
I_c/mA	0.01	1	1.4	2.3	3.2	4	4.7	5.3	5.8	5.85
I_e/ mA	0.01	1.01	1.42	2.33	3.24	4.05	4.76	5.37	5.88	5.94
U_{ce}/V	11.9	10	9.2	7.4	5.6	4	2.6	1.4	0.4	0.3

从表中可以看出：

① 不管三极管电流如何变化，始终符合电流分配关系式 $I_e=I_c+I_b$。

② 基极电流从 0.01 mA 变化到 0.04 mA 时，集电极电流却从 1 mA 变化到 3.2 mA，这说明基极电流的微小变化，会引起集电极电流的较大变化，即晶体管的基极对集电极有控制及电流放大作用。

在表 2-1 中，输出电路与输入电路共用了发射极，简称共发射极电路。另外，还有共集电极与共基极电路。共发射极电路应用较为广泛。

2. 晶体三极管的特性和参数

① 特性曲线

晶体三极管最常用的特性曲线有两组，一组是输入特性曲线，另一组是输出特性曲线。

a. 输入特性曲线：在图 2-25 中保持发射极与集电极之间的电压 U_{ce} 不变，改变 R_p，使输入电压 U_{eb} 和输入电流 I_b 改变，测出一组 U_{be} 和输入电流 I_b 的数据，作出一条 U_{be} 和输入电流 I_b 的关系曲线，称为输入特性曲线，如图 2-26(a)所示。晶体三极管的输入特性同二极管的正向伏安特性相似。

b. 输出特性曲线：表示输入电流 I_b 一定时，输出电流 I_c 与输出电压之间的对应关系，不同的 I_B 对应不同的输出特性曲线，如图 2-26(b)所示。当电压 U_{ce} 从零逐渐增加时，I_c 迅速增加，这是由于从发射极注入基极的电流越来越多地流向集电极的缘故，特性曲线上升很快。当 U_{ce} 从 0.5 V 左右再增加时，发射极电流几乎全部流向集电极，所以 I_c 上升极缓慢，曲线变得平缓。

当外部供电情况不同时，晶体管将工作在三种不同的状态，对应于晶体管的三种工作状态，输出特性分为三个区：

a. 饱和区：输出特性曲线陡斜上升和弯曲部分之间的区域为饱和区。在饱和区内，I_c 与 I_b 不成比例关系，晶体管失去放大作用，饱和时，集射极电压称为饱和压降 U_{ces}，硅管约为 0.3 V，锗管约为 0.1 V，集射极之间相当于短路，晶体管相当于一个处于闭合状态的开关。

b. 放大区：输出特性曲线比较平坦的部分，I_b 值不同，平坦线段对应的 I_c 值也不同，体现出 I_c 受 I_b 的控制，不同的 I_b 对应于一根不同的输出特性曲线。当 I_b 一定时，$I_c=\beta I_b$，呈现恒流特性。当 I_b 改变时，较小 I_b 的变化产生较大 I_c 的变化，体现出晶体管对信号电流的放大作用。

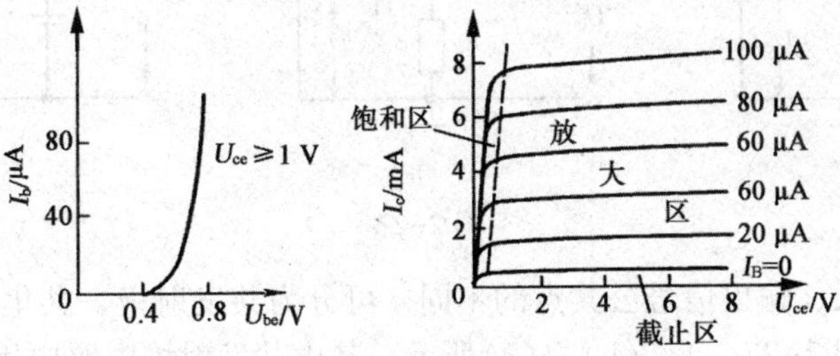

（a）　　　　　　　　（b）

图 2-26

（a）输入特性；（b）输出特性

c. 截止区：通常把 $I_b=0$ 的输出特性曲线以下的区域称为截止区。此时管子失去作用，集射极之间相当于开路，晶体管相当于一个处于断开状态的开关。

② 主要参数

a. 共发射极电流放大系数 β：$\beta=I_c/I_b$ 通常管子的 β 值在 20~200 之间，β 值太小，电流放大作用就差，但太大时，将使晶体管性能不稳定。低、中频三极管的 β 一般选在 60~100，高频管的 β 一般选 20 以上。

b. 集电极反向电流 I_{cbo}：发射极开路，U_{cb} 为规定值时，集电结反向电流称为集电极反向电流，用符号 I_{cbo} 表示。在室温下，小功率锗管的 I_{cbo} 约为 10 μA，小功率硅管的 I_{cbo} 则小于 1 μA。I_{cbo} 越小，工作稳定性越好。

c. 穿透电流 I_{ceo}：基极开路，U_{ce} 为规定值时，集电极与发射极之间的反向电流称为穿透电流，用符号 I_{ceo} 表示。

I_{ceo} 受温度的影响很大，因此，I_{ceo} 大的管子不稳定，应尽量选用 I_{ceo} 小的管子。由于硅晶体管的 I_{ceo} 比锗管小得多，所以硅晶体管受温度的影响较小。

d. 集电极最大允许电流 I_{cm}：三极管正常工作时，所允许的最大集电极电流，称为集电极最大允许电流，用符号 I_{cm} 表示。

e. 集电极最大允许耗散功率 P_{cm}：三极管正常工作时，所允许的最大集电极耗散功率，称为集电极最大允许耗散功率，用符号 P_{cm} 表示。它与环境温度有关，环境温度愈高，则允许的 P_{cm} 愈小。

f. 反向击穿电压 BU_{ceo}：基极开路时，集电极与发射极之间的电压称为反向击穿电压，用符号 BU_{ceo} 表示，这个电压值比基极不开路时要低，因此在接通电路时，一般应先接通基极，再接通其他两极。

3. 晶体管的三种基本接法(图 2-27)

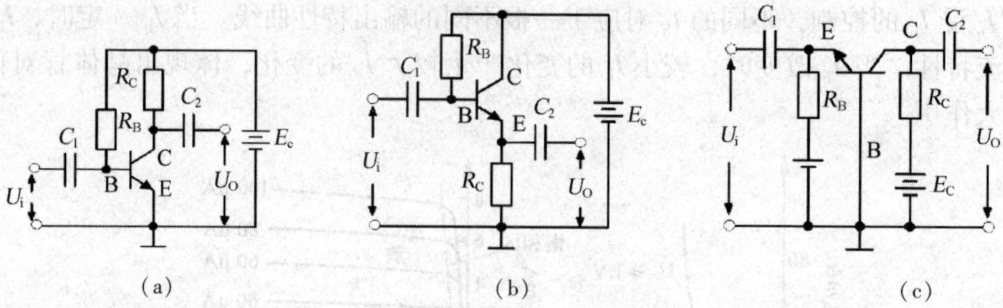

图 2-27

晶体管根据输入、输出信号公共点的不同，可分为共发射极、共集电极和共基极三种接法，其电路图如图 2-27(a)、(b)、(c)所示，其中共发射极电路应用最为广泛。

① 共发射极电路特点

输入阻抗较小(约几百欧)，输出阻抗较大(约几十千欧)，电流、电压和功率放大倍数以及稳定性与频率特性较差。常用在放大电路和开关电路中。

② 共集电极电路特点

输入阻抗大(约几百千欧)，输出阻抗小(约几十欧)，电流放大倍数大，电压放大倍数小于 1，稳定性与频率特性较好。常用在阻抗变换电路中，也称之为射极输出(跟随)电路。

③ 共基极电路特点

输入阻抗小(约几十欧)，输出阻抗大(约几百千欧)，电流放大倍数小于 1，电压放大倍数较大，稳定性与频率特性较好，但需要两个独立的电源，一个为集电极与基极之间的电源，另一个为发射极与基极之间的电源。常用在高频放大和振荡电路中。

四、整流电路

整流电路就是利用整流二极管的单向导电性将交流电变成直流电的电路。下面以电阻负载为对象来介绍整流电路。

1. 单相半波整流电路

图 2-28 为单相半波整流电路，(a)图中 B 为整流变压器，VD 是硅整流二极管，R_d 是需要直流电的纯电阻负载。(b)图为各部分电压、电流波形图。从图中看出，当变压器次级电压 e_2 在第一个正半周内(即在 $0\sim t_1$ 时间内)，整流管 VD 两端是正向电压，整流管导通，有电流 I_2 流过负载 R_2，在 R_2 两端产生电压降 U_2。当 e_2 在第二个半周内(即 $t_1\sim t_2$)时，次级端为负，下端为正，加在 VD 两端的是反向电压，整流二极管 VD 不导通(截止)，负载两端没有电压输出(即 $U_2=0$)。可见电路的输出电压(R_2 上的端电压)U_2 是单方向脉冲电压，这个脉冲电压的直流分量是此脉冲电压在整个同期内的平均值，它可用直流电表在电路输出端测得。通过计算，可以知道整流出来的直流电压平均值 U_2 和直流电流 I_2 的大小为：

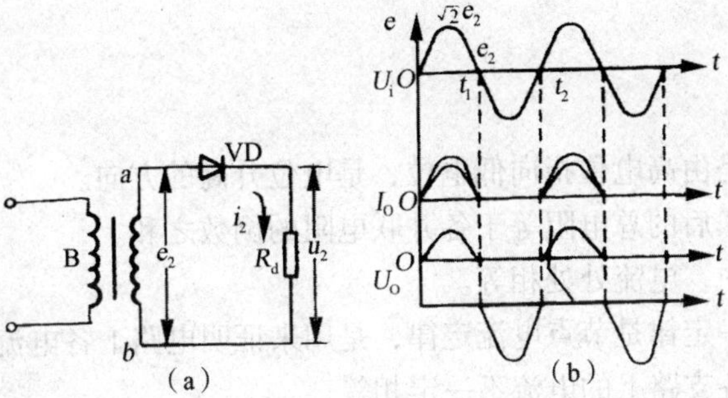

图 2-28

$$U_d = 0.45U_2$$

$$I_d = U_d/R_d = 0.45U_2/R_d$$

整流管 VD 所承受的反向电压最大值为 $\sqrt{2}\,U_2$。

2. 单相桥式整流电路

单相桥式整流电路由四个晶体二极管构成电桥形式，如图 2-29 所示。当变压器次级电压处于正半周时，上端正，下端负，V_1、V_3 上加的是正向电压，故导通，电流从上端→d→V_1→a→R_2→b→V_3→c→下端；当电压处于负半周时，上端负，下端正，V_2 和 V_4 导通，电流从下端→c→V_4→a→R_2→b→V_2→d→上端。通过负载 R_d 上的电流均由 A 到 B，所以 A 点为直流的输出端的正极，B 点为负极。桥式整流得到的电压波形与全波整流的波形相同。桥式整流直流输出为：

$$U_d = 0.9U_2$$

直流电流：$I_d = U_d/R_d = 0.9U_2/R_d$

每只二极管流过的电流为

$$I_{VD} = I_d/2$$

二极管承受的最大反向电压为 $\sqrt{2}\,U_2$。

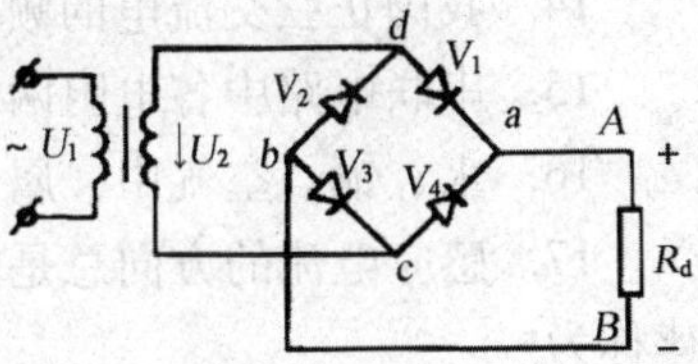

图 2-29

习题二

一、判断题

1. 电压的方向是由高电位指向低电位，是电位升高的方向。

2. 几个电阻并联后的总电阻等于各并联电阻的倒数之和。

3. 在串联电路中，电流处处相等。

4. 基尔霍夫第一定律是节点电流定律，是用来证明电路上各电流之间关系的定律。

5. 并联电路中各支路上的电流不一定相等。

6. 欧姆定律指出，在一个闭合电路中，当导体温度不变时，通过导体的电流与加在导体两端的电压成反比，与其电阻成正比。

7. 当导体温度不变时，通过导体的电流与导体两端的电压成正比，与其电阻成反比。

8. 在串联电路中，电路总电压等于各电阻的分电压之和。

9. 电流和磁场密不可分，磁场总是伴随着电流而存在，而电流永远被磁场所包围。

10. 载流导体在磁场中一定受到磁场力的作用。

11. 磁力线是一种闭合曲线。

12. 在磁路中，当磁阻大小不变时，磁通与磁动势成反比。

13. 若磁场中各点的磁感应强度大小相同，则该磁场为均匀磁场。

二、填空题

14. 我国正弦交流电的频率为____________ Hz。

15. 串联电路中各电阻两端电压的关系是阻值越大两端电压越____________。

16. 水、铜、空气中，属于顺磁性材料的是______。

17. 感应电流的方向总是使感应电流的磁场阻碍引起感应电流的磁通的变化，这一定律称为____________。

18. 电工原件符号代表____________。

19. 电工原件符号代表____________。

三、单选题

20. 下列说法中，不正确的是(　　)。

A. 规定小磁针的北极所指的方向是磁力线的方向

B. 交流发电机是应用电磁感应的原理发电的

C. 交流电每交变一周所需的时间叫作周期 T

D. 正弦交流电的周期与角频率的关系互为倒数

21. 下列说法中，正确的是(　　)。

A. 对称的三相电源是由振幅相同、初相依次相差 120°的正弦电源连接组成的供电系统

B. 视在功率就是无功功率加上有功功率

C. 在三相交流电路中，负载为星形接法时，其相电压等于三相电源的线电压

D. 导电性能介于导体和绝缘体之间的物体称为半导体

22. 下列说法中，正确的是(　　)。

A. 右手定则是判定直导体做切割磁力线运动时所产生的感生电流方向

B. PN 结正向导通时，其内外电场方向一致
C. 无论在任何情况下，三极管都具有电流放大功能
D. 二极管只要工作在反向击穿区，一定会被击穿
23. 下列说法中，正确的是(　)。
A. 符号“A”表示交流电源
B. 电解电容器的电工符号是—||—
C. 并联电路的总电压等于各支路电压之和
D. 220 V 的交流电压的最大值为 380 V
24. 电动势的方向是(　)。
A. 从负极指向正极　B. 从正极指向负极　C. 与电压方向相同
25. 三相四线制的零线的截面积一般(　)相线截面积。
A. 大于　B. 小于　C. 等于
26. 标有“100 欧 4 瓦”和“100 欧 36 瓦”的两个电阻串联，允许加的最高电压是(　)V。
A. 20　B. 40　C. 60
27. 三个阻值相等的电阻串联时的总电阻是并联时总电阻的(　)倍。
A. 6　B. 9　C. 3
28. 在一个闭合回路中，电流强度与电源电动势成正比，与电路中内电阻和外电阻之和成反比，这一定律称(　)。
A. 全电路欧姆定律　B. 全电路电流定律　C. 部分电路欧姆定律
29. 将一根导线均匀拉长为原长的 2 倍，则它的阻值为原阻值的(　)倍。
A. 1　B. 2　C. 4
30. 在均匀磁场中，通过某一平面的磁通量为最大时，这个平面就和磁力线(　)。
A. 平行　B. 垂直　C. 斜交
31. 电磁力的大小与导体的有效长度成(　)。
A. 正比　B. 反比　C. 不变
32. 通电线圈产生的磁场方向不但与电流方向有关，而且还与线圈(　)有关。
A. 长度　B. 绕向　C. 体积
33. 载流导体在磁场中将会受到(　)的作用。
A. 电磁力　B. 磁通　C. 电动势
34. 安培定则也叫(　)。
A. 左手定则　B. 右手定则　C. 右手螺旋法则
35. 二极管的导电特性是(　)导电。
A. 单向　B. 双向　C. 三向
36. 一般电器所标示或仪表所指示的交流电压、电流的数值是(　)。
A. 最大值　B. 有效值　C. 平均值
37. 三相对称负载接成星形时，三相总电流(　)。
A. 等于零　B. 等于其中一相电流的三倍　C. 等于其中一相电流
38. 交流电路中电流比电压滞后 90°，该电路属于(　)电路。
A. 纯电阻　B. 纯电感　C. 纯电容

39. 纯电容元件在电路中(　)电能。

A. 储存　　B. 分配　　C. 消耗

40. 在三相对称交流电源星形连接中，线电压超前于所对应的相电压(　)。

A. 120°　　B. 30°　　C. 60°

41. 交流 10 kV 母线电压是指交流三相三线制的(　)。

A. 线电压　　B. 相电压　　C. 线路电压

42. 我们使用的照明电压为 220 V，这个值是交流电的(　)。

A. 有效值　　B. 最大值　　C. 恒定值

43. 确定正弦量的三要素为(　)。

A. 相位、初相位、相位差

B. 幅值、频率、初相角

C. 周期、频率、角频率

44. 单极型半导体器件是(　)。

A. 二极管　　B. 双极性二极管　　C. 场效应管

45. 稳压二极管的正常工作状态是(　)。

A. 导通状态　　B. 截止状态　　C. 反向击穿状态

46. PN 结两端加正向电压时，其正向电阻(　)。

A. 小　　B. 大　　C. 不变

47. 三极管超过(　)时，必定会损坏。

A. 集电极最大允许电流 I_{cm}

B. 管子的电流放大倍数 β

C. 集电极最大允许耗散功率 P_{cm}

48. 当电压为 5 V 时，导体的电阻值为 5 Ω，那么当电阻两端电压为 2 V 时，导体的电阻值为(　)Ω。

A. 10　　B. 5　　C. 2

四、多项选择题

49. 以下说法正确的是(　)。

A. 欧姆定律是反映电路中电压、电流和电阻之间关系的定律

B. 串联电路中电压的分配与电阻成正比

C. 并联电路中电流的分配与电阻成正比

D. 基尔霍夫电流定律也称为基尔霍夫第二定律

50. 电阻的大小与导体的(　)有关。

A. 材料　　B. 温度　　C. 体积　　D. 长度

51. 电路通常有(　)状态。

A. 环路　　B. 通路　　C. 开路　　D. 短路

52. 磁场磁力线的方向是(　)。

A. 由 N 极到 S 极　　B. 在磁体外部由 N 极到 S 极

C. 在磁体内部由 S 极到 N 极　　D. 由 S 极到 N 极

53. 载流导体在磁场中将受到力的作用，力的大小与(　)成正比。

A. 磁感应强度　　B. 通电导体的电流

C. 通电导体的有效长度　　D. 通电导体的截面积

54. 下面属于非磁性材料的是(　)。

A. 空气　　B. 橡胶　　C. 铜　　D. 铁

55. 下面利用自感特性制造的器件是(　)。

A. 传统日光灯镇流器　　B. 自耦变压器

C. 滤波器　　D. 感应线圈

56. 下面说法错误的是(　)。

A. 如果三相对称负载的额定电压为 220 V，要想接入线电压为 380 V 的电源上，则应接成三角形连接

B. 三相电路中，当使用额定电压为 220 V 的单相负载时，应接在电源的相线与相线之间

C. 三相电路中，当使用额定电压为 380 V 的单相负载时，应接在电源的相线与相线之间

D. 如果三相对称负载的额定电压为 380 V，则应将它们接成三角形连接

57. 三相负载连接方式主要有(　)。

A. 星形连接　　B. 三相四线连接　　C. 三角形连接　　D. 三相三线连接

58. 晶体三极管每个导电区引出一个电极分别为(　)。

A. 基极　　B. 发射极　　C. 集电极　　D. 共射极

59. 三极管输出特性，曲线可分为(　)区域。

A. 放大区　　B. 截止区　　C. 饱和区　　D. 发射区

60. 以 Ω 为单位的物理量有(　)。

A. 电阻　　B. 电感　　C. 感抗　　D. 容抗

61. 三相交流电的电源相电压为 220 V，下说法正确的是(　)。

A. 电源作 Y 接，负载作 Y 接，负载相电压为 220 V

B. 电源作△接，负载作 Y 接，负载相电压为 127 V

C. 电源作△接，负载作 Y 接，负载相电压为 220 V

D. 电源作 Y 接，负载作△接，负载相电压为 380 V

五、简答题

62. 电路一般由哪些部分组成？

63. 三相对称电动势的特点是什么？

第三章　常用低压电器

低压电器是指用在交流 50 Hz、额定电压 1 000 V 或直流额定电压 1 500 V 及以下电气设备。这与电业安全工作规程上规定的对地电压为 250 V 及以下的设备为低压设备的概念有所不同。前者是从制造角度考虑，后者是从安全角度来考虑的，但二者并不矛盾，因为在供配电系统中，低压电器是指 380 V 配电系统；因此，在实际工作中，低压电器是指 380 V 及以下电压等级中使用的电气设备。低压电器可分为低压配电电器和低压控制电器，是成套电气设备的基本组成元件。在工业、农业、交通、国防以及人民生活等用电部门中，大多数采用低压供电，因此电气元件的质量将直接影响到低压供电系统的可靠性。

第一节　低压配电电器

低压配电电器是指用于低压配电系统中，对电器及用电设备进行保护和通断、转换电源或负载的电器，如刀开关、熔断器、低压断路器等。

一、刀开关和组合开关

刀开关是一种配电电器，在供配电系统和设备自动系统中刀开关通常用于电源隔离，有时也可用于不频繁接通和断开小电流配电电路或直接控制小容量电动机的启动和停止。开关的种类很多，通常将刀开关和熔断器合二为一，组成具有一定接通分断能力和短路分断能力的组合式电器，其短路分断能力由组合电器中熔断器的分断能力来决定。在电力设备自动控制系统中，使用最为广泛的有胶壳刀开关、铁壳开关和组合开关。

（一）胶壳刀开关

胶壳刀开关也称为开启式负荷开关，是一种结构简单、应用广泛，主要用作电源隔离开关和小容量电动机不频繁启动与停止的控制电器。

隔离开关是指不承担接通和断开电流任务，将电路与电源隔开，以保证检修人员检修时安全的开关。

1. 胶壳刀开关的组成

胶壳刀开关由操作手柄、熔丝、静触点(触点座)、动触点(触刀片)、瓷底座和胶盖组成。其中，胶盖使电弧不致飞出灼伤操作人员，防止极间电弧短路；熔丝对电路起短路保护作用。

图 3-1 为刀开关结构图；图 3-2 为刀开关的图形与文字符号。

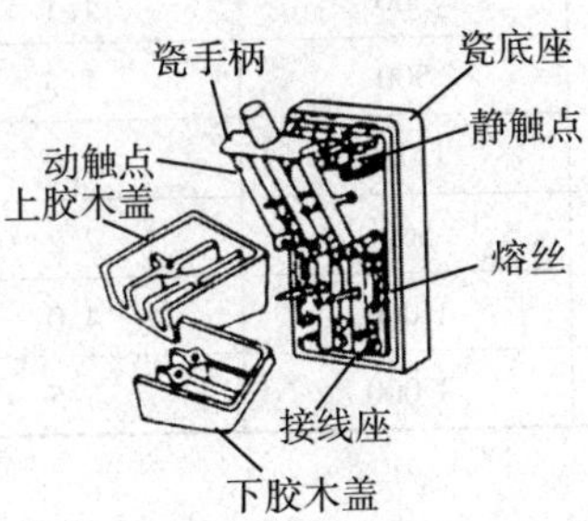

图 3-1 胶壳开关的结构图

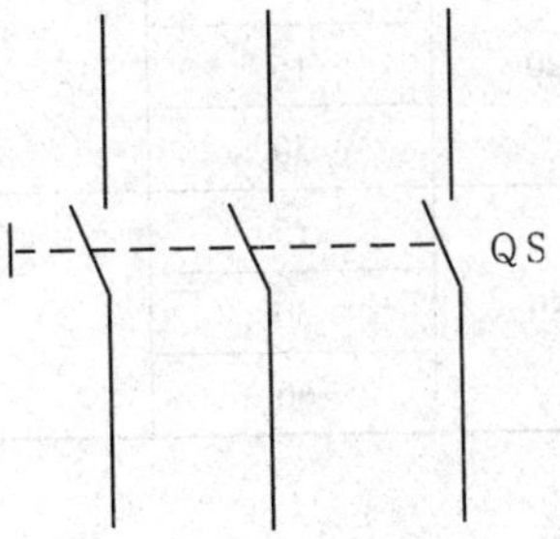

图 3-2 三极刀开关的图形及文字符号

2. 胶壳刀开关的主要技术参数

① 额定电压

是指刀开关长期工作时，能承受的最大电压。

② 额定电流

是指刀开关在合闸位置时允许长期通过的最大电流。

③ 分断电流能力

是指刀开关在额定电压下能可靠分断最大电流的能力。此外，还有熔断器极限分断能力、寿命以及电动稳定性电流与热稳定性电流等。

3. 胶壳刀开关的选用

① 额定电压选择

刀开关的额定电压要大于或等于线路实际的最高电压。

② 额定电流选择

当作为隔离开关使用时，刀开关的额定电流要等于或稍大于线路实际的工作电流，当直接用其控制小容量(小于 5.5 kW)电动机的启动和停止时，则需要选择电流容量比电动机额定值大的刀开关。

胶壳刀开关不适合用来直接控制 5.5 kW 以上的交流电动机。

4. 安装及操作注意事项：

① 胶壳刀开关安装时，手柄要向上，不得倒装或平装。倒装时，手柄有可能因为振动而自动下落造成误合闸，另外分闸时可能造成电弧灼手。

② 接线时，应将电源线接在上端(静触点)，负载线接在下端(动触点)，这样，拉闸后刀开关与电源隔离，便于更换熔丝。

③ 拉闸与合闸操作时要迅速，一次拉合到位。

常用刀开关的型号有 HKl、HK2、HK4 和 HK8 等系列。表 3-1 为 HK2 系列胶壳刀开关的主要技术参数。

表 3-1 **HK2 系列刀开关的主要技术参数**

型号	额定电压/V	额压电流/A	极数	开关的分断电流/A	熔断器极限分断能力/A	控制电动机的功率/kW
HK2—10/2	220	10	2	$4I_N$	500	1.1
HK2—15/2		15			500	1.5
HK2—30/2		30			1 000	3.0
HK2—15/3	380	15	3	$2I_N$	500	2.2
HK2—30/3		30			1 000	4.0
HK2—60/3		60		$1.5I_N$	1 000	5.5

（二）铁壳开关

铁壳开关也称为半封闭式负荷开关，主要用于配电电路，作电源开关、隔离开关和应急开关之用；在控制电路中，也可用于不频繁启动 28 kW 以下三相异步电动机。

1. 铁壳开关的组成

铁壳开关由钢板外壳、动触点、触刀、静触点(夹座)、储能操作机构、熔断器及灭弧机构等组成。图 3-3 为铁壳开关结构图及图形符号和文字符号。

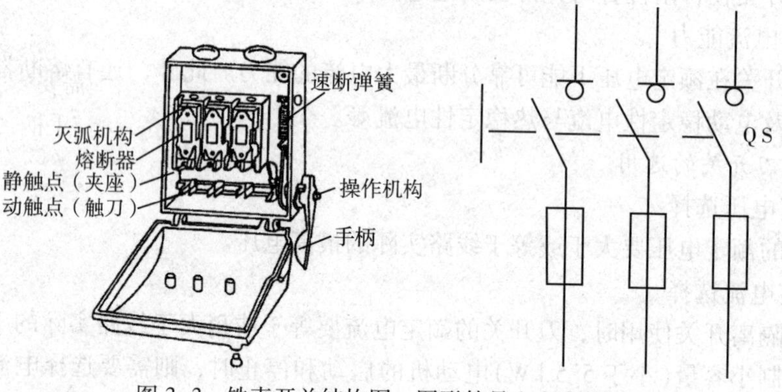

图 3-3 铁壳开关结构图、图形符号和文字符号

铁壳开关的操作机构有以下特点：一是采用储能合、分闸操作机构，当扳动操作手柄时通过弹簧储存能量，当操作手柄扳动到一定位置时，弹簧储存的能量瞬间爆发出来，推动触点迅速合闸、分闸，因此触点动作的速度很快，并且与操作速度无关。二是具有机械连锁，当铁盖打开时，不能进行合闸操作；而合闸后不能打开铁盖。

2. 铁壳开关的选用

铁壳开关的技术参数与胶壳开关相同，但由于其结构上的特点，使铁壳开关的断流能力比相同电流容量的胶壳开关要大得多，因此在电流容量的选用上与胶壳开关有所区别。

① 作为隔离开关或控制电热、照明等电阻性负载时，其额定电流等于或稍大于负载的额定电流即可。

② 用于控制电动机启动和停止时，其额定电流可按大于或等于两倍电动机额定电流选取。

半封闭式负荷开关型号及意义如下：

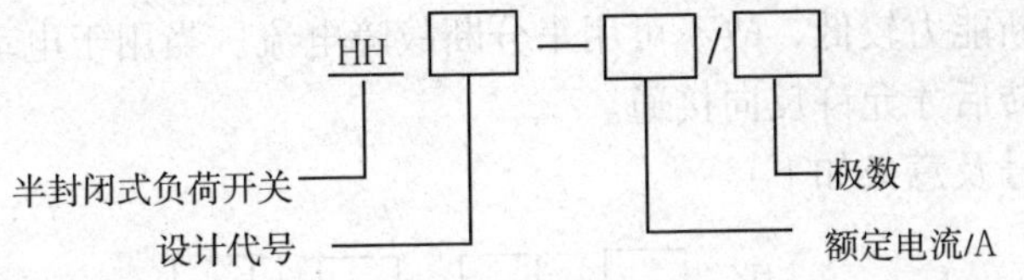

常用半封闭式负荷开关的型号有 HH3、HH4、HH10 和 HH11 等系列。

3. 铁壳开关的安装及操作注意事项

① 必须垂直安装，安装高度一般离地高 1.3~1.5m 左右，以方便操作和保证安全。

② 进、出线都必须穿过开关的进出线孔，在进、出线孔处安装橡皮垫圈，以防止导线绝缘层的磨损。

③ 外壳接地螺钉必须可靠接地。

（三）组合开关

组合开关是刀开关的另一种结构形式，在设备自动控制系统中，主要用在交流 50 Hz、380 V 以下、直流 220 V 及以下作电源开关，也可以作为 5 kW 以下小容量电动机的直接启动控制，以及电动机控制线路及机床照明控制电路中。

1. 组合开关的组成

组合开关由动触点、静触点、方形转轴、手柄、定位机构和外壳等组成。它的触点分别叠装在数层绝缘座内，动触点与方轴相连；当转动手柄时，每层的动触点与方轴一起转动，使动静触点接通或断开；之所以叫组合开关是因为绝缘座的层数可以根据需要自由组合，最多可达 6 层。组合开关采用储能和分闸两种操作机构，因此触点的动作速度与手柄速度无关。

图 3-4 为组合开关的外形和结构示意图。

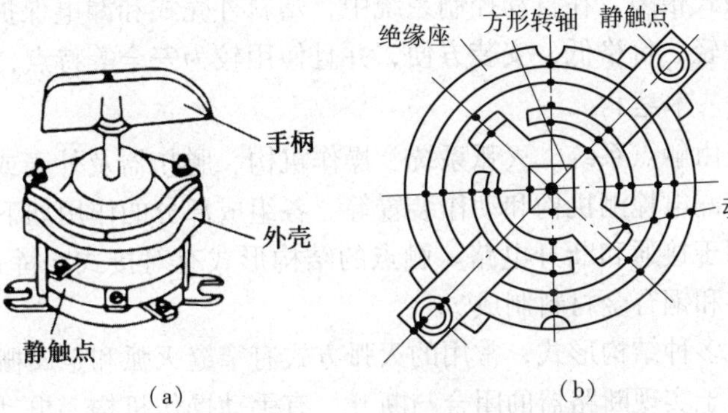

图 3-4　组合开关结构示意图

（a）外形；（b）结构示意图

2. 组合开关的主要技术参数与选用

组合开关的主要技术参数与刀开关相同，有额定电压、额定电流、极数和控制电动机的功率等。

选用时可按以下原则进行：

① 用于一般照明、电热电路，其额定电流应大于或等于被控电路的负载电流总和。

② 当用作设备电源引入开关时，其额定电流稍大于或等于被控电路的负载电流总和。

③ 当用于直接控制电动机时，其额定电流一般可取电动机额定电流的 2~3 倍。

组合开关的通断能力较低，故不可用来分断故障电流。当用于电动机可逆控制时，必须在电动机完全停转后才允许反向接通。

组合开关的型号及意义如下：

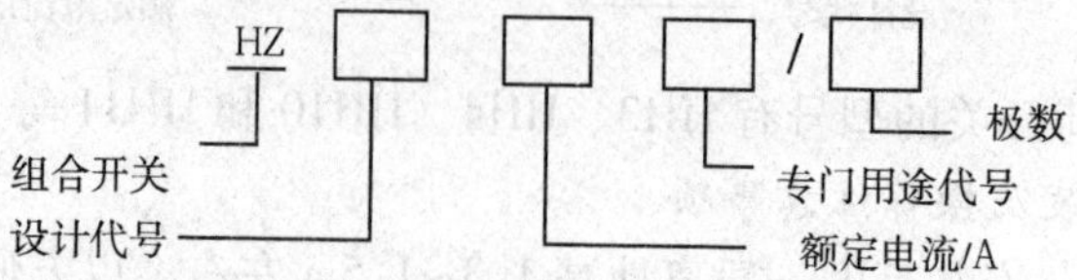

常用的组合开关型号主要有 HZ5、HZ10 和 HZ15 等系列。

二、低压断路器

低压断路器也称为自动空气开关，它主要用在交直流低压电网中，既可手动也可电动分合电路，且可对电路或用电设备实现过载、短路和欠电压等保护，也可以用于不频繁启动电动机，是一种重要的控制和保护电器。断路器都装有灭弧装置，因此它可以安全地带负荷合闸与分闸。

（一）断路器的分类

断路器的种类很多，有多种分类方法。下面仅按结构型式和用途分类。

1. 按结构型式来分

可分为框架式（也称万能式）和塑料外壳式（也称装置式）。

2. 按用途来分

可分为配电用、电动机保护用、照明用、漏电保护用断路器等。

断路器的结构型式很多，在自动控制系统中，塑料外壳式和漏电保护断路器由于结构紧凑、体积小、重量轻、价格低，安装方便，并且使用较为安全等特点，应用极为广泛。

（二）断路器的基本结构

低压断路器一般由触点系统、灭弧系统、操作机构、脱扣器及外壳或框架等组成。漏电保护断路器还需有漏电检测机构和动作装置等。各组成部分的作用如下：

（1）触点系统用于接通和断开电路。触点的结构形式有对接式、桥式和插入式三种，一般采用银合金材料和铜合金材料制成。

（2）灭弧系统有多种结构形式，常用的灭弧方式有窄缝灭弧和金属栅灭弧。

（3）操作机构用于实现断路器的闭合与断开，有手动操作机构、电动机操作机构、电磁铁操作机构等。

（4）脱扣器是断路器的感测元件，用来感测电路特定的信号（如过电压、过电流等），电路一旦出现非正常信号，相应的脱扣器就会动作，通过联动装置使断路器自动跳闸切断电路。脱扣器的种类很多，有电磁脱扣、热脱扣、自由脱扣、漏电脱扣等等。电磁脱扣又分为过电流、欠电流、过电压、欠电压脱扣、分励脱扣等。

（5）外壳或框架是断路器的支持件，用来安装断路器的各个部分。图 3-5 所示为几种常见断路器的结构示意图。

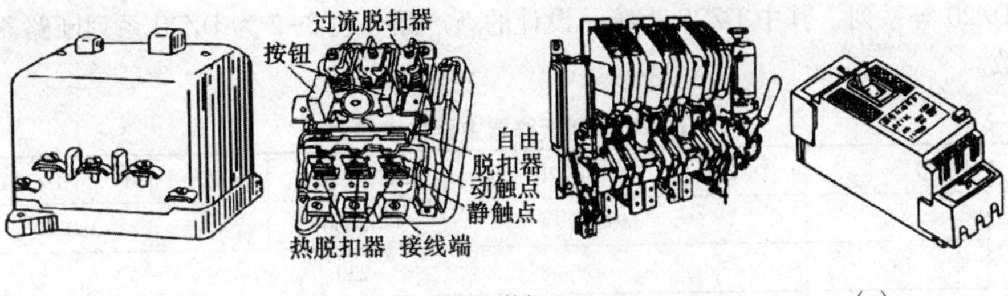

（a）　　　　　　　　　　（b）　　　　　　　　　　（c）

图 3-5　几种常用断路器结构示意图

（a）塑料外壳式；（b）框架式；（c）漏电保护式

（三）断路器的基本工作原理

通过手动或电动等操作机构可使断路器合闸，从而使电路接通。当电路发生故障(短路载、欠电压等)时，通过脱扣装置使断路器自动跳闸，达到故障保护的目的。

图 3-6 为断路器工作原理的示意图。

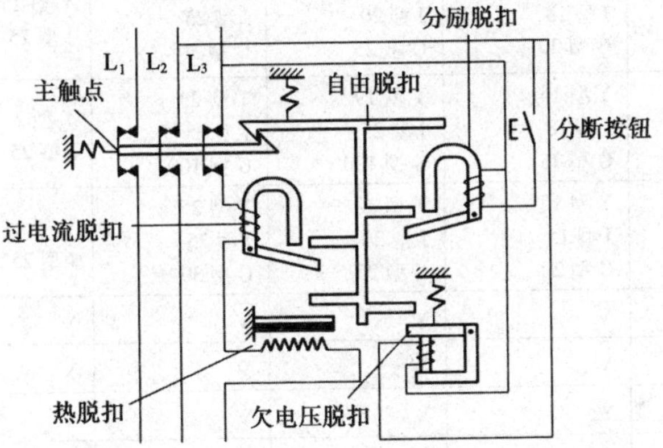

图 3-6　断路器工作原理示意图

使用时要注意，不同型号、规格的断路器，内部脱扣器的种类不一定相同，在同一个断路器中可以有几种不同性质的脱扣装置。另外，各种脱扣器的动作值或释放值根据保护要求可以通过整定装置在一定的范围内调节。

图 3-7 为断路器的图形和文字符号。

塑料外壳式断路器的型号及意义如下：

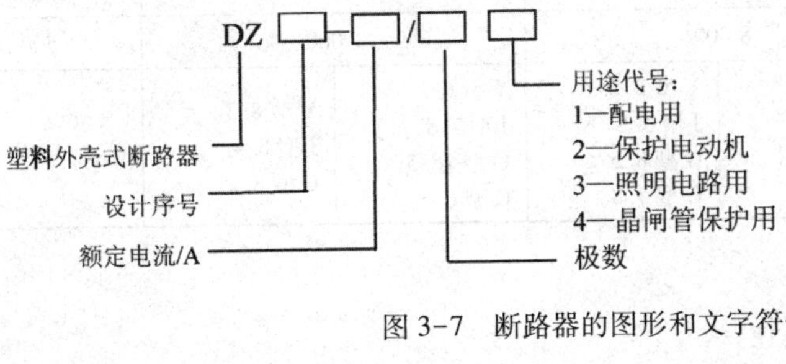

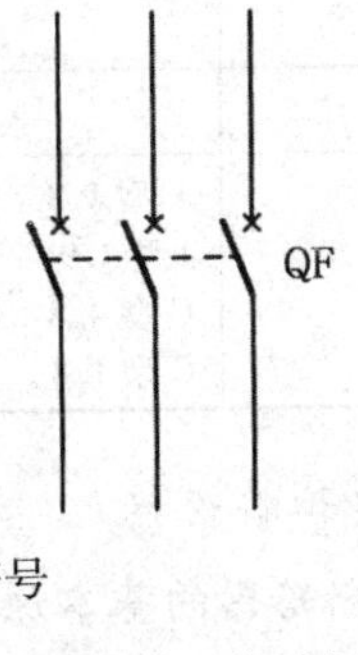

图 3-7　断路器的图形和文字符号

常用的框架结构低压断路器有：DW10、DW15 两个系列；塑料外壳式有：DZ5、

DZ10、DZ20 等系列，其中 DZ20 为统一设计的新产品。表 3-2 为 DZ20 系列断路器的主要技术参数。

表 3-2　　　　　　　　　　　　DZ20 系列断路器主要技术参数

产品型号		DZ20—100	DZ20—200	DZ20—400	DZ20—630	DZ20Y—1250
额定工作电压/V	AC	380		380（660）	380	
	DC	220				
断路器极数		二极、三极				
壳架等级电流/A		100	200	400	630	1 250
脱扣器等级电流/A		16, 20, 32, 40 50, 63, 80, 100	100, 125, 160 180, 200, 225	200, 250, 315 350, 400	250, 315, 350 400, 500, 630	630, 700, 800, 1 000, 1 250
额定极限短路分断能力/kA	AC380V	Y 型 18 J 型 35 G 型 100 C 型 25	Y 型 25 J 型 42 G 型 100 C 型 15	Y 型 30 J 型 42 G 型 100 C 型 20	Y 型 30 J 型 42 G 型 20	50
	DC220V	Y 型 10 J 型 18 G 型 20	Y 型 20 J 型 20 G 型 25	Y 型 25 J 型 25 G 型 30	Y 型 25 J 型 25	30
额定运行短路分断能力/kA	AC380V	Y 型 14 J 型 18 G 型 75	Y 型 19 J 型 25 G 型 100	Y 型 23 J 型 25 G 型 100	Y 型 23 J 型 25	38
	DC220V	Y 型 10 J 型 15 G 型 20	Y 型 20 J 型 20 G 型 25	Y 型 25 J 型 25, G 型 30	Y 型 25 J 型 25	30
可配附件名称	欠压脱扣器	√	√	√	√	√
	分离脱口器	√	√	√	√	√
	辅助触头	√	√	√	√	√
	报警触头	√	√	√	√	√
	电动操作机构	√	√	√	√	√
	转动手柄操作机构	√	√	没有 J 型和 G 型	√	√
	接线端子	√	√	√	√	√
连接导线（铜母线）最大截面/mm²		35	95	240	40×5 两根	80×5 两根
最高操作频率/（次/h）		120		60		30
机械寿命/次		1 800		5 000		3 000
电寿命/次		8 000		1 000		500
质量/kg		Y 型 1.8 J 型 1.9 G 型 4.8 C 型 1.8	Y 型 3.8 J 型 3.8 G 型 8.5 C 型 3.8	Y 型 6 J 型 7.8 G 型 18.5 C 型 6	Y 型 8.2 J 型 8.4 C 型 8.2	18.9

（四）漏电保护断路器

1. 漏电保护断路器的基本原理

漏电保护断路器通常被称为漏电保护开关，是为了防止低压电网中人身触电或漏电造成火灾等事故而研制的一种新型电器，除了起断路器的作用外，还能在设备漏电或人身触电时迅速断开电路，保护人身和设备的安全，因而使用广泛。

漏电保护断路器的基本原理与结构如图 3-8 所示，它由主回路断路器（含跳闸脱扣器）和零序电流互感器、放大器三个主要部件组成。当设备正常工作时，主电路电流的相量和为零，零序电流互感器的铁芯无磁通，其二次绕组没有感应电压输出，开关保持闭合状态。当被保护的电路中有漏电或有人触电时，漏电电流通过大地回到变压器中性点，从而使三相电流的相量和不等于零，零序电流互感器的二次绕组中就产生感应电流，当该电流达到一定的值并经放大器放大后就可以使脱扣器动作，使断路器在很短的时间内动作而切断电路。

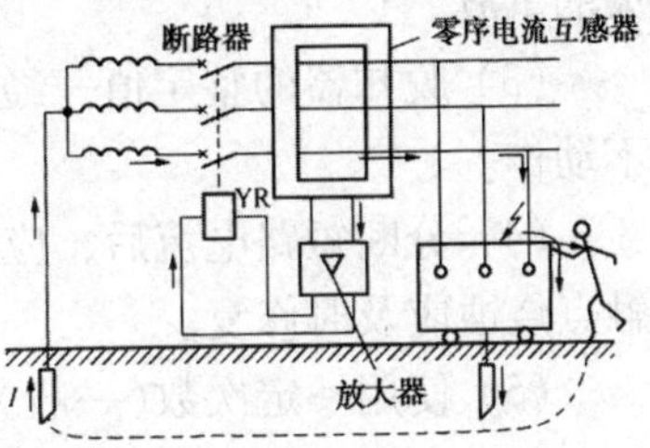

图 3-8　漏电保护断路器的工作原理示意图

2. 常用的漏电保护断路器

漏电保护断路器的常用型号有 DZ5—20L、DZ15L 系列、DZ—16、DZL18—20 等，其中 DZL18—20 型由于放大器采用了集成电器，体积更小、动作更灵敏、工作更可靠。

（五）断路器的选用

在选项用断路器时，应首先确定断路器的类型，然后进行具体参数的确定。断路器的选择大致可按以下步骤进行：

（1）应根据具体使用条件、被保护对象的要求选择合适的类型

一般在电气设备控制系统中，常选用塑料外壳式或漏电保护断路器；在电力网主干线路中主要选用框架式断路器；而在建筑物的配电系统中则一般采用漏电保护断路器。

（2）在确定断路器的类型后，再进行具体参数的选择。选用的一般通则如下：

① 断路器的额定工作电压（V）大于或等于被保护线路的额定电压（V）。

② 断路器的额定电流（A）大于或等于被保护线路的计算负载电流（A）。

③ 断路器的额定通断能力（kA）大于或等于被保护线路中可能出现的最大短路电流（kA），一般按有效值计算。

④ 线路末端单相对地短路电流（A）大于或等于 1.25 倍断路器瞬时（或短延时）脱扣器整定电流（A）。

⑤ 断路器欠电压脱扣器额定电压（V）等于被保护线路的额定电压（V）。

⑥ 断路器分励脱扣器额定电压（V）等于控制电源的额定电压（V）。

⑦ 若断路器用于电动机保护，则电流整定值的选用还应遵循以下原则：

a. 断路器的长延时电流整定值（A）等于电动机的额定电流（A）。

b. 保护笼形异步电动机时，瞬时值整定电流（A）等于 k_f×电动机的额定电流（A）；系数 k_f 与电机的型号、容量和启动方法有关，其大小约在（8~15 A）间。

c. 保护绕线转子异步电动机时，瞬时值整定电流（A）等于 k_f×电动机的额定电流（A）；系数 k_f 大小约在（3~6 A）之间。

若断路器用于保护和控制频繁启动电动机时，则还应考虑断路的操作条件和电寿命。

（六）断路器使用注意事项

为保证低压断路器可靠工作，使用时要注意以下事项：

（1）断路器要按规定垂直安装，连接导线必须符合规定要求。

（2）工作时不可将灭弧罩取下，灭弧罩损坏应及时更换，以免发生短路时电弧不能熄灭的事故。

（3）脱扣器的整定值一经调好就不要随意变动，但应定期检查，以免脱扣器误动作或不动作。

（4）分断短路电流后，应及时检查主触点，若发现弧烟痕迹，可用干布擦净；若发现触点烧蚀应及时修复。

（5）使用一定次数(一般为 1/4 机械寿命)后，应给操作机添加润滑油。

（6）应定期清除断路器的尘垢，以免影响操作和绝缘。

三、熔断器

低压熔断器广泛用于低压供配电系统和控制系统中，主要用于短路保护，有时也可用于过载保护。熔断器串联在电路中。当电路发生短路或严重过载时，熔断器中的熔体将自动熔断，从而切断电路，起到保护作用。

熔断器结构简单、体积小巧、价格低廉、工作可靠、维护方便，是电气设备重要的保护元件之一。

（一）低压熔断器的种类及型号

1. 低压熔断器的种类

熔断器的种类很多，按其结构可分为半封闭插入式熔断器、有填料螺旋式熔断器、有填料封闭管式熔断器、无填料封闭管式熔断器、有填料管式快速熔断器、半导体保护用熔断器及自复式熔断器等。

熔断器的种类不同，其特性和使用场合也有所不同。在工厂电气设备自动控制中，半封闭插入式熔断器、螺旋式熔断器使用最为广泛。

2. 低压熔断器的型号及意义

① 熔断器的型号及意义如下：

熔断器的型号：C——瓷插式熔断器；L——螺旋式熔断器；M——无填料封闭管式熔断器；T——有填料封闭管式熔断器；S——快速熔断器；Z——自复式熔断器。

② 熔断器的图形和文字符号如图 3-9 所示。

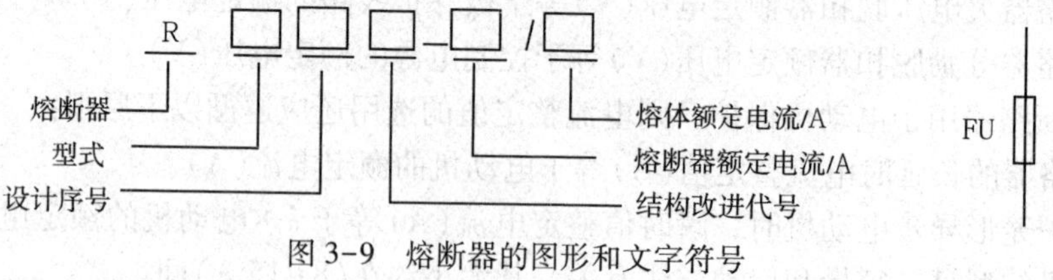

图 3-9　熔断器的图形和文字符号

（二）熔断器的基本结构

熔断器的种类尽管很多，使用场合也不尽相同，但从其功能上来区分，一般可分为熔座(支持件)和熔体两个组成部分。熔座用于安装和固定熔体，而熔体则串联在电路中。当电路发生短路或者严重过载时，过大的电流通过熔体，熔体以其自身产生的热量而熔断，从而切断电路，起到保护作用。这也是熔断器的工作原理。

熔体是熔断器的核心部件，一般用铅、铅锡合金、锌、银、铝及铜等材料制成；熔体的形状有丝状、片状或网状等；熔体的熔点温度一般为200~300 ℃。

（三）熔断器的保护特性及主要参数

1. 熔断器的保护特性

熔断器的保护特性又称为安秒特性，它表示熔体熔断的时间与流过熔体的电流大小之间的关系特性。熔断器的安秒特性曲线如图3-10所示。

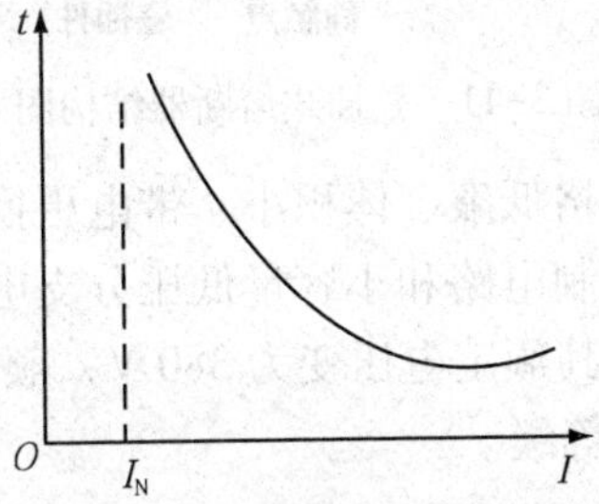

图3-10 熔断器的保护特性

熔断器的安秒特性为反时限特性，即通过熔体的电流值越大，熔断时间越短。具有这种特性与元件就具备短路保护和过载保护的能力。熔断器的熔断电流与熔断时间的数值关系如表3-3所示。

表3-3 熔断器的熔断电流与熔断时间的数值关系

熔断电流倍数	1.25~1.3	1.6	2	2.5	3	4
熔断时间	∞	1 h	40 s	8 s	4.5 s	2.5 s

2. 熔断器的主要参数

① 额定电压 U_N

这是从灭弧角度出发，规定熔断器所在电路工作电压的最高限额。如果线路的实际电压超过熔断器的额定电压，一旦熔体熔断时，有可能发生电弧不能及时熄灭的现象。

② 额定电流 I_N

实际上是指熔座的额定电流，这是由熔断器长期工作所允许的温升决定的电流值。配用的熔体的额定电流应小于或等于熔断器的额定电流。

③ 熔体的额定电流 I_{RN}

熔体长期通过此电流而不熔断的最大电流。生产厂家生产不同规格的熔体供用户选择使用。

④ 极限分断能力

熔断器所能分断的最大短路电流值，分断能力的大小与熔断器的灭弧能力有关，而与熔体的额定电流值无关。熔断器的极限分断能力必须大于线路中可能出现的最大短路电流值。

（四）常用熔断器简介

1. 瓷插式熔断器

也称为半封闭插入式熔断器，其结构如图3-11所示，它由瓷质底座和瓷插件两部分构成，熔体安装在瓷插件内。熔体通常用铅锡合金或铅锑合金等制成，也有用铜丝作为熔体。部分常用熔体规格如表 3-4 所示。

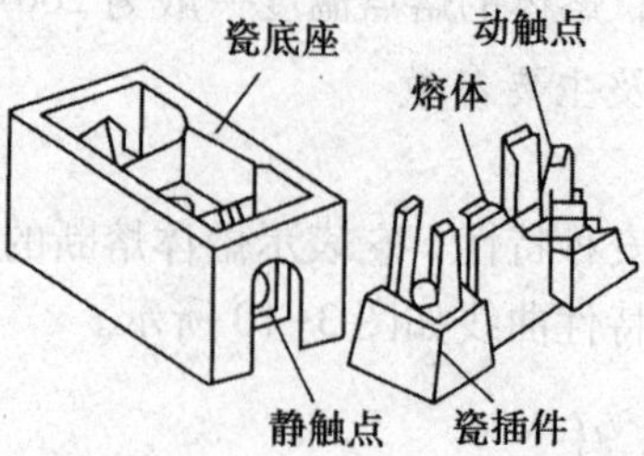

图 3-11　瓷插式熔断器结构图

瓷插式熔断器结构简单、价格低廉、体积小、带电更换熔体方便，且具有较好的保护特性。主要用于中、小容量的控制电路和小容量低压分支电路中。

常用的型号有 RC1A 系列，其额定电压变为 380 V，额定电流有 5 A、10 A、15 A、30 A、60 A、100 A、200 A 等 7 个等级。

表 3-4　　**部分常用熔丝的技术数据**

种类	铅锑合金（铅≥98%，锑 0.3%~1.5%）					铅锡合金（铅 95%，锡 5%）				铜丝			
直径/mm	0.15	0.25	1.25	2.95	5.24	0.61	1.22	2.34	3.26	0.23	0.56	1.22	2.03
额定电流/A	0.5	0.9	7.5	27.5	70	2.6	7.0	18	30	4.3	15	49	115

2. 螺旋式熔断器

螺旋式熔断器的外形和结构如图 3-12 所示。它由瓷底座、瓷帽、瓷套和熔断体组成。熔断安装在熔断体的瓷质熔管内，熔管内部充满起灭弧作用的石英砂。熔断体自身带有熔体熔断指示装置。螺旋式熔断器是一种有填料的封闭管式熔断器，结构较瓷插式熔断器复杂。

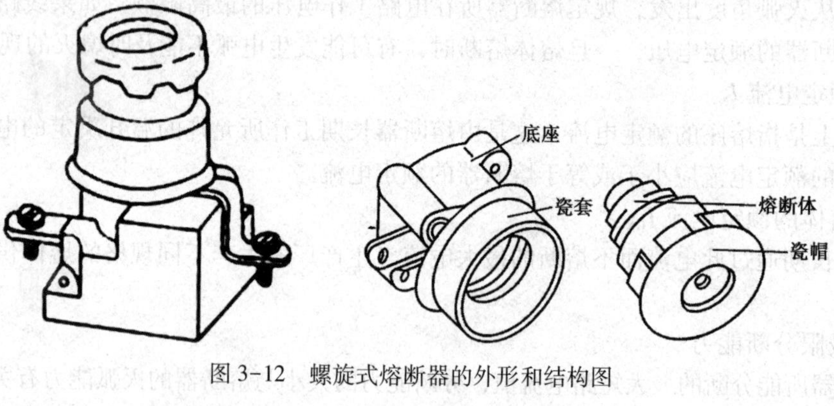

图 3-12　螺旋式熔断器的外形和结构图

螺旋式熔断器具有较好的抗震性能，灭弧效果与断流能力均优于瓷插式熔断器，它广泛用于机床电气控制设备中。

螺旋式熔断器接线时要注意，电源进线接在瓷底座的下接线端上，负载线接在与金属螺纹壳相连的上接线端上。

常用螺旋式熔断器的型号有 RL6、RL7(取代 RL1、RL2)、RLS2(取代 RLS1)等系列。

3. 有填料封闭管式熔断器

有填料封闭管式熔断器的结构如图 3-13 所示。它由瓷底座、熔断体两部分组成，熔体安放在瓷质熔管内，熔管内部充满石英砂作灭弧用。

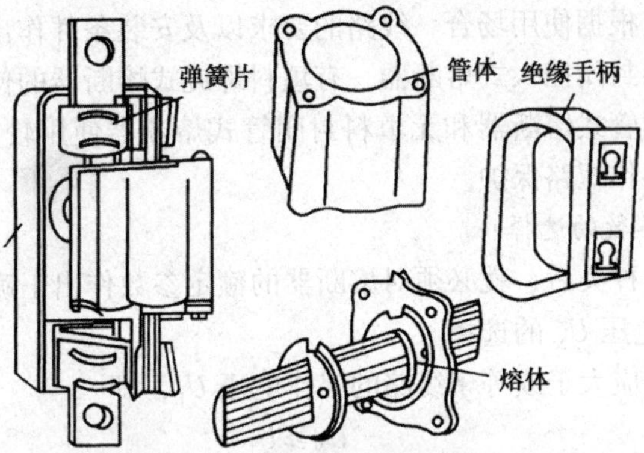

图 3-13　有填料封闭管式熔断器结构图

有填料封闭管式熔断器具有熔断迅速、分断能力强、无声光现象等良好性能，但结构复杂，价格昂贵。主要用于供电线路及要求分断能力较高的配电设备中。

常用有填料封闭管式熔断器的型号有 RT12、RT14、RT15、RT17 等系列。

4. 无填料封闭管式熔断器

这种熔断器主要用于低压电力网以及成套配电设备中。无填料封闭管式熔断器的结构如图 3-14 所示。它由插座、熔断管、熔体等组成。主要型号有 RM10 系列。

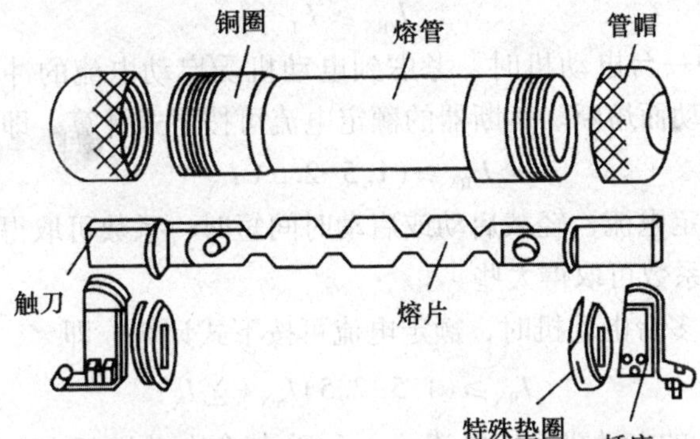

图 3-14　无填料封闭管式熔断器结构图

5. 快速熔断器

快速熔断器主要用于半导体元件或整流装置的短路保护。由于半导体元件的过载能力很低，只能在极短的时间内承受较大的过载电流，因此要求短路保护器件具有快速熔断能力。快速熔断器的结构与有填料封闭管式熔断器基本相同，但熔体材料和形状不同，一般熔体用银片冲成有 V 形深槽的变截面形状，图 3-15 为其结构图。

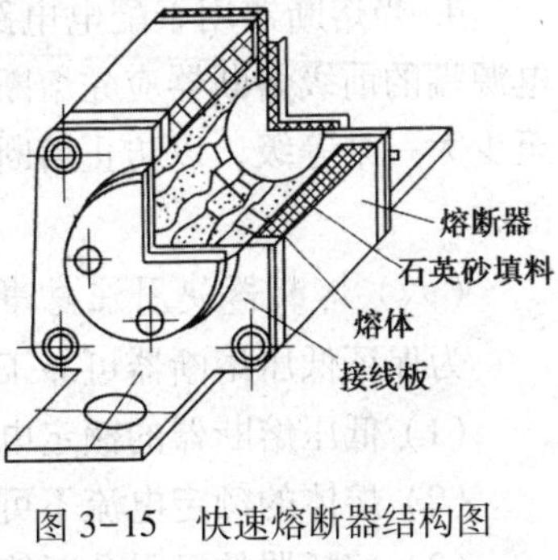

图 3-15　快速熔断器结构图

快速熔断器主要型号有 RS0、RS3、RLS1 和 RLS2 等系列。

（五）熔断器的选用

熔断器的选择包括熔断器种类选择和额定参数的选择。

1. 熔断器种类的选择

熔断器的种类应根据使用场合、线路的要求以及安装条件作出选择。在工厂电气设备自动控制系统中，半封闭插入式熔断器、有填料螺旋式熔断器的使用极为广泛；在供配电系统中，有填料封闭管式熔断器和无填料封闭管式熔断器使用较多；而在半导体电路中，主要选用快速熔断器作短路保护。

2. 熔断器额定参数的选择

在确定熔断器的种类后，就必须对熔断器的额定参数作出正确的选择。

① 熔断器额定电压 U_N 的选择

熔断器额定电压应大于或等于线路的工作电压 U_L，即

$$U_N \geqslant U_L$$

② 熔断器的额定电流 I_N 的选择

实际上就是选择支持件的额定电流，其额定电流必须大于或等于所装熔体的额定电流 I_{RN}，即

$$I_N \geqslant I_{RN}$$

③ 熔体额定电流 I_{RN} 的选择

按照熔断器保护对象的不同，熔体额定电流的选择方法也有所不同。主要有：

a. 当熔断器保护电阻性负载时，熔体额定电流等于或稍大于电路的工作电流即可，即

$$I_{RN} \geqslant I_L$$

b. 当熔断器保护一台电动机时，考虑到电动机受启动电流的冲击，必须要保证熔断器不会因为电动机启动而熔断。熔断器的额定电流可按下式计算，即

$$I_{RN} \geqslant (1.5\text{-}2.5)\ I_N$$

式中，I_N 为电动机额定电流，轻载启动或启动时间短时，系数可取得小些，相反若重载启动或启动时间长时，系数可取得大些。

c. 当熔断器保护多台电动机时，额定电流可按下式计算，即

$$I_{RN} \geqslant (1.5\text{-}2.5) I_{mN} + \sum I_N$$

式中，I_{mN} 为容量最大的电动机额定电流；$\sum I_N$ 为其余电动机额定电流之和；系数的选取方法同前。

d. 当熔断器用于配电电路中时，通常采用多级熔断器保护，发生短路事故时，远离电源端的前级熔断器应先熔断。因此一般后一级熔体的额定电流比前一级熔体的额定电流至少大一个等级，以防止熔断器越级熔断而扩大停电范围。同时必须要校核熔断器的断流能力。

（六）熔断器使用注意事项

为保证低压熔断器可靠工作，使同时要注意以下事项：

（1）低压熔断器的额定电压应与线路的电压相吻合，不得低于线路电压。

（2）熔体的额定电流不可大于熔管(支持件)的额定电流。

（3）熔断器的极限分断能力应高于被保护线路的最大短路电流。

(4) 安装熔体时必须注意不要使其受到机械损伤，特别是较柔软的铅锡合金丝，以免发生误动作。

(5) 安装时应保证熔体和触刀以触刀座接触良好，以免因接触电阻过大而使温度过高发生误动作。

(6) 当熔体已熔断或已严重氧化，需更换熔体时，要注意新换熔体的规格与旧熔体的规格相同，以保证动作的可靠性。

(7) 更换熔体或熔管，必须在不带电的情况下进行，即使有些熔断器允许在带电情况下取下，也必须在电路切断后进行。

第二节 低压控制电器

低压控制电器是指用于低压电力传动、自动控制系统和用电设备中，使其达到预期的工作状态的电器、如主令电器、接触器、继电器等。

一、主令电器

主令电器主要用于切换控制电路，用它来“命令”电动机及其他控制对象的启动、停止或工作状态的变换，因此，称这类发布命令的电器为“主令电器”。

主令电器的种类很多，常用的主令电器有控制按钮、行程开关、万能转换开关和主令控制器等。

（一）控制按钮

控制按钮在低压控制电路中用于手动发出的控制信号，作远距离控制之用。

1. 控制按钮的基本结构

按钮一般都有操作头、复位弹簧、触点、外壳及支持连接部件组成。操作头的结构形式有按钮式、旋钮式和钥匙式等。按钮开关结构如图 3-16 所示，其图形及文字符号如图 3-17 所示。

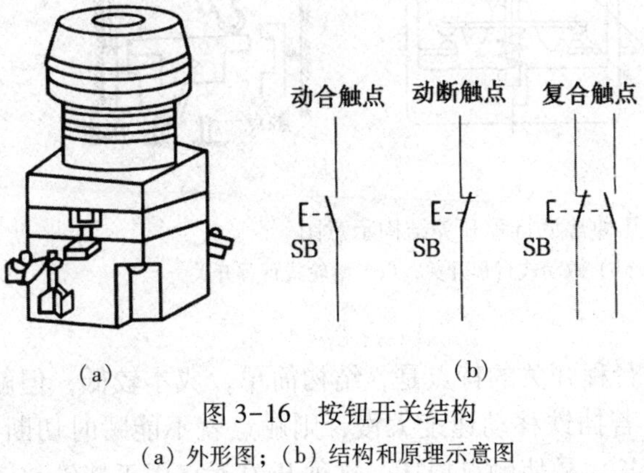

(a)　　(b)

图 3-16　按钮开关结构

(a) 外形图；(b) 结构和原理示意图

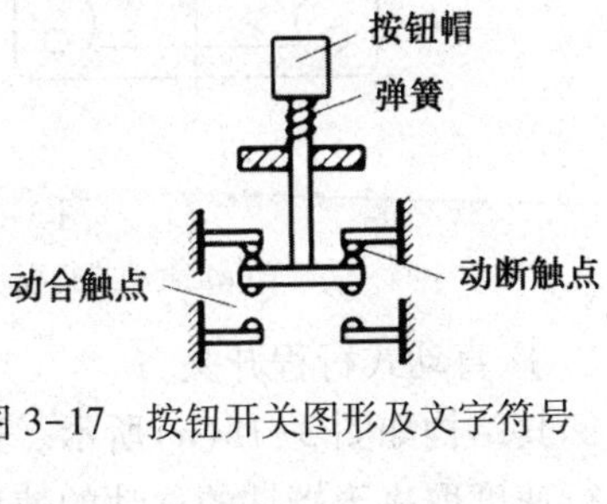

图 3-17　按钮开关图形及文字符号

控制按钮的型号及意义如下：

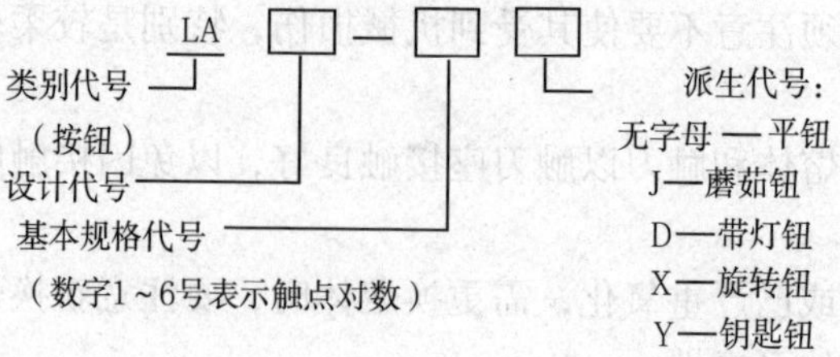

2. 按钮的选用方法

① 根据使用场合，选择按钮的种类，如开启式、保护式、防水式和防腐式等。

② 根据用途，选用合适的形式，如手把旋钮式、钥匙式、紧急式和带灯式等。

③ 按控制回路的需要，确定不同按钮数，如单钮、双钮、三钮和多钮等。

④ 按工作状态指示和工作情况要求，选择按钮和指示灯的颜色(参照国家有关标准)。

⑤ 核对按钮定电压、电流等指标是否满足要求。

常用控制按钮的型号有 LA4、LA10、LA18、LA19、LA20 和 LA25 等系列。

（二）行程开关

行程开关又称为限位开关，它的作用是将机械位移转变为触点的运作信号，以控制机械设备的运动，在机电设备的行程控制中有很大作用。行程开关的工作原理与控制按钮相同，不同之处在于行程开关是利用机械运动部分的碰撞而使其动作；按钮则是通过人力使其动作。

1. 行程开关的基本结构

行程开关的种类很多，但基本结构相同，主要由三部分组成：触点部分、操作部分和反力系统等。根据操作部分运动特点的不同，行程开关可分为直动式、滚轮式、微动式以及能自动复位和不能自动复位等。图 3-18 为几种常见行程开关的结构示意图。

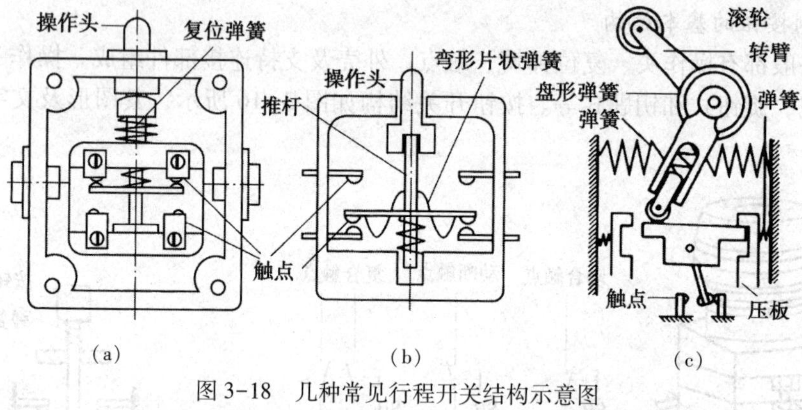

图 3-18　几种常见行程开关结构示意图

(a) 直动式行程开关；(b) 微动式行程开关；(c) 滚轮式行程开关

① 直动式行程开关

其结构如图 3-18(a)所示。这种行程开关的特点是，结构简单，成本较低，但触点的运行速度取决于挡铁的移动的速度。若挡铁移动速度太慢，则触点就不能瞬时切断电路，使电弧或电火花在触点上滞留时间过长，易使触点损坏。这种开关不宜用于挡铁移动速度小于 0.4 m/min 的场合。

② 微动式行程开关

其结构如图 3-18(b)所示。这种开关的优点是有储能动作机构，触点动作灵敏、速度快并与挡铁的运行速度无关；缺点是触点电流容量小、操作头的行程短，使用时操作部分容易损坏。

③ 滚轮式行程开关

其结构如图 3-18(c)所示。这种开关具有触点电流容量大、动作迅速，操作头动作行程大等特点，主要用于低速运行的机械。

行程开关还有很多种不同的结构形式，一般都是在直动式或微动式行程开关的基础上加装不同的操作头构成。

2. 行程开关的主要技术参数及型号意义

行程开关的图形和文字符号如图 3-19 所示。行程开关的主要技术参数与按钮基本相同。行程开关的型号及意义如下：

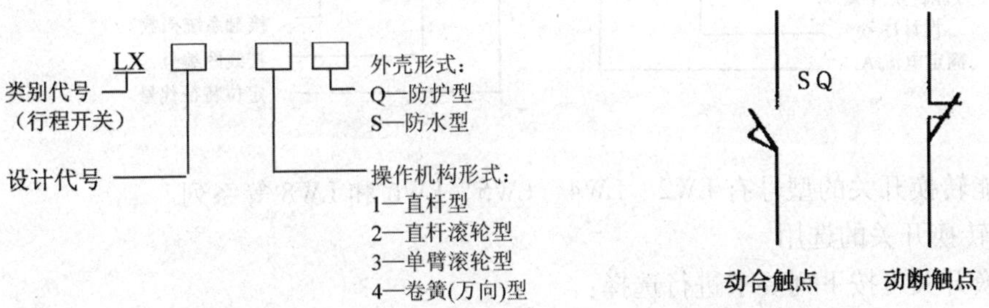

图 3-19　行程开关的图形和文字符号

常用行程开关的型号 LX5、LX10、LX19、LX31、LX33、LXW—11 和 JLXK1 等系列。

3. 万能转换开关

万能转换开关主要用作控制电路的转换或功能切换，电气测量仪表的转换以及配电设备(高压油断路器、低压空气断路器等)的远距离控制，亦可用于控制伺服电机和其他小容量电机的启动、换向以及变速等。由于这种开关触点数量多，因而可同时控制多条控制电路，用途较广，故称为万能转换开关。

① 万能转换开关的基本结构

万能转换开关由触点系统、操作机构、转轴、手柄、定位机构等主要部件组成，用螺栓组装成整体。图 3-20 为典型的万能转换开关的结构图。

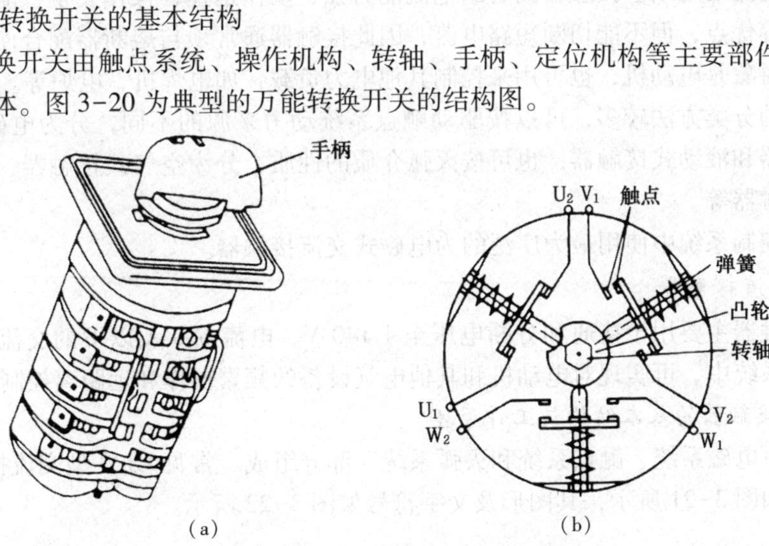

(a)　　(b)

图 3-20　万能转换开关的结构图

(a) 外形图；(b) 结构图

触点系统由许多层接触单元组成，最多可达 20 层。每一接触单元有 2～3 对双断点触点安装在塑料压制的触点底座上，触点由凸轮通过支架驱动，每一断点设置隔弧罩以限制电弧，增加其工作可靠性。

定位机构一般采用滚轮卡棘轮辐射型结构，其优点是操作轻便、定位可靠并有一定的速动作用，有利于提高触点分断能力。定位角度由具体系列规定，一般分为 30°、45°、60°和 90°等几种。

手柄型式有旋钮式、普通式、带定位钥匙式和带信号灯式等。

万能转换开关的型号及意义如下：

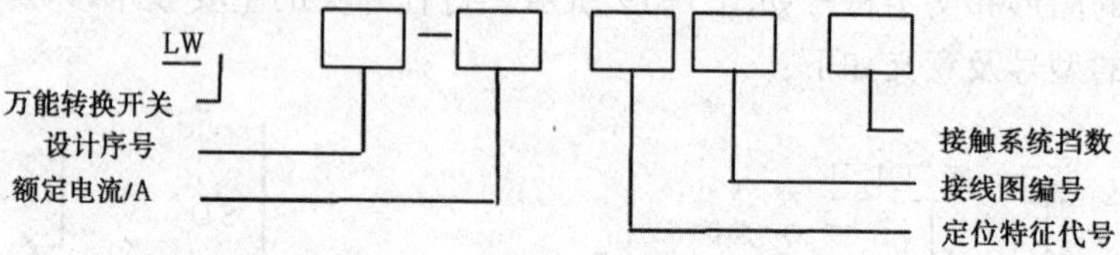

常用万能转换开关的型号有 LW2、LW4、LW5、LW6 和 LW8 等系列。

② 万能转换开关的选用

万能转换开关可按下列要求进行选择：

a. 按额定电压和工作电流等选择合适的系列。

b. 按操作需要选择手柄型式和定位特征。

c. 按控制要求确定触点数量和接线图编号。

d. 选择面板型式及标点。

二、接触器

接触器是一种用途最为广泛的开关电器。它利用电磁、气动或液动原理，通过控制电路来实现主电路的通断。接触器具有断电流能力强、动作迅速、操作安全、能频繁操作和远距离控制等优点，但不能切断短路电流，因此接触器通常须与熔断器配合使用。接触器的主要控制对象是电动机，也可用来控制其他电力负载，如电焊机、电炉等。

接触器的分类方法较多，可以按驱动触点系统动力来源的不同，分为电磁式接触器、气动式接触器和液动式接触器，也可按灭弧介质的性质，分为空气式接触器、油浸式接触器和真空接触器等。

在电力控制系统中使用最为广泛的为电磁式交流接触器。

（一）交流接触器

交流接触器主要用于接通和分断电压至 1 140 V、电流 630 A 以下的交流电路。在设备自动控制系统中，可实现对电动机和其他电气设备的频繁操作和远距离控制。

1. 交流接触器的基本结构与工作原理

接触器由电磁系统、触点系统和灭弧系统三部分组成。常见 CJ20 型交流接触器外形、结构示意图如图 3-21 所示，其图形及文字符号如图 3-22 所示。

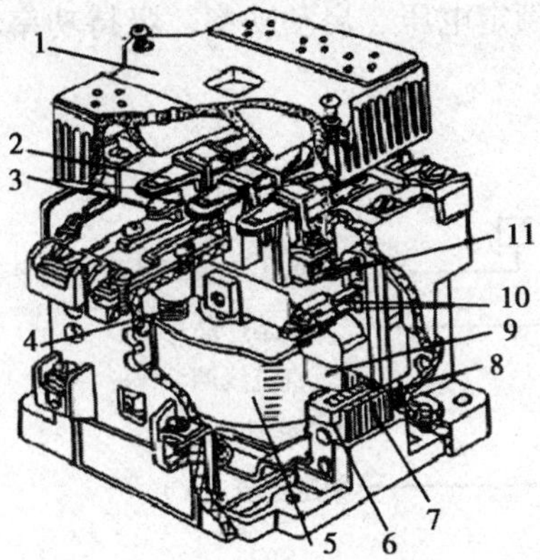

图 3-21　接触器外形、结构示意图

1——灭弧罩；2——触点压力弹簧片；3——主触点；
4——反作用弹簧；5——线圈；6——短路环；
7——静铁芯；8——弹簧；9——动铁芯；
10——辅助常开触点；11——辅助常闭触点

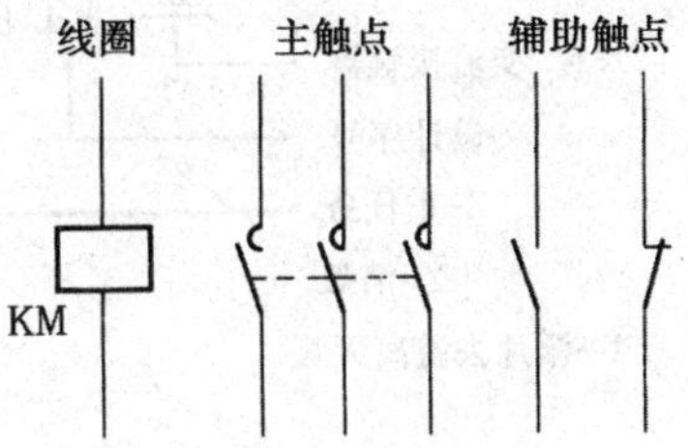

图 3-22　接触器图形及文字符号

交流接触器的工作原理是：当吸引线圈通电后，衔铁被吸合，并通过传动使触点动作，达到接通或断开电路的目的；当线圈断电后，衔铁在反力弹簧的作用下回到原始位置使触点复位。

接触器电磁机构的动作值与释放值不需要调整，所以无整定机构。

2. 交流接触器的主要技术参数

交流接触器的主要技术参数有额定电压、额定电流、通断能力、频率机械寿命与电寿命等。

① 额定工作电压

是指在规定条件下，能保证电器正常工作的电压值。它与接触器的灭弧能力有很大的关系。根据我国电压标准，接触器额定工作电压常见的有交流 110 V、127 V、220 V、380 V、660 V、1 140 V 等。

② 额定电流

由接触器在额定的工作条件(额定电压、操作频率、使用类别、触点寿命等)下所决定的电流值。目前我国生产的接触器额定电流一般小于或等于 630 A。

③ 通断能力

通断能力以电流大小来衡量。接通能力是指开头闭合接通电流时不会造成触点熔焊的能力；断开能力是指开关断开电流时能可靠熄灭电弧的能力。通断能力与接触器的结构及灭弧方式有关。

④ 机械寿命

机械寿命是指在无须修理的情况下所能承受的不带负载的操作次数。一般接触器的机械寿命达 600 万~1 000 万次。

⑤ 电寿命

电寿命是指在规定使用类别和正常操作条件下不需修理或更换零件的负载操作次数。一般电寿命约为机械寿命的 1/20 倍。

此外，还有操作频率，吸引线圈的参数，如额定电压、启动功率、吸持功率和线圈消耗功率等。

交流接触器的型号及意义如下：

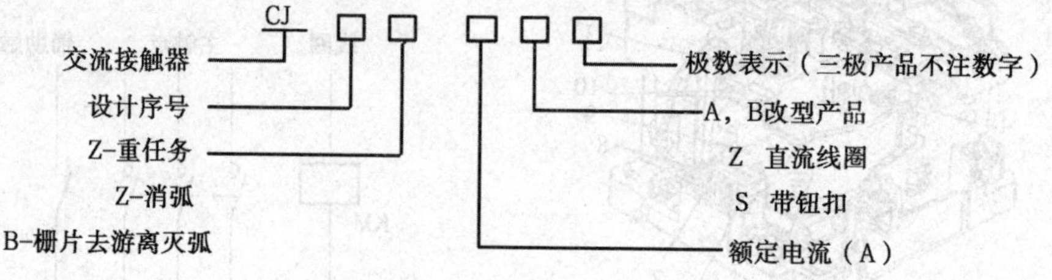

三、继电器

继电器是一种根据外界输入信号(电信号或非电信号)来控制电路“接通”或“断开”的一种自动电器，主要用于控制、线路保护或信号转换。

继电器的种类很多、分类方法也较多。按用途来分，可分为控制继电器和保护继电器；按反映的信号来分，可分为电压继电器、电流继电器、时间继电器、热继电器和速度继电器等；按动作原理来分，可分为电磁式、电子式和电动式等。

(一) 电磁式继电器

电磁式继电器主要有电压继电器、电流继电器和中间继电器等。

1. 电磁式继电器的基本结构与工作原理

电磁式继电器的结构、工作原理与接触器相似，由电磁系统、触点系统和反力系统三部分组成，其中电磁系统为感测机构，由于其触点主要用于小电流电路中(电流一般不超过 10 A)，因此不专门设置灭弧装置。

图 3-23 为磁式继电器基本结构示意图。电磁式继电器的图形和文字符号如图 3-24 所示。

电磁式继电器工作原理与接触器相同，当吸引线圈通电(或电流、电压达到一定值)时，衔铁运动驱动触点动作。

通过调节反力弹簧的弹力、止动螺钉的位置或非磁性垫片的厚度，可以达到改变电器动作值和释放值的目的。

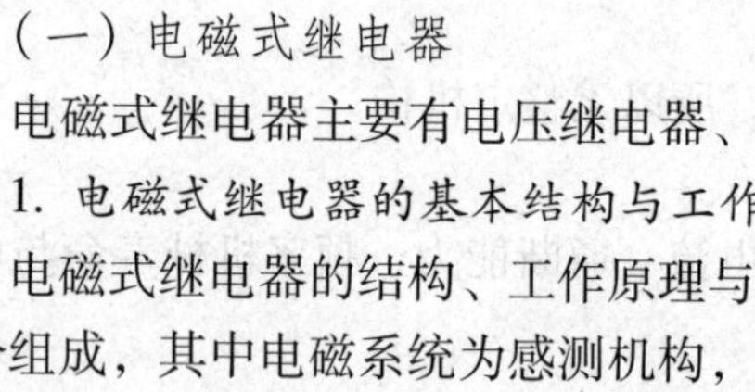

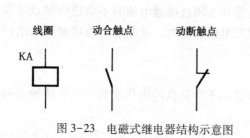

图 3-23　电磁式继电器结构示意图

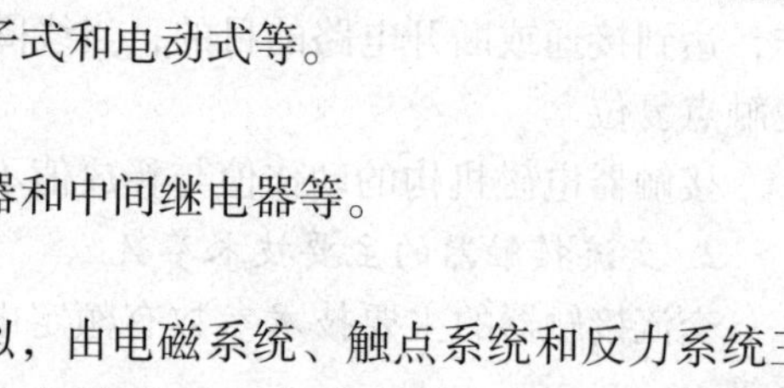

图 3-24　电磁式继电器图形及文字符号

2. 常用电磁式继电器介绍

① 电压继电器

电压继电器根据电路中电压的大小控制电路的“接通”或“断开”。主要用于电路的过电压或欠电压保护，使用时其吸引线圈直接(或通过电压互感器)并联在被控电路中。

电压继电器有直流电压继电器和交流电压继电器之分，同一类型又可分为电压继电器、欠电压继电器和零电压继电器。交流电压继电器用于交流电路而直流电压继电器则用于直流电路中，它们的工作原理是相同的。

a. 过电压继电器用于电路过电压保护，当电路电压正常时不动作；当电路电压超过某一整定值[一般为(105%~120%)U_N]时，过电压继电器动作。

b. 欠(零)电压继电器用于电路欠(零)电压保护，其电路电压正常时欠(零)电压继电器电磁机构动作；当电路电压下降到某一整定值，[一般为(30%~50%)U_N]以下或消失时，欠(零)电压继电器电磁机构释放，将电路断开，实现欠(零)电压保护。

② 电流继电器

电流继电器根据电路中电流的大小动作或释放，用于电路的过电流或欠电流保护，使用时其吸引线圈直接(或通过电流互感器)串联在被控电路中。

电流继电器有直流电流继电器和交流电流继电器之分，其工作原理与电压继电器相同。

a. 过电流继电器：用于电路过电流保护，电路工作正常时不动作，当电路出现故障，电流超过某一整定值时，过电流继电器动作，切断电路。

b. 欠电流继电器：用于电路欠电流保护，电路工作正常时不动作，当电路中电流减小到某一整定值以下时，欠电流继电器释放，切断电路。

③ 中间继电器

中间继电器实际上是一种动作值与释放值不能调节的电压继电器，它主要用于传递控制过程中的中间信号。中间继电器的触点数量比较多，可以将一路信号转变为多路信号，以满足控制要求。

④ 通用继电器

通用继电器的磁路系统是由U形静铁芯和一块板状衔铁构成。U形静铁芯与铝座浇铸成一体，线圈安装在静铁芯上并通过环形极靴定位，如图3-25所示。

之所以称为通用继电器是因为可以很方便地更换不同性质的线圈，而将其制成电压继电器、电流继电器、中间继电器或时间继电器等。例如，装上电流线圈后就是一个电流继电器。

(二) 时间继电器

当继电器的感测机构接收到外界动作信号、经过一段时间延时后触点才动作的继电器，称为时间继电器。

时间继电器按动作原理可分为电磁式、空气阻尼式、电动式和电子式；按延时方式可分为通电延时和断电延时两种。

图3-25为时间继电器的图形和文字符号。

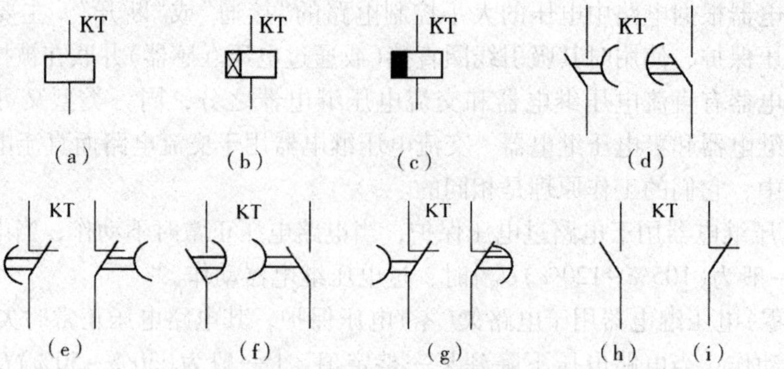

图 3-25　时间继电器的图形及文字符号

(a) 线圈一般符号；(b) 通电延时线圈；(c) 断电延时线圈；(d) 延时闭合动合触点；
(e) 延时断开动断触点；(f) 延时断开动合触点；(g) 延时闭合动断触点；
(h) 瞬动动合触点；(i) 瞬动动断触点

(1) 电子式时间继电器具有体积小、延时范围大、精度高、寿命长以及调节方便等特点，目前在自动控制系统中的使用十分广泛。

下面简单介绍常用的 JS20 电子式时间继电器。

JS20 系列时间继电器采用插座式结构，所有元件装在印制电路板上，用螺钉使之与插座紧固，再装上塑料罩壳组成本体部分，在罩壳顶面装有铭牌和速度电位器旋钮，并有动作指示类。图 3-26 为其外形图。

JS20 系列时间继电器采用的延时电路分为两类：一类为场效应晶体管电路，另一类为单结晶体管电路。

具体电路在电子技术中学习。

常用电子式时间继电器的型号有 JS20、JS13、JS14、JS14P 和 JS15 等系列。国外引进生产的产品有 ST、HH、AR 等系列。

(2) 电动式时间继电器

电动式时间继电器由同步电机、传动机构、离合器、凸轮、调节旋钮和触点几部分组成。图 3-27 为其外形图。

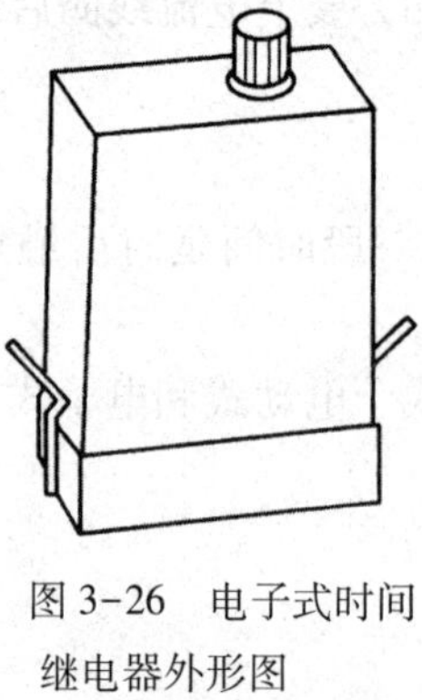

图 3-26　电子式时间继电器外形图

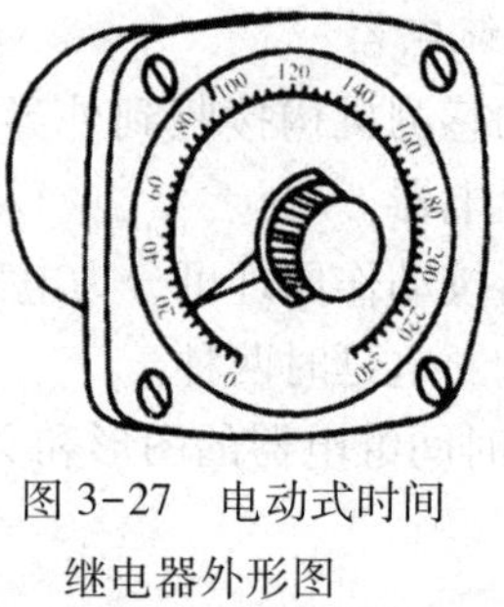

图 3-27　电动式时间继电器外形图

电动式时间继电器的延时时间不受电源电压波动及环境温度变化的影响、调整方便、重复精度高、延时范围大(可达数十小时)；但结构复杂、寿命低、受电源频率影响较大，不适合频繁工作。

常用电动式时间继电器的型号有 JS11 系列和 JS—10、JS—17 等。

（三）热继电器

电动机在运行过程中经常会遇到过载(电流超过额定值)现象，只要过载不严重、时间不长，电动机绕组的温升没有超过其允许温升，这种过载是允许的；但如果电动机长时间过载，温升超过允许温升时，轻则使电动机的绝缘加速老化而缩短其使用寿命，严重时可能会使电动机因温度过高而烧毁。

热继电器是利用电流通过发热元件时所产生的热量，使双金属片受热弯曲而推动触点动作的一种保护电器。它主要用于电动机的过载保护、断相保护以及电流不平衡运行保护，也可用于其他电气设备发热状态的控制。

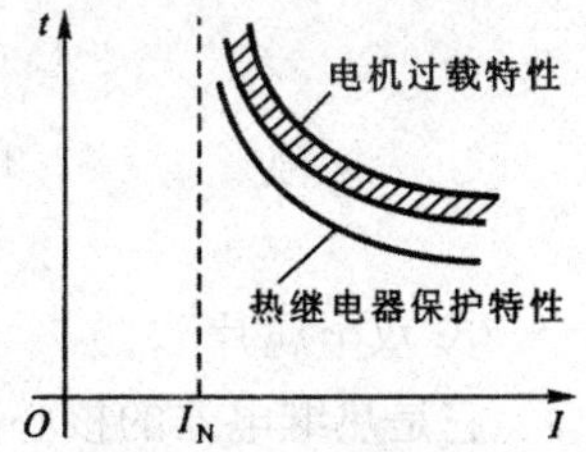

图 3-28　电机过载特性与热继电器保护特性的配合

1. 热继电器的保护特性

作为对电动机过载保护的热继电器，应能保证电动机不因过载烧毁，同时又要能最大限度地发挥电动机的过载能力，因此热继电器必须具备以下一些条件：

① 具备一条与电动机过载特性相似的反时限保护特性，其位置应在电动机过载特性的下方。为充分发挥电动机的过载能力，保护特性应尽可能与电动机过载特性贴近。图 3-28 为电动机过载特性与热继电器保护特性之间理想的配合情况。

图中虚线区域为电动机极限工作区，热继电器应在电动机进入极限工作状态之前动作以切断电源。

② 具有一定的温度补偿性，当周围环境温度发生变化引起双金属片弯曲而带来动作误差时，应具有自动调节补偿功能。

③ 热继电器的动作值应能在一定范围内调节以适应生产和使用要求。

2. 热继电器的结构及工作原理

① 热继电器的结构

由发热元件、双金属片、触点系统和传动机构等部分组成。有两相结构和三相结构热继电器之分；三相结构热继电器又可分为带断相保护和不带断相保护两种。图 3-29 为三相结构热继电器外形图，图 3-30 为其工作原理示意图(图中热继电器无断相保护功能)。

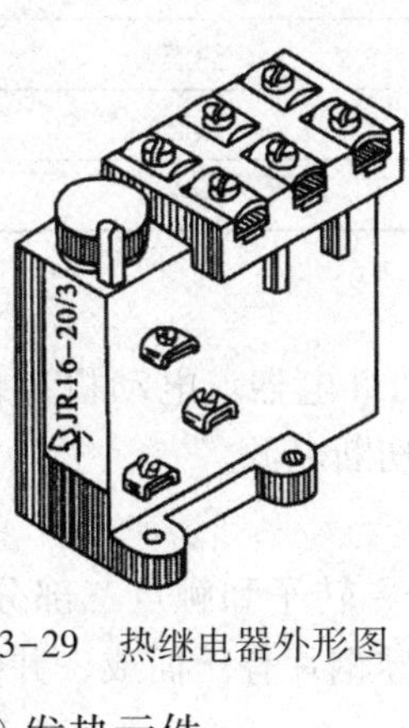

图 3-29　热继电器外形图

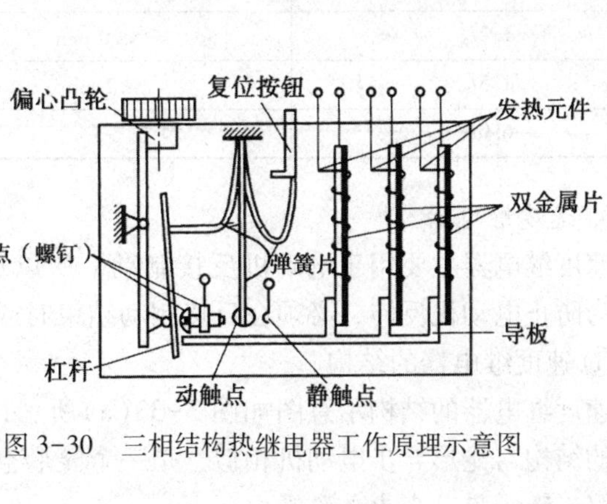

图 3-30　三相结构热继电器工作原理示意图

② 发热元件

由电阻丝制成，使用时它与主电路串联(或通过电流互感器)；当电流通过热元件时，热元件对双金属片进行加热使其弯曲。热元件对双金属片加热方式有三种，如图 3-31 所示。

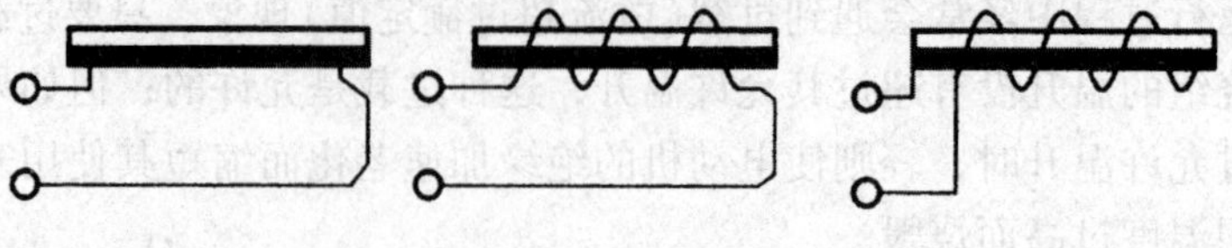

图 3-31 热继电器双金属片的加热方式示意图

(a) 直接加热；(b) 间接加热；(c) 复式加热

③ 双金属片

它是热继电器的核心部件，由两种热膨胀系数不同的金属材料碾压而成；当它受热膨胀时，会向膨胀系数小的一侧弯曲。

另外还有调节机构和复位机构等。

热继电器的图形符号和文字符号如图 3-32 所示。

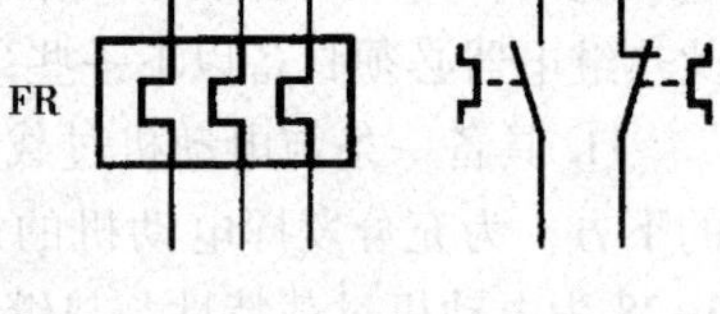

图 3-32 热继电器图形及文字符号

④ 热继电器的工作原理

当电动机电流不超过额定电流时，双金属片自由端弯曲的程度(位移)不足以触及动作机构，因此热继电器不会工作；当电流超过额定电流时，双金属片自由端弯曲的位移将随着时间的积累而增加，最终将触及动作机构而使热继电器动作。由于双金属片弯曲的速度与电流大小有关，电流越大时，弯曲的速度也越快，于是动作时间就短；反之，动作时间就长，这种特性称为反应时限特性。只要热继电器的整定值调整恰当，就可以使电动机在温度超过允许值之前停止运转，避免因高温造成损坏。

当电动机启动时，电流往往很大，但时间很短，热继电器不会影响电动机的正常启动。热继电器动作时间和电流之间的关系表见表 3-5。

表 3-5　　热继电器动作时间和电流之间的关系表

电流/A	动作时间	试验条件
$1.05I_N$	>1~2 h	冷态
$1.2I_N$	<20 min	热态
$1.5I_N$	<2 min	热态
$6.0I_N$	>5 s	冷态

3. 速度继电器

速度继电器主要用于电动机反接制动，所以也称反接制动继电器。电动机反接制动时，为防止电动机反转，必须在反接制动结束时或结束前及时切断电源。

① 速度继电器的结构

速度继电器的结构示意图如图 3-33(a)所示，主要由定子、转子和触点三部分组成。定子的结构与笼形异步电动机相似，是一个笼形空心圆环，由硅钢片叠压而成，并装有笼形绕组，转子是一个永久磁铁。

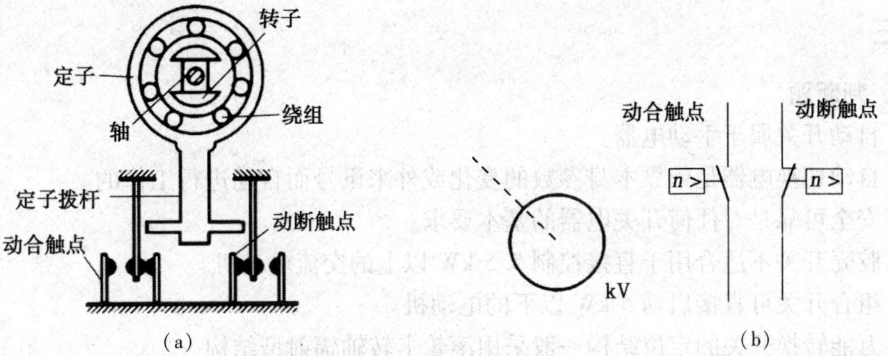

图 3-33　速度继电器结构示意图及图形文字符号

(a) 结构示意图；(b) 图形与文字符号

② 速度继电器的工作原理

速度继电器使用时，其轴与电动机轴相连，外壳固定在电动机的端盖上。当电动机转动时带动速度继电器的转子(磁极)转动，于是在气隙中形成一个旋转磁场，定子绕组切割该磁场而产生感应电流，进而产生力矩，定子受到的磁场力的方向与电动机的旋转方向相同，从而使定子向轴的转动方向偏摆，通过定子拨杆拨动触点，使触点动作。

图 3-33(b)是速度继电器的图形与文字符号。

速度继电器的主要型号有 JY1、JFZ0 型。

第三节　低压配电屏

配电屏主要是进行电力分配，配电屏内有多个开关柜，每个开关柜控制相应的配电箱，电力通过配电屏输出到各个楼层的配电箱。再由各个配电箱分送到各个房间和具体的用户，用于低压配电系统中动力、照明配电之用。所以电力是先经配电屏分配后，由配电屏内的开关送到各个配电箱。

低压配电屏是按一定的接线方案将有关低压一、二次设备组装起来，每一个主电路方案对应一个或多个辅助电路方案，从而简化了工程设计。低压配电屏主要用于机型受电、计量、控制、功率因素补偿、动力馈电和照明馈电等，主要产品有 PGL1/PGL2/GCS/GCK 等系列开关柜，以及国外企业引进产品和合资生产的低压开关柜。

习题三

一、判断题

1. 自动开关属于手动电器。

2. 自动切换电器是依靠本身参数的变化或外来讯号而自动进行工作的。

3. 安全可靠是对任何开关电器的基本要求。

4. 胶壳开关不适合用于直接控制 5.5 kW 以上的交流电动机。

5. 组合开关可直接启动 5 kW 以下的电动机。

6. 万能转换开关的定位结构一般采用滚轮卡转轴辐射型结构。

7. 自动空气开关具有过载、短路和欠电压保护。

8. 铁壳开关可用于不频繁启动 28 kW 以下的三相异步电动机。

9. 通用继电器可以更换不同性质的线圈，从而将其制成各种继电器。

10. 选用电器应遵循的经济原则是本身的经济价值和使用的价值，不致因运行不可靠而产生损失。

11. 热继电器的双金属片是由一种热膨胀系数不同的金属材料碾压而成。

12. 熔断器的文字符号为 FU。

13. 按钮的文字符号为 SB。

14. 接触器的文字符号为 FR。

15. 时间继电器的文字符号为 KM。

16. 分断电流能力是各类刀开关的主要技术参数之一。

17. 熔断器的特性，是通过熔体的电压值越高，熔断时间越短。

18. 从过载角度出发，规定了熔断器的额定电压。

19. 热继电器的保护特性在保护电机时，应尽可能与电动机过载特性贴近。

20. 频率的自动调节补偿是热继电器的一个功能。

21. 断路器可分为框架式和塑料外壳式。

22. 中间继电器的动作值与释放值可调节。

23. 交流接触器常见的额定最高工作电压达到 6 000 V。

24. 交流接触器的额定电流，是在额定的工作条件下所决定的电流值。

25. 目前我国生产的接触器额定电流一般大于或等于 630 A。

26. 交流接触器的通断能力，与接触器的结构及灭弧方式有关。

27. 刀开关在作隔离开关选用时，要求刀开关的额定电流要大于或等于线路实际的故障电流。

28. 组合开关在选作直接控制电机时，要求其额定电流可取电动机额定电流的 2~3 倍。

29. 断路器在选用时，要求断路器的额定通断能力要大于或等于被保护线路中可能出现的最大负载电流。

30. 断路器在选用时，要求线路末端单相对地短路电流要大于或等于 1.25 倍断路器的瞬时脱扣器整定电流。

31. 熔体的额定电流不可大于熔断器的额定电流。

32. 在采用多级熔断器保护中，后级熔体的额定电流比前级大，以电源端为最前端。

33. 按钮根据使用场合，可选的种类有开启式、防水式、防腐式、保护式等。

34. 复合按钮的电工符号是 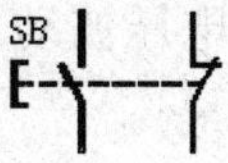 。

二、填空题

35. 热继电器具有一定的____________自动调节补偿功能。

36. 低压电器按其动作方式又可分为自动切换电器和____________电器。

37. 图  是____________的电工符号。

38. 图 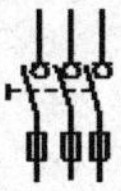 是____________的电气图形，文字符号为 QS。

39. 图  是____________的电气图形。

40. 图 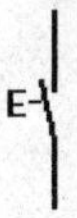 是____________的电气图形。

41. 图 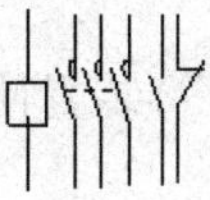 是____________的电气图形。

42. 图 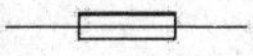 是____________的符号。

43. 图  是____________触头。

三、单选题

44. 下列说法中，不正确的是(　　)。

A. 在供配电系统和设备自动系统中，刀开关通常用于电源隔离

B. 隔离开关是指承担接通和断开电流任务，将电路与电源隔开

C. 低压断路器是一种重要的控制和保护电器，断路器都装有灭弧装置，因此可以安全地带负荷合、分闸

D. 漏电断路器在被保护电路中有漏电或有人触电时，零序电流互感器就产生感应电流，经放大使脱扣器动作，从而切断电路

45. 下列说法中，正确的是(　　)。

A. 行程开关的作用是将机械行走的长度用电信号传出

B. 热继电器是利用双金属片受热弯曲而推动触点动作的一种保护电器，它主要用于线路的速断保护

C. 中间继电器实际上是一种动作与释放值可调节的电压继电器

D. 电动式时间继电器的延时时间不受电源电压波动及环境温度变化的影响

46. 下列说法中，不正确的是( )。

A. 铁壳开关安装时外壳必须可靠接地

B. 热继电器的双金属片弯曲的速度与电流大小有关，电流越大，速度越快，这种特性称为正比时限特性

C. 速度继电器主要用于电动机的反接制动，所以也称为反接制动继电器

D. 低压配电屏是按一定的接线方案将有关低压一、二次设备组装起来，每一个主电路方案对应一个或多个辅助方案，从而简化了工程设计

47. 行程开关的组成包括有( )。

A. 线圈部分　　B. 保护部分　　C. 反力系统

48. 微动式行程开关的优点是有( )动作机构。

A. 控制　　B. 转轴　　C. 储能

49. 万能转换开关的基本结构内有( )。

A. 反力系统　　B. 触点系统　　C. 线圈部分

50. 组合开关用于电动机可逆控制时，( )允许反向接通。

A. 不必在电动机完全停转后就

B. 可在电动机停后就

C. 必须在电动机完全停转后才

51. 断路器是通过手动或电动等操作机构使断路器合闸，通过( )装置使断路器自动跳闸，达到故障保护目的。

A. 自动　　B. 活动　　C. 脱扣

52. 漏电保护断路器在设备正常工作时，电路电流的相量和( )，开关保持闭合状态。

A. 为正　　B. 为负　　C. 为零

53. 低压熔断器，广泛应用于低压供配电系统和控制系统中，主要用于( )保护，有时也可用于过载保护。

A. 速断　　B. 短路　　C. 过流

54. 更换熔体或熔管，必须在( )的情况下进行。

A. 带电　　B. 不带电　　C. 带负载

55. 继电器是一种根据( )来控制电路“接通”或“断开”的自动电器。

A. 外界输入信号(电信号或非电信号)　　B. 电信号　　C. 非电信号

56. 电压继电器使用时其吸引线圈直接或通过电压互感器( )在被控电路中。

A. 并联　　B. 串联　　C. 串联或并联

57. 电流继电器使用时其吸引线圈直接或通过电流互感器( )在被控电路中。

A. 并联　　B. 串联　　C. 串联或并联

58. 从制造角度考虑，低压电器是指在交流 50 Hz、额定电压( )V 或直流额定电压 1 500 V 及以下电气设备。

A. 400　　B. 800　　C. 1 000

59. 拉开闸刀时，如果出现电弧，应(　)。

A. 迅速拉开　　B. 立即合闸　　C. 缓慢拉开

60. 主令电器很多，其中有(　)。

A. 接触器　　B. 行程开关　　C. 热继电器

61. 低压电器可归为低压配电电器和(　)电器。

A. 低压控制　　B. 电压控制　　C. 低压电动

62. 属于配电电器的有(　)。

A. 接触器　　B. 熔断器　　C. 电阻器

63. 属于控制电器的是(　)。

A. 接触器　　B. 熔断器　　C. 刀开关

64. 低压电器按其动作方式又可分为自动切换电器和(　)电器。

A. 非自动切换　　B. 非电动　　C. 非机械

65. 非自动切换电器是依靠(　)直接操作来进行工作的。

A. 外力(如手控)　　B. 电动　　C. 感应

66. 正确选用电器应遵循的两个基本原则是安全原则和(　)原则。

A. 性能　　B. 经济　　C. 功能

67. 螺旋式熔断器的电源进线应接在(　)。

A. 上端　　B. 下端　　C. 前端

68. 熔断器的保护特性又称为(　)。

A. 灭弧特性　　B. 安秒特性　　C. 时间性

69. 具有反时限安秒特性的元件就具备短路保护和(　)保护能力。

A. 温度　　B. 机械　　C. 过载

70. 热继电器具有一定的(　)自动调节补偿功能。

A. 时间　　B. 频率　　C. 温度

71. 热继电器的保护特性与电动机过载特性贴近，是为了充分发挥电机的(　)能力。

A. 过载　　B. 控制　　C. 节流

72. 熔断器的额定电压，是从(　)角度出发，规定的电路最高工作电压。

A. 过载　　B. 灭弧　　C. 温度

73. 交流接触器的额定工作电压，是指在规定条件下，能保证电器正常工作的(　)电压。

A 最低　　B. 最高　　C. 平均

74. 交流接触器的接通能力，是指开关闭合接通电流时不会造成(　)的能力。

A. 触点熔焊　　B. 电弧出现　　C. 电压下降

75. 交流接触器的断开能力，是指开关断开电流时能可靠地(　)的能力。

A. 分开触点　　B. 熄灭电弧　　C. 切断运行

76. 在电力控制系统中，使用最广泛的是(　)式交流接触器。

A. 气动　　B. 电磁　　C. 液动

77. 交流接触器的机械寿命是指在不带负载的操作次数，一般达(　)。

A. 10 万次以下　　B. 600 万~1 000 万次　　C. 10 000 万次以上

78. 交流接触器的电寿命约为机械寿命的(　　)倍。

A. 10　　　　B. 1　　　　C. 1/20

79. 刀开关在选用时，要求刀开关的额定电压要大于或等于线路实际的(　　)电压。

A. 额定　　　　B. 最高　　　　C. 故障

80. 胶壳刀开关在接线时，电源线接在(　　)。

A. 上端(静触点)　　　　B. 下端(动触点)　　　　C. 两端都可

81. 铁壳开关在作控制电机启动和停止时，要求额定电流要大于或等于(　　)倍电动机额定电流。

A. 一　　　　B. 两　　　　C. 三

82. 断路器的选用，应先确定断路器的(　　)，然后才进行具体参数的确定。

A. 类型　　　　B. 额定电流　　　　C. 额定电压

83. 在民用建筑物的配电系统中，一般采用(　　)断路器。

A. 框架式　　　　B. 电动式　　　　C. 漏电保护

84. 在半导体电路中，主要选用快速熔断器做(　　)保护。

A. 短路　　　　B. 过压　　　　C. 过热

85. 在采用多级熔断器保护中，后级的熔体额定电流比前级大，目的是防止熔断器越级熔断而(　　)。

A. 查障困难　　　　B. 减小停电范围　　　　C. 扩大停电范围

四、多项选择题

86. 低压断路器一般由(　　)组成。

A. 触点系统　　B. 灭弧系统　　C. 操作系统　　D. 脱扣器及外壳

87. 电磁式继电器具有(　　)等特点。

A. 由电磁机构、触点系统和反力系统三部分组成

B. 电磁机构为感测机构

C. 因用于小电流中，所以无灭弧装置

D. 具有与电源同步的功能

88. 通用继电器具有(　　)等特点。

A. 其磁路系统是由 U 形静铁芯和一块板状衔铁构成

B. 可更换不同性质的线圈

C. U 形静铁芯与铝座浇铸成一体

D. 线圈装在静铁芯上

89. 电动式时间继电器由(　　)等主要部件组成。

A. 同步电机　　B. 传动机构　　C. 离合器、凸轮　　D. 触点、调节旋钮

90. 速度继电器由(　　)等部分组成。

A. 定子　　B. 转子　　C. 触点　　D. 同步电机

91. 属于低压配电电器的有(　　)。

A. 刀开关　　B. 低压断路器　　C. 行程开关　　D. 熔断器

92. 属于低压控制电器的有(　　)。

A. 熔断器　　B. 继电器　　C. 接触器　　D. 按钮

93. 漏电保护断路器的工作原理是(　)。

A. 正常时，零序电流互感器的铁芯无磁通，无感应电流

B. 有漏电或有人触电时，零序电流互感器就产生感应电流

C. 有漏电或有人触电时，漏电电流使热保护动作

D. 零序电流互感器内感应电流经放大使脱扣器动作，从而切断电路

94. 时间继电器按动作原理可分为(　)。

A. 电磁式　B. 空气阻尼式　C. 电动式和电子式　D. 电压式和电流式

95. 热继电器的工作原理是(　)。

A. 当在额定电流以下工作时，双金属片弯曲不足使机构动作，因此热继电器不会动作

B. 当在额定电流以上工作时，双金属片的弯曲随时间积累而增加，最终会使机构动作

C. 具有反应时限特性，电流越大，速度越快

D. 只要整定值调恰当，就可防电机因高温造成的损坏

96. 速度继电器的工作原理是(　)。

A. 速度继电器的轴与电机轴相连，电机转则速度继电器的转子转

B. 速度继电器的定子绕组切割(由转子转动在定转子之间的气隙产生的)旋转磁场，进而产生力矩

C. 定子受到的磁场力方向与电机的旋转方向相同

D. 从而使定子向轴的转动方向偏摆，通过定子拨杆拨动触点，使触点动作

97. 属于热继电器的电气图形有(　)。

A. 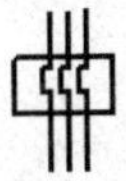　B. 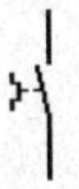　C. 　D. 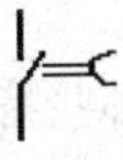

98. 属于速度继电器的电气图形有(　)。

A. 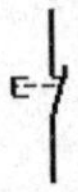　B. 　C. 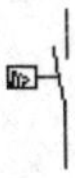　D. 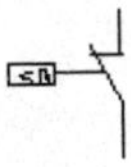

99. 熔断器的保护特性为安秒特性，其具有(　)。

A. 通过熔体的电流值越大，熔断时间越短

B. 熔体的电压值越大，熔断时间越短

C. 反时限特性，具有短路保护能力

D. 具有过载保护能力

100. 热继电器在对电机进行过载保护时，应(　)。

A. 具备一条与电机过载特性相似的反时限保护特性

B. 具有一定的温度补偿性

C. 动作值能在一定范围内调节

D. 电压值可调

101. 交流接触器的结构有(　)。

A. 调节系统　B. 电磁机构　C. 触点系统　D. 灭弧系统

102. 接触器的额定电流是由以下(　　)工作条件所决定的电流值。

A. 额定电压　　　B. 操作频率　　　C. 使用类别　　　D. 触点寿命等

103. 胶壳刀开关的选用要注意(　　)。

A. 刀开关的额定电压要大于或等于线路实际的最高电压

B. 作隔离开关用时，刀开关的额定电流要大于或等于线路实际的工作电流

C. 不适合直接控制5.5 kW以上的交流电动机

D. 刀开关直接控制5.5 kW以下的交流电动机时，刀开关的额定容量要大于电动机的额定容量

104. 组合开关的选用，有以下原则(　　)。

A. 用于一般照明、电热电路，其额定电流应大于或等于被控电路的负载电流总和

B. 当用作设备电源引入开关时，其额定电流稍大于或等于被控电路的负载电流总和

C. 当用于直接控制电动机时，其额定电流一般可取电动机额定电流的2~3倍

D. 可用来直接分断故障电流

105. 熔体的额定电流选择方法要考虑(　　)。

A. 熔体在保护纯阻负载时，熔体的额定电流要稍大于或等于电路的工作电流

B. 熔体在保护一台电机时，熔体的额定电流大于或等于1.5~2.5倍的电动机额定电流

C. 熔体在保护多台电动机时，熔体的额定电流大于或等于其中最大容量电动机额定电流的(1.25~2.5)倍加上其余电动机额定电流之和

D. 在采用多级熔断器保护中，后级熔体的额定电流要比前级至少大一个等级，排队是以电源端为最后端

五、简答题

106. 铁壳开关操作机构有哪些特点？

107. 交流接触器的主要技术参数有哪些？

108. 断路器用于电动机保护时，瞬时脱扣器电流整定值的选用有哪些原则？

第四章　异步电动机

按供电电源的分类，异步电动机可分为三相异步电动机和单相异步电动机两大类。三相异步电动机由三相交流电源供电，由于其结构简单、价格低廉、坚固耐用、使用维护方便，因此在工农业及其他各个领域中都获得了广泛的应用。据统计表明，在整个电能消耗中，电动机的能耗约占60%~67%，而在整个电动机的耗能中，三相异步电动机又居首位。单相异步电动机采用单相交流电源，电动机功率一般都比较小，主要用于家庭、办公场所等只有单相交流电源的场所，用于电扇、空调、冰箱、洗衣机等电气设备中。

第一节　三相异步电动机的结构

三相异步电动机种类繁多，按其外壳防护方式的不同可分为开启式、防护式、封闭式三大类，按电动机转子结构的不同又可分为笼形异步电动机和绕线转子异步电动机。图4-1均属笼形异步电动机外形图，而图4-2则为绕线转子异步电动机外形图。

按其工作性能的不同分为高启动转矩异步电动机和高转差异步电动机。

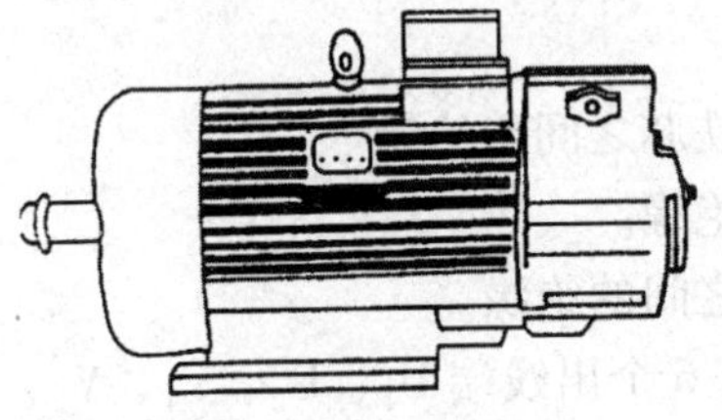

图4-1　三相笼形异步电动机外形图

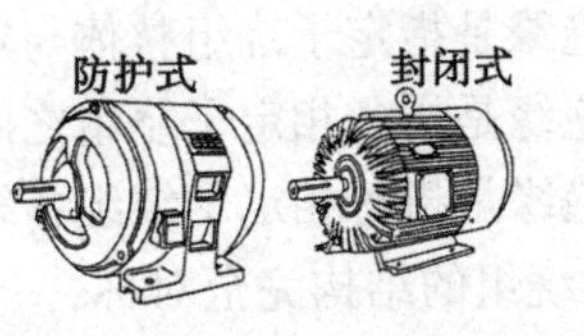

图4-2　三相绕线转子异步电动机外形

三相异步电动机虽然种类繁多，但基本结构均由定子和转子两大部分组成，定子和转子之间有空气隙。

图4-3为目前广泛使用的封闭式三相笼形异步电动机结构图，其主要组成部分分为：

一、外形部件

1. 机座

机座的作用是固定定子铁芯和定子绕组，并通过两侧的端盖和轴承来支撑电动机转子。同时起保护整台电动机的电磁部分和发散电动机运行中产生的热量。

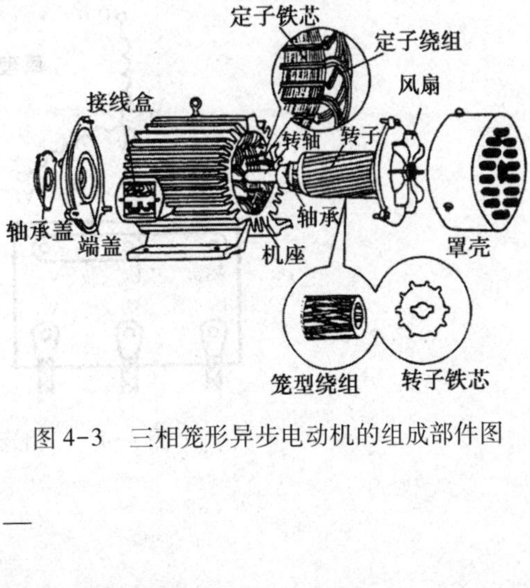

图4-3　三相笼形异步电动机的组成部件图

机座通常为铸铁件，大型异步电动机座一般用钢板焊成，而有些微型电动机的机座则采用铸铝件以减轻电动机的重量。封闭式电动机的机座外面有散热筋以增加散热面积，防护式电动机的机座两端端盖开有通风孔，使电动机内外的空气可以直接对流，以利于散热。

2. 端盖

除对内部起保护作用外，端盖还借助滚动轴承将电动机转子和机座联成一个整体。端盖一般为铸钢件，微型电动机则用铸铝件。

3. 罩壳

罩壳是电动机有孔的外壳之一，与电动机风扇相连，主要起到通风散热、保护电动机风扇等内部零件的作用。

二、定子

定子是指电动机中静止不动的部分，主要包括定子铁芯、定子绕组、机座、端盖、罩壳等部件。

1. 定子铁芯

定子铁芯作为电动机磁通的通路，对铁芯材料的要求是既有良好的导磁性能，剩磁小，又尽量降低涡流损耗，一般用0.5 mm厚表面有绝缘层的硅钢片叠压而成。在定子铁芯的内圆冲有沿圆周均匀分布的槽，在槽内嵌放三相定子绕组。

2. 定子绕组

三相异步电动机的定子绕组作为电动机的电路部分，通入三相交流电即可产生旋转磁场，它是由嵌放在定子铁芯槽中的线圈按一定规则连接而成的。三相异步电动机定子绕组主要绝缘项目有以下三种：

① 对地绝缘是指定子绕组整体与定子铁芯之间的绝缘。

② 相间绝缘是指各相定子绕组之间的绝缘。

③ 匝间绝缘是指每相定子绕组各线匝之间的绝缘。

定子三相绕组的结构完全对称，一般有6个出线端U_1、U_2、V_1、V_2、W_1、W_2置于机座外部的接线盒内，根据需要接成星形(Y)或三角形(△)联结，如图4-4所示。也可将6个出线端接入控制电路中实现星形与三角形的换接。

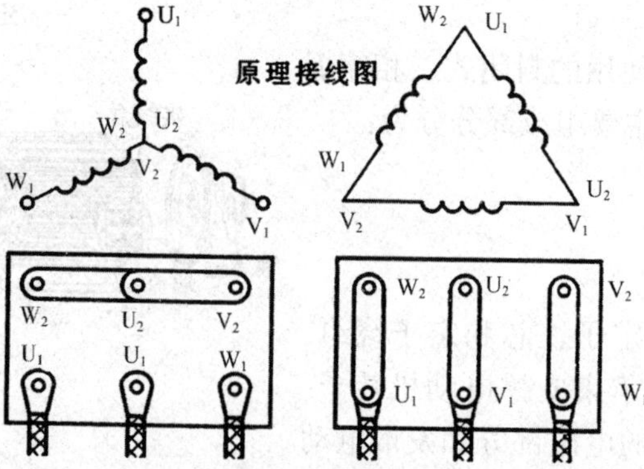

图4-4　三相笼形异步电动机出线端

三、转子

转子指电动机的旋转部分。包括转子铁芯、转了绕组、风扇、转轴等。

1. 转子铁芯

转子铁芯作为电动机磁路的一部分，并放置转子绕组。一般用 0.5 mm 硅钢片冲制叠压而成，硅钢片外圆冲有均匀分布的孔，用来安置转子绕组。定子及转子铁芯冲片如图 4-5 所示。

为了改善电动机的启动及运行性能，笼形异步电动机转子铁芯一般都采用斜槽结构（即转子槽并不与电动转轴的轴线在同一平面上，而是扭斜了一个角度），如图 4-6 所示。

2. 转子绕组

转子绕组用来切割定子旋转磁场，产生感应电动势和电流，并在旋转磁场的作用下受力而使转子转动，分笼形转子和绕线型转子两类，笼形和绕线转子异步电动机即由此得名。

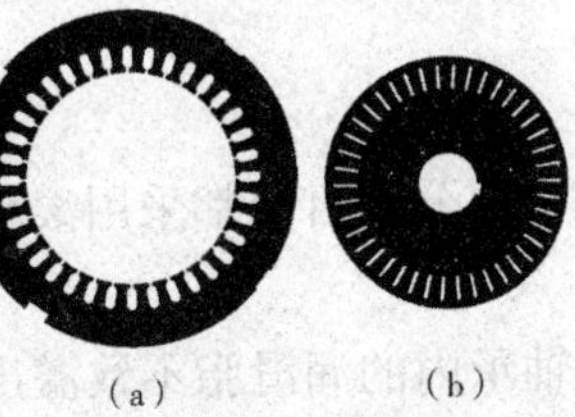

图 4-5　定、转子冲片

（a）定子冲片；（b）转子冲片

① 笼形转子

一般为铸铝式转子，将熔化了的铝浇铸在转子铁芯槽内成为一个完整体，连两端的短路环和风扇叶片一起铸成，图 4-6 为铸铝转子的绕组部分及整个铸铝转子结构。

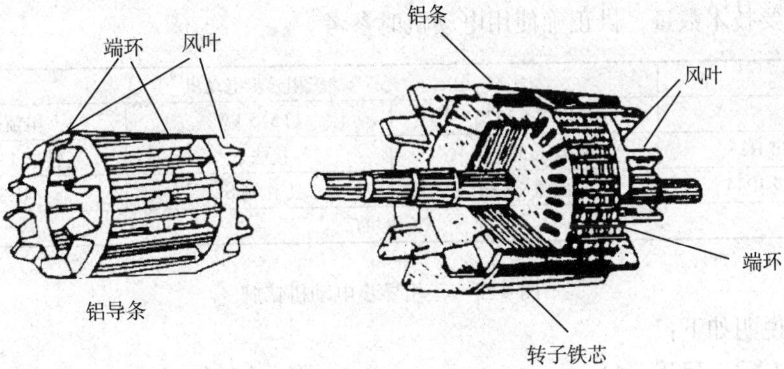

图 4-6　笼形异步电动机转子

② 绕线转子

图 4-7 为绕线转子异步电动机的转子结构及接线原理图。转子绕组的结构形式与定子绕组相似，也采用由绝缘导线绕制的三相绕组或成型的三相绕组嵌入转子铁芯槽内，并做星形联结，三个引出端分别接到压在转子轴一端并且互相绝缘的铜制滑环（称为集电环）上，再通过压在集电环上的三个电刷与外电路相接。外电路与变阻器相接，该变阻器也采用星形联结。在后面将会叙述。调节该变阻器的电阻值就可达到调节电动机转速的目的。而笼形异步电动机的转子绕组由于被本身的端环直接短路，故转子电流无法按需要进行调

节。因此在某些对启动性能及调速有特殊要求的设备中，如起重设备、卷扬机械、鼓风机、压缩机和泵类等，较多采用绕线转子异步电动机。

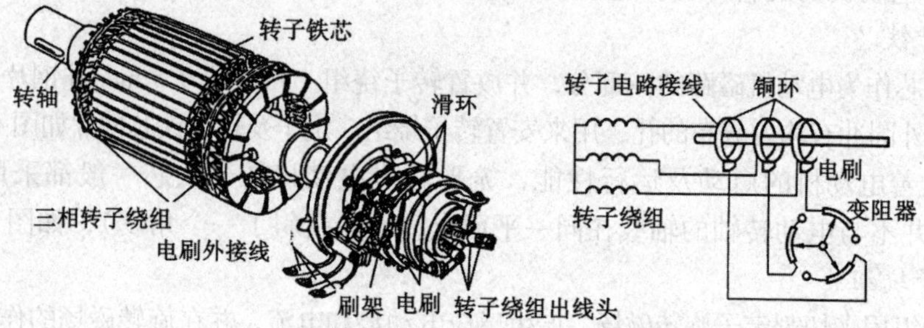

图 4-7　三相绕线转子异步电动机转子

四、其他附件

1. 轴承

轴承用来连接转动部分与固定部分，目前都采用滚动轴承以减少摩擦阻力。

2. 轴承端盖

轴承端盖用来保护轴承，使轴承内的润滑脂不致溢出，并防止灰、砂、脏物等浸入润滑脂内。

3. 风扇

风扇用于冷却电动机。

五、电动机铭牌

在三相异步电动机的机座上均装有一块铭牌，如图 4-8 所示。铭牌上标出了该电动机的型号及主要技术数量，供正确使用电动机时参考。

	三相异步电动机		
	型号 Y2—132S—4	功 5.5 kW	电流 11.7 A
频率 50 Hz	电压 380 V	接法△	转速 1 440 r/min
防护等级 IP44	质量 68 kg	工作制 SI	F 级绝缘
XX 电机厂			

图 4-8　三相异步电动机铭牌

现分别说明如下：

1. 型号（Y2—132S—4）

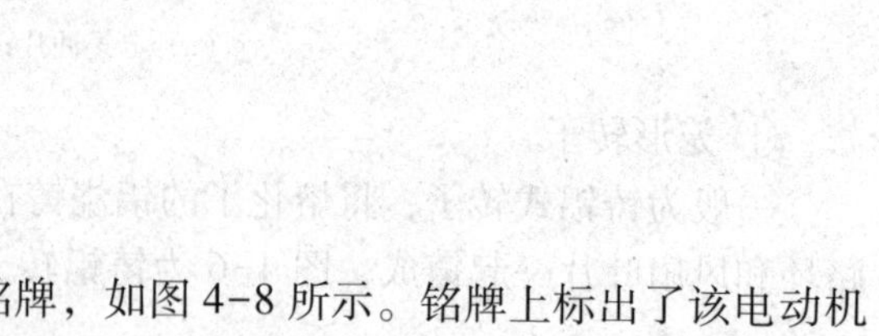

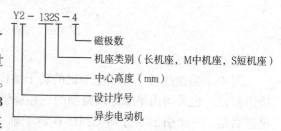

我国三相笼形异步电动机的生产进行了多次更新换代。其中 J、JO 系列为我国 20 世纪 50 年代生产的仿苏产品，采用 E 级绝缘。Y 系列为 20 世纪 80 年代设计产品，采用 B 级绝缘。20 世纪 90 年代又设计开发了 Y2 系列三相异步电动机，机座中心高 80～355 mm，功率为 0.55～315 kW。Y2 系列启动转矩大，噪声低，结构合理，体积小，质量小，外形新颖美观，由于采用 F 级绝缘，完全符合国际电工委员会标准。图 4-9 为 Y2 系列三相笼形异步电动机外形图。

2. 额定功率(5.5 kW)

表示电动机在额定工作状态下运行时，允许输出的机械功率。

3. 额定电流(11.7 A)

表示电动机在额定工作状态下运行时，定子电路输入的线电流。

4. 额定电压(380 V)

表示电动机在额定工作状态下运行时，定子电路所加的线电压。

图 4-9 Y2 系列三机笼形异步电动机外形

5. 额定转速(1 440 r/min)

表示电动机在额定工作状态下运行时的转速。

6. 接法(△)

表示电动机定子三相绕组与交流电源的连接方法，对 JO2、Y 及 Y2 系列电动机而言，国家标准规定凡 3 kW 及以下者均采用星形联结；4 kW 及以上者均采用三角形联结。

7. 防护等级(IP44)

表示电动机外壳防护的方式。IP11 是开启式，IP22、IP23 是防护式，IP44 是封闭式，如图 4-7 所示。

8. 频率(50 Hz)

表示电动机使用交流电源的频率。

9. 绝缘等级

表示电机各绕组及其他绝缘部件所用绝缘材料的等级。绝缘材料按耐热性能可分为 7 个等级，目前国产电机使用的绝缘材料等级为 B、F、H、C4 个等级。

10. 定额工作制

指电动机按铭牌值工作时，可以持续运行的时间和顺序。电动机定额分连续定额、短时定额和断续定额三种，分别用 S1、S2、S3 表示。

① 连续定额(S1)

表示电动机按铭牌值工作时可以长期连续运行。

② 短时定额(S2)

表示电动机按铭牌值工作时只能在规定的时间内短时运行。我国规定的短时运行时间为 10 min、30 min、60 min 及 90 min 等 4 种。

③ 断续定额(S3)

表示电动机按铭牌值工作时，运行一段时间就要停止一段时间，周而复始地按一定周期重复运行。每一周期为 10 min，我国规定的负载持续率为 15%、25%、40%及 60%等 4 种(如标明 40%则表示电动机工作 4 min 就需休息 6 min)。

表 4-1 为常用的 Y2 系列电动机技术数据。

常用的部分中小型异步电动机的型号、结构和用途见表 4-2。

表 4-2 为常用的异步电动机的结构、特点与用途。

表 4-3 为电机绝缘材料耐热性能等级说明。

表 4-1　　常用 **Y2** 系列电动机技术教程

型　号	额定功率/kW	满载时 380 V				堵转电流 额定电流	堵转转矩 额定转矩	最大转矩 额定转矩
		转速/(r/min)	电流/A	功率/%	功率因数(cos φ)			
Y2—801—2	0.75	2 830	1.8	75	0.83	6.1	2.2	2.3
Y2—802—2	1.1		2.5	77	0.84	7.0		
Y2—90S—2	1.5	2 840	3.4	79				
Y2—90L—2	2.2		4.8	81	0.85			
Y2—100L—2	3.0	2 870	6.3	83	0.87	7.5		
Y2—112M—2	4.0	2 890	8.2	85	0.88			
Y2—132SI—2	5.5	2 900	11.1	86				
Y2—132S2—2	7.5		15.0	87				
Y2—160M1—2	11	2 930	21.3	88	0.89			
Y2—160M2—2	15		28.7	89				
Y2—801—4	0.55	1 390	1.5	71	0.75	5.2	2.4	2.3
Y2—802—4	0.75		2.0	73	0.77	6.0	2.3	
Y2—90S—4	1.1	1 400	2.8	75		7.0		
Y2—90L—4	1.5		3.7	78	0.79			
Y2—100L1—4	2.2	1 430	5.1	80	0.81			
Y2—100L2—4	3.0		6.7	82	0.82			
Y2—112M—4	4.0	1 440	8.8	84				
Y2—132S—4	5.5		11.7	85	0.83			
Y2—132M—4	7.5		15.6	87	0.84		2.2	
Y2—160M—4	11	1 460	22.3	88	0.85	7.5		
Y2—160L—4	15		30.1	89				
Y2—180M—4	18.5	1 470	36.4	90.5		7.2		
Y2—180L—4	22		43.1	91				
Y2—200L—4	30		57.6	92	0.86			
Y2—225S—4	37	1 480	69.8	92.5	0.87			
Y2—225M—4	45		84.5	92.8				
Y2—250M—4	55		103.1	93				
Y2—280S—4	75		139.7	93.8				
Y2—801—6	0.37	890	1.3	62	0.70	4.7	1.9	2.0
Y2—802—6	0.55		1.7	65	0.72			

续表 4-1

型号	额定功率/kW	满载时 380 V 转速/(r/min)	满载时 380 V 电流/A	满载时 380 V 功率/%	满载时 380 V 功率因数 (cos φ)	堵转电流/额定电流	堵转转矩/额定转矩	最大转矩/额定转矩
Y2—90S—6	0.75	910	2.2	69	0.72			
Y2—90L—6	1.1		3.1	72	0.73	5.5	2.0	
Y2—100L—6	1.5	940	3.9	76	0.75			
Y2—112M—6	2.2		5.5	79				2.1
Y2—132S—6	3.0		7.4	81	0.76			
Y2—132M1—6	4.0	960	9.6	82		6.5	2.1	
Y2—132M2—6	5.5		12.9	84	0.77			
Y2—160M—6	7.5		17.0	86	0.77			
Y2—160L—6	11		24.2	87.5	0.78		2.0	
Y2—180L—6	15	970	31.6	89	0.81			
Y2—200L1—6	18.5		38.1	90		7.0	2.1	
Y2—200L2—6	22		44.5	90	0.83			
Y2—801—8	0.18	630	0.8	51		3.3		
Y2—802—8	0.25	640	1.1	54	0.61			1.9
Y2—90S—8	0.37	660	1.4	62				
Y2—90L—8	0.55		2.1	63		40		
Y2—100L1—8	0.75	690	2.4	71	0.67		1.8	
Y2—110L2—8	1.1		3.4	73	0.69	5.0		
Y2—112M—8	1.5	680	4.4	75				2.0
Y2—132S—8	2.2	710	6.0	78	0.71			
Y2—132M—8	3.0		7.9	79	0.73	6.0		
Y2—160M1—8	4.0	720	10.2	81	0.73		1.9	
Y2—160M2—8	5.5		13.6	83	0.74		2.0	

表 4-2　异步电动机的型号结构特点和用途

型号	名称	容量	结构特点	用途	取代老产品型号
Y	封闭式三相笼形异步电动机	0.55~160 kW	铸铁外壳，自扇冷式，外壳上有散热片，铸铝转子；定子绕组为铜线，均匀B组绝缘	一般拖动用，适用于灰尘多、尘土飞溅的场所，如球磨机、碾米机、磨粉机及其他农村机械、矿山机械等	J、JO、JO2
Y2	封闭式三相笼形异步电动机	0.55~315 kW	铸铁外壳，自扇冷式，外壳上有散热片，铸铁转子；定子绕组成铜线，均匀F级绝缘	一般拖动用，适用于灰尘多、尘土飞溅的场所，如球磨机、碾米机、磨粉机及其他农村机械、矿山机械等	JO2、Y
YQ	高启动转矩三相异步电动机	0.6~100 kW	结构同Y系列电动机，转子导体电阻较大	用于启动静止负载或惯性较大的机械，如压缩机、传送带、粉碎机等	JQ、JQO

续表 4-2

型号	名称	容量	结构特点	用途	取代老产品型号
YD	变极式多速三相异步电动	0.6~100 kW	有双速、三速、四速等	适用于需要分级调速成的一般机械设备，可以简化或代替传动齿轮箱	JD、JDO2
YH	高转差率三相异步电动机	0.6~100 kW	结构同 Y 系列电动机，转子用合金铝浇铸	适用于拖动飞轮、转矩较大、具有冲击性负载的设备，如剪床、冲床、锻压机械和小型起重、运输机械等	JH、JHO2
YR	三相绕线转子异步电动机	2.8~100 kW	转子为绕线型，刷握装于后端盖内	适用于需要小范围调速的传动装置；当配电网容量小，不足以启动笼形电动机或要求较大启动转矩的场合	JR、JRO
YZ YZR	起重冶金三相异步电动机	1.5~100 kW	YZ 转子为笼形 YZR 转子为绕线型	适用于各种形式的起重机械及冶金设备中辅助机械的驱动，按断续方式动作	JZ、JZR
YLB	立式深井水泵异步电动机	11~100 kW	防滴立式自扇冷式，底座有单列向心推力球轴承	专供驱动立式深井水泵，为工矿、农业及高原地带提取地下水用	JLB2、DM、JTB
YQS	潜水用三相异步电动机	4~115 kW	充水式，转子为铸铝笼形，机体密封	用于井下直接驱动潜水泵，吸取地下水供农业灌溉，工矿用水	JQS
YB	防爆电动机	0.6~100 kW	电机外壳适应隔爆的要求	用于有爆炸性混合物的场所	JB、JBS

表 4-3　绝缘材料耐热性能等级

绝缘等级	Y	A	E	B	F	H	C
最高允许温度/℃	90	105	120	130	155	180	大于 180

第二节　三相异步电动机的工作原理

一、旋转磁场的产生

图 4-10 为三相异步电动机定子绕组结构示意图。在定子空间各相差 120°电角度的位置上布置有三相绕组 U_1U_2、V_1V_2、W_1W_2，三相绕组接成星形联结。向定子三相绕组中分别通入三相交流电 i_u、i_v、i_w，各相电流将在定子绕组中分别产生相应的磁场，如图 4-11 所示，对该图做如下分析。

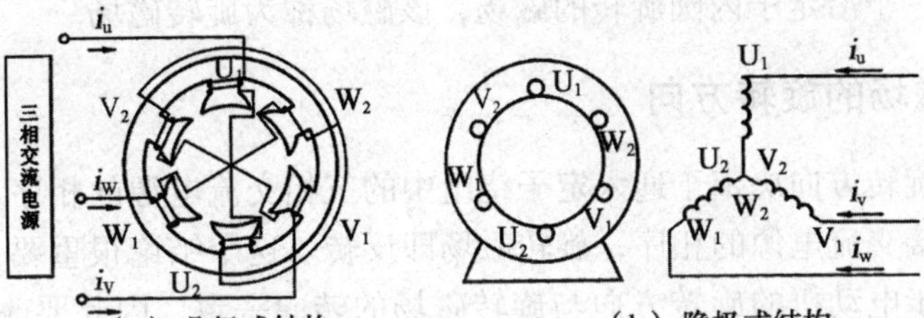

（a）凸极式结构　　（b）隐极式结构

图 4-10　定子三相绕组结构示意图

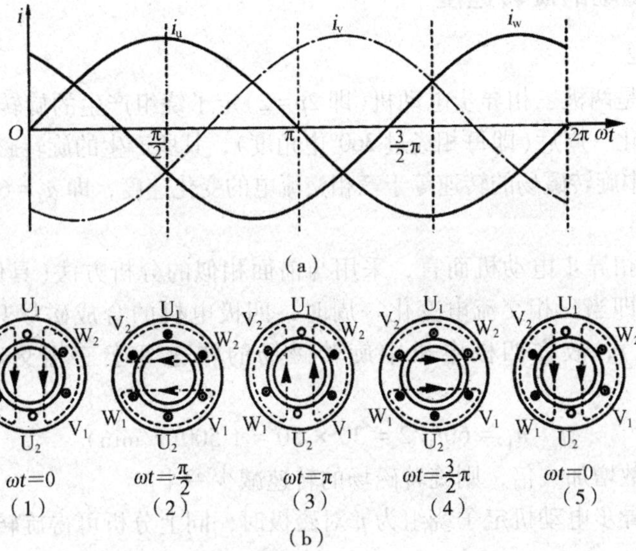

图 4-11　两极定子绕组的旋转磁场

（a）三相对称电流波形图；（b）两极绕组的旋转磁场

（1）$\omega t=0$ 瞬间

$i_u=0$，故 U_1U_2 绕组中无电流；i_v 为负，假定电流从绕组末端 V_2 流入，从首端 V_1 流出，i_w 为正，由电流从绕组首端 W_1 流入，从末端 W_2 流出。绕组中电流产生的合成磁场如图 4-11(b)中(1)所示。

（2）$\omega t=\frac{\pi}{2}$ 瞬间

i_u 为正，电流从首端 U_1 流入，从末端 U_2 流出；i_v 为负，电流仍从末端 V_2 流入，从首端 V_1 流出；i_w 为负，电流从末端 W_2 流入，从首端 W_1 流出。绕组中电流产生的合成磁场如图 4-11(b)中(2)所示，可见合成磁场顺时针转过了 90°。

（3）$\omega t=\pi$、$\frac{2}{3}\pi$、2π 不同瞬间

三相交流电在三相定子绕组中产生的合成磁场，分别如图 4-11(b)中(3)、(4)、(5)所示，观察这些图中合成磁场的分布规律可见：合成磁场的方向按顺时针方向旋转，并旋转了一周。

由此可以得出如下结论：在三相异步电动机定子上布置结构完全相同，空间各相差 120°电角度的三相定子绕组，当分别向三相定子绕组通入三相交流电时，则在定子、转子

与空气隙中产生一个沿定子内圆旋转的磁场，该磁场称为旋转磁场。

二、旋转磁场的旋转方向

旋转磁场的旋转方向决定于通入定子绕组中的三相交流电源的相序。只要任意调换电动机两相绕组所接交流电源的相序，旋转磁场即反转。这个结论很重要，因为后面我们将要分析到三相异步电动机的旋转方向与旋转磁场的转向一致，因此要改变电动机的转向，只要改变旋转磁场的转向即可。

三、旋转磁场的旋转速度

（1）当 $2p=2$

以上讨论的是两极三相异步电动机(即 $2p=2$)定子绕组产生的旋转磁场，由分析可见，当三相交流电变化一周后(即每相经过360°电角度)，其所产生的旋转磁场也正好旋转一周。故在两极电动机中旋转磁场的转速等于三相交流电的变化速度，即 $n_1=60f_1=$ 3 000 r/min。

（2）当 $2p=4$

即对四极三相异步电动机而言，采用与前面相似的分析方法(具体步骤从略)，可以得到如下结论，即当三相交流电变化一周时，四极电机的合成磁场只旋转了半圈(即转过180°机械角度)，故在四极电机中旋转磁场的转速等于三相交流电变化速度的一半，即

$$n_1 = 60f_1/2 = 30 \times 50 = 1\,500(\text{r/min})$$

故当磁极对数增加一倍，则旋转磁场的转速减少一半。

（3）当三相异步电动机定子绕组为 p 对磁极时，同上分析可得旋转磁场的转速为

$$n_1 = \frac{60f_1}{p}$$

式中，f_1 为交流电的频率(Hz)；p 为电动机的磁极对数；n_1 为旋转磁场的转速(r/min)，又称同步转速。

四、三相异步电动机的旋转原理

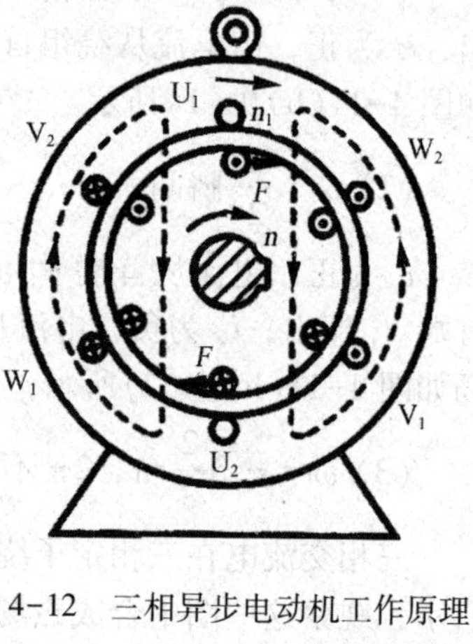

图 4-12　三相异步电动机工作原理

图 4-12 为一台三相笼形异步电动机定子与转子剖面图。转子上的 6 个小圆圈表示自成闭合回路的转子导体。当向三相定子绕组 U_1U_2、V_1V_2、W_1W_2 中通入三相交流电后，据前分析可知将在定子、转子及其空气隙内产生一个同步转速为 n_1，在空间按顺时针方向旋转的磁场。该旋转磁场将切割转子导体，从而在转子导体中产生感应电动势，由于转子导体自成闭合回路，因此该电动势将在转子导体中形成电流，其电流方向可用右手定则判定。可以判定出在该瞬间转子导体中的电流方向如图 4-12 中所示，即电流从转子上半部的导体中流出，流入转子下半部导体中。

有电流流过的转子导体将在旋转磁场中受电磁力 F 的作用，其方向可用左手定则判

定，如图中箭头所示，该电磁力 F 在转子轴上形成电磁转矩，使异步电动机的转子以转速 n 旋转。由图 4-12 可见，电动机转子的旋转方向与旋转磁场的旋转方向一致。因此要改变三相异步电动机的旋转方向只需改变旋转磁场的转向即可。

由上面的分析还可看出，转子的转速 n 一定要小于旋转磁场的转速 n_1，如果转子转速与旋转磁场转速相等，则转子导体不再切割旋转磁场，转子导体中就不再产生感应电动势和电流，电磁力 F 将为零，转子就将减速。因此异步电动机的"异步"就是指电动机转速 n 与旋转磁场转速 n_1 之间存在着差异，两者的步调不一致。又由于异步电动机的转子绕组并不直接与电源相接，而是依据电磁感应来产生电动势和电流，获得电磁转矩而旋转，因此又称感应电动机。

把异步电动机旋转磁场的转速 n_1 与电动机转速 n 之差与旋转磁场转速 n_1 之比称为异步电动机的转差率 S，即

$$S = \frac{n_1 - n}{n_1}$$

第三节　三相异步电动机的启动

一、概述

启动是指电动机通电后转速从零开始逐渐加速到正常运转的过程。

由电动机所拖动的各种生产、运输机械及电气设备经常需要进行启动和停止，所以电动机的启动、调速和制动性能的好坏，对这些机械或设备的运行影响很大，因此，对异步电动机的启动提出主要要求：

(1) 电动机应有足够大的启动转矩。

(2) 在保证一定大小的启动转矩前提下，电动机的启动电流应尽量小。

(3) 启动所需的控制设备应尽量简单，价格力求低廉，操作及维护方便。

(4) 启动过程中的能量损耗应尽量小。

异步电动机在启动瞬间，转速从零开始增加的瞬间转差率 $S=1$，转子绕组中感应的电流很大，使定子绕组中流过的启动电流也很大，约为额定电流的 4~7 倍。

在正常情况下，异步电动机的启动时间很短(一般为几秒到十几秒)，但它会在电网上造成较大的电压降从而使供电电压下降，影响在同一电网上其他用电设备的正常工作。

三相笼形异步电动机的启动方式有两类，即在额定电压下的直接启动和降低启动电压的降压启动，它们各有优缺点，应按具体情况正确选用。

二、电气控制电路的原理图与接线图

为了表达电气控制系统的设计意图，分析系统的工作原理，方便设备的安装、调试、检修以及工程技术人员之间的相互交流乃至国际间科学技术的引进与流通，工程电气控制图纸必须采用一定的格式系统和统一的图形和文学符号来表达。由国家标准局颁布的《电气简图用图形符号》(GB/T 4728—2008)和《工业系统、装置与设备以及工业产品系统内端

子的标识》(GB/T 18656—2002)等标准，是现行我国规范的电力拖动控制系统技术标准，该标准内容基本沿用了国际电工委员会(IEC)的技术标准。

1. 电气控制电路常用的图形符号和文字符号

电气控制电路中，各种控制元件，器件的图形符号必须符合《电气简图用图形符号》、(GB 4728—2008)的标准，各种元、器件的文字符号必须符合《工业系统、装置与设备以及工业产品系统内端子的标识》(GB/T 18656—2002)的标准。

在具体绘制电气控制电路时还应注意以下问题：

① 线条粗细可依国家标准放大或缩小，但同一张图纸中，同一符号的尺寸应保持一致，各符号间及符号本身比例应保持不变。

② 标准中给出的符号方位，在不改变符号含义的前提下，可根据图面布置的需要旋转或成镜像位置，但文字和指示方向不得倒置。

③ 大多数符号都可以附加补充说明标记。

④ 有些具体器件的符号可以由设计者根据国家标准的符号要素，用一般符号和限定符号组合而成。

⑤ 国家标准未规定的图形符号，可根据实际需要，按特殊特征、结构简单、便于识别的原则进行设计，但需要报国家有关管理部门备案。当采用其他来源的符号或代号时，必须在图解和文字上说明其含义。

2. 电气控制电路的回路标号

为了便于安装施工和故障检修，电气主电路和控制电路都必须加以标号。

① 主电路各接点常用标号

三相交流电源引入线采用 L_1、L_2、L_3 标记。电源开关之后的三相交流电源主电路分别用 U、V、W 加阿拉伯数字 1，2，3 加以标记。

分级三相交流电源主电路采用三相文字代号的前边加上阿拉伯数字 1，2，3 等标记。如 1U、1V、1W 和 2U、2V、2W 等。

电动机三相绕组分别用 U、V、W 标记。

② 控制电路各接点标号

控制电路采用阿拉伯数字编号，一般由 3 位数或 3 位以下的数字组成。标注方法按“等电位”原则进行，在垂直绘制的电路中，标号顺序一般由上而下编号，凡是被线圈、绕组触点和电阻或电容等元件所间隔的线段，都应标以不同的电路标号。

3. 电气控制系统图

电气控制系统图包括电气原理图及电气安装图(电器位置图、电气安装接线图和电气互连图)等。

电气原理图，用图形符号和文字符号(及接点标号)表示电路各个电器元件连接关系和电气工作原理的图称为电气原理图。由于电气原理图结构简单、层次分明、适用于研究和分析电路工作原理，在设计部门和生产现场得到广泛的应用。

图 4-13 为 CW6132 型普通车床电气原理图。

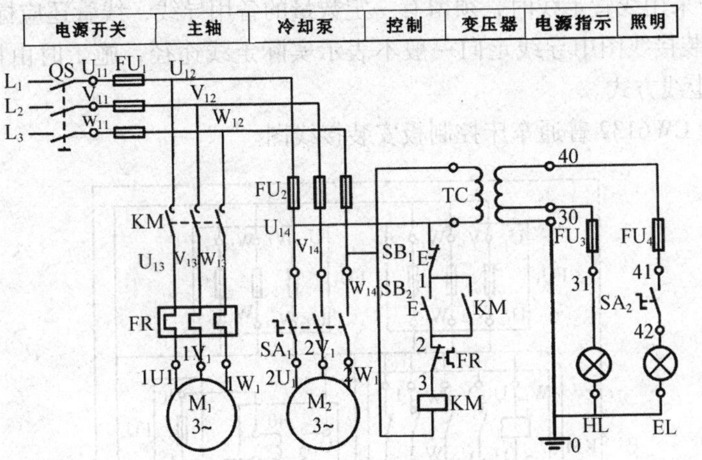

图 4-13　CW6132 普通车床电气原理图

4. 电气安装图

电气安装图用来表示电气控制系统中各电器元件的实际安装位置和接线情况。它有电器位置图、安装接线图和互连图三部分，主要用于施工和检修。

① 电器位置图

电器元件位置图反映各电器元件的实际安装位置，各电器元件的位置根据元件布置合理、连接导线经济以及检修方便等原则安排。控制系统的各控制单元电器元件布置图应分别绘制。

电器元件位置图中的电器元件用实线框表示，不必画出实际图形或图形代号。图中各电器代号应与相关电路和电器清单上所列元器件代号相同。在图中往往留有 10%以上的备用面积及导线管(槽)的位置，以供走线和改进设计时用。图中还需标注必要尺寸。图 4-14 为 CW6132 型普通车床电器元件位置图。图中 $FU_1 \sim FU_4$ 为熔断器，KM 为接触器，FR 为热继电器，TC 为照明变压器，XT 为接线端子板。

② 电气安装接线图

电气安装接线图用来表明电气设备各控制单元内部元件之间的接线关系，是实际安装接线的依据，在具体施工和检修中能起到电气原理图所起不到的作用，主要用于生产现场。绘制电气安装接线图时应遵循以下原则：

a. 各电器元件用规定的图形和文字符号绘制，同一电器元件的各部分必须画在一起，其图形、文字符号以及端子板的编号必须与原理图一致。各电器元件的位置必须与电器元件位置图中的位置相对应。

b. 不在同一控制柜、控制屏等控制单元上的电器元件之间的电气连接必须通过端子板进行。

c. 电气安装接线图中走线方向相同的导线用线束表示，连接导线应注明导线规格(数量、

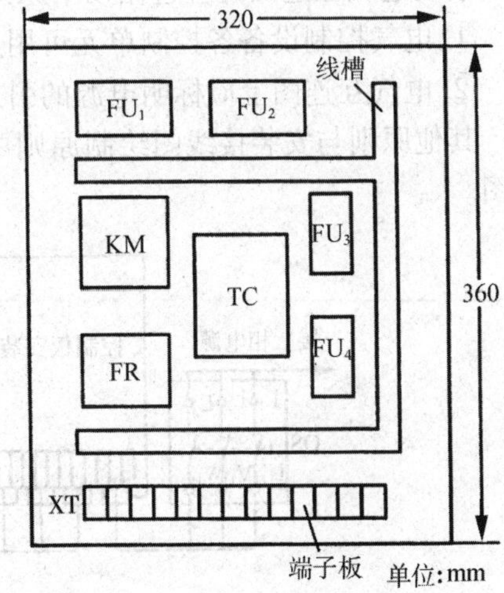

图 4-14　CW6132 型普通车床控制板电器元件位置

截面积等)；若采用线管走线时，须留有一定数量的备用导线，线管还应标明尺寸和材料。

d. 电气安装接线图中导线走向一般不表示实际走线途径，施工时由操作者根据实际情况选择最佳走线方式。

图 4-15 为 CW6132 普通车床控制板安装接线图。

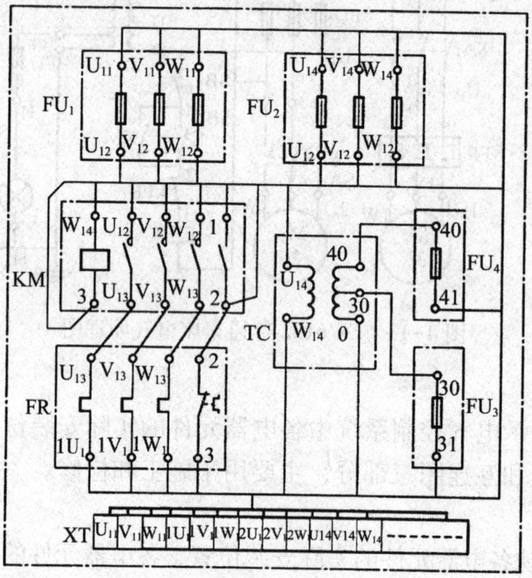

图 4-15　CW6132 普通车床控制板安装接线图

5. 电气互连图

电气互连图是反映电气控制设备各控制单元(控制屏、控制柜、操作按钮等)与用电的动力装置(电动机等)之间的电气连接图。它清楚地表明了电气控制设备各单元的相对位置及它们之间的电气连接。当电气控制系统较为简单，可将各控制单元安装接线图和电气互连图合二为一，统称为安装接线图。

绘制电气互连图时应遵循以下原则：

① 电气控制设备各控制单元可用点划线框表示，但必须表明接线板端子标号。

② 电气互连图上应标明电源的引入点。

其他原则与安装接线图绘制原则中③、④相同。图 4-16 为 CW6132 普通车床电气互连图。

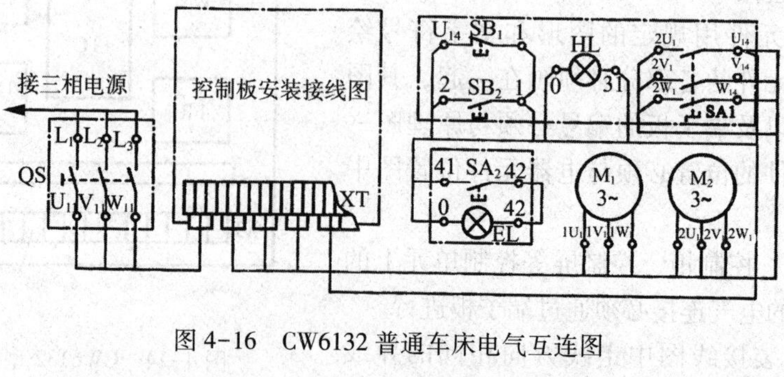

图 4-16　CW6132 普通车床电气互连图

三、三相笼形异步电动机的直接启动

直接启动即是将电动机三相定子绕组直接接到额定电压的电网上来启动电动机。一台异步电动机能否采用直接启动应视电网的容量(变压器的容量)、启动次数、电网允许干扰的程度等许多因素决定，究竟多大容量的电动机能够直接启动呢？通常认为只需满足下述三个条件中的一条即可：

(1) 容量在 7 kW 以下的三相异步电动机一般均可采用直接启动。

(2) 用户由专用的变压器供电时，如电动机容量小于变压器空量的 20%时，允许直接启动。对于不经常启动的电动机，则该值可放宽到 30%。

(3) 也可用下面的公式来粗估电动机是否可以直接启动。

$$\frac{I_{st}}{I_N}=\frac{3}{4}+\frac{\text{变压器容量}(\text{kV}\cdot\text{A})}{4\times\text{电动机功率}(\text{kW})}$$

式中，I_{st}/I_N 即电动机启动电流倍数，可由三相异步电动机技术条件中查得(表 4-1)，如小于上式右边的数值时，可直接启动。

直接启动的优点是所需设备简单，启动时间短，缺点是对电动机及电网有一定的冲击。

四、三相笼形异步电动机的降压启动

降压启动是指启动时降低加在电动机定子绕组上的电压，启动运转后，再使其电压恢复到额定电压正常运行的启动方式。

降压启动虽然能起到降低电动机启动电流的目的，但由于电动机的转矩与电压的平方成正比，因此降压启动时电动机的转矩减小较多，故降压启动一般适用于电动机空载或轻载启动。常用的降压启动有串电阻降压启动(图 4-17)、自耦变压器降压启动(图 4-18)和星—三角降压启动。

1. 串电阻降压启动

如图 4-17 所示，电动机启动时在定子绕组中串电阻降压，启动结束后再用开关 S 将电阻短路，全压运行。由于串电阻启动时，在电阻有能量损耗而使电阻发热，故一般常用铸铁电阻片。有时为了减小能量损耗，也可用电阻器代替。

电阻降压启动具有启动平稳、工作可靠、设备线路简单、启动时功率因数高等优点，主要缺点是电阻的功率损耗大、温升高，所以一般不宜用于频繁启动。

2. 自耦变压器(补偿器)降压启动

这种降压启动方法是利用自耦变压器来降低加在定子三相绕组上的电压，如图 4-18 所示。启动时，先合上开关 QS_1，再将补偿器控制手柄(即开关 QS_2)投向“启动”位置，这时经过自耦变压器降压后的交流电压加到电动机三相定子绕组上，电动机开始降压启动，待电动机转速升高到一定值后，再把 QS_2 投向“运行”位置，电动机就在全压下正常运行。此时自耦变压器已从电网上被切除。

自耦变压器二次有 2~3 组抽头，其电压可以分别为一次电压 U_1 的 80%、65%或 80%、60%、40%。

在实际使用中都把自耦变压器、开关触点、操作手柄等组合在一起构成自耦减压启动器(又称启动补偿器)。

这种启动方法的优点是可以按容许的启动电流和所需的启动转矩来选择自变压器的不

同抽头实现降压启动，而且不论电机定子绕组采用星形联结或三角形联结都可以使用。缺点是设备昂贵、体积较大。

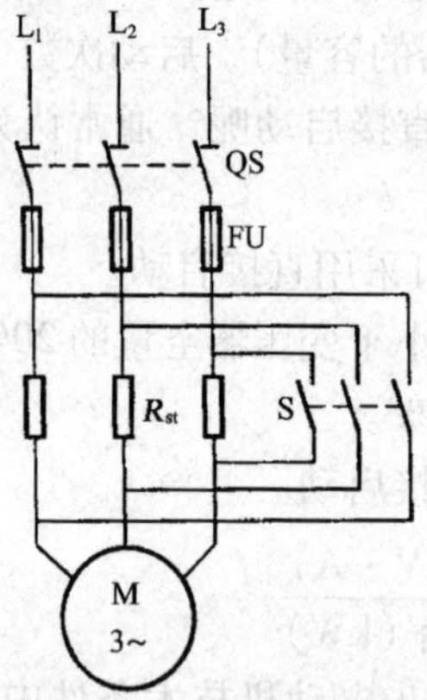

图 4-17　串电阻降压启动

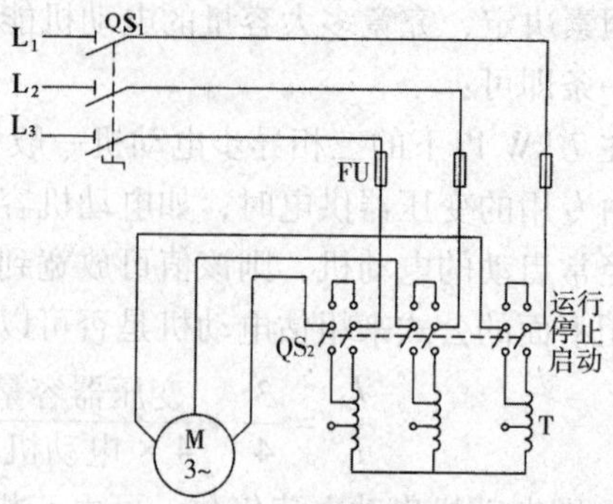

图 4-18　自耦变压器降压启动

3. 星—三角降压启动

启动时，先把定子三相绕组作星形联结，待电动机转速升高到一定值后再改接成三角形联结。因此这种降压启动方法只能用于正常运行时作三角形联结的电动机上。其原理线路图如图 4-19 所示。启动时将星—三角转换开关的手柄 S_2 置于启动位，则电动机定子三相绕组的末端 U_2、V_2、W_2 联成一个公共点，三相电源 L_1、L_2、L_3 经开关 S_1 向电动定子三相绕组的首端 U_1、V_1、W_1 供电，电动机以星形联结启动。加在每相定子绕组上的电压为电源线电压 U_1 的 $1/\sqrt{3}$ 倍，因此启动电流较小。待电动机启动即将结束时再把手柄 S_2 推到运行位，电动机定子三相绕组接成三角形联结，这时加在电动机每相绕组上的电压即为线电压 U_1，电动机正常运行。

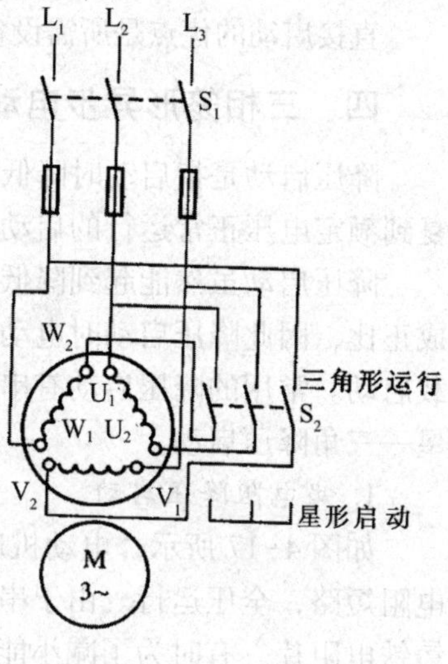

图 4-19　星—三角降压启动

用星—三角降压启动时，启动电流为直接采用三角形联结时启动电流的 1/3，所以对降低启动电流很有效，但启动转矩也只有用三角形联结直接启动时的 1/3，即启动转矩降低很多，故只能用于轻载或空载启动的设备上。此法的最大优点是所需设备较少、价格低，因而获得了较为广泛的采用。由于此法只能用于正常运行时为三角形联结的电动机上，因此我国生产的 JO2 系列、Y 系列、Y2 系列三相笼形异步电动机，凡功率在 4 kW 及以上者，正常运行时都采用三角形联结。

五、绕线转子异步电动机的启动

前已叙述绕线转子异步电动机与笼形异步电动机的主要区别是绕线转子异步电动机的转子采用三相对称绕组，且均采用星形联结。启动时通常在转子三相绕组中可变电阻启动，也有部分绕线转子异步电动机用频敏变阻器启动。

1. 转子串电阻启动

如图 4-20 所示，变阻器启动开始时，手柄置于图中所示的位置，此时全部电阻串在转子电路中，随着电动机转速的升高，逐渐将手柄按顺时针方向转动，则串入转子电路中的电阻逐渐减小，当电阻被全部切除(即电阻为零)时，电动机启动即告结束。此法一般用于小容量的绕线转子电动机上，当电动机容量稍大时则采用图 4-21 所示的电路，此时电阻不是均匀地减小，而是通过接触器触点或凸轮控制器触点的开闭有级地切除电阻。该线路的具体动作原理简述如下：启动时控制器的全部触点 $S_1 \sim S_4$ 均断开，合上电源开关 S 后，绕线转子异步电动机开始启动，此时电阻器的全部电阻都串入转子电路内，电动机的最大转矩产生在电动机启动瞬间。电动机转动后，顺次逐步闭合 S_1、S_2、S_3、S_4 触点，电动机转速逐步增加，一直到启动过程结束。电动机在整个启动过程中启动转矩较大，适合于重载启动，主要用于桥式起重机、卷扬机、龙门吊车等上面。其主要缺点是所需启动设备较多，启动级数较少，启动时有一部分能量消耗在启动电阻上。为克服以上缺点，又研制了频敏变阻器启动。

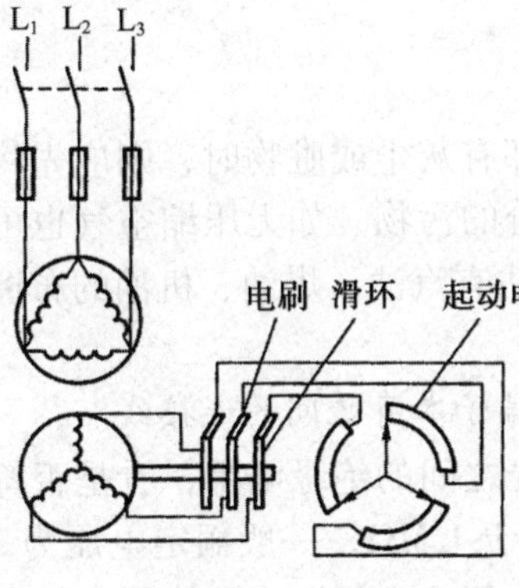

图 4-20 绕线转子电动机转子串电阻启动

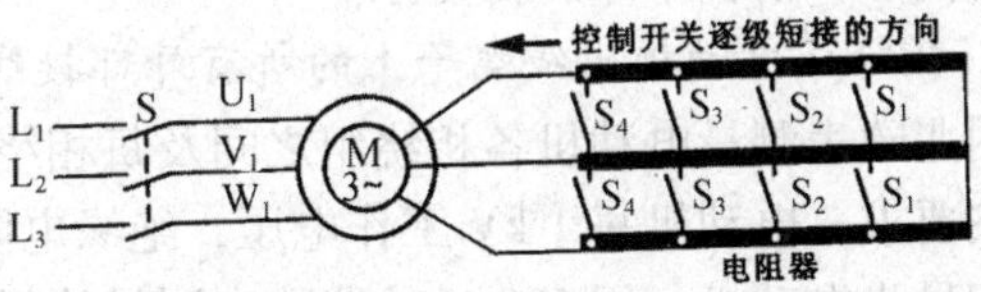

图 4-21 绕线转子电动机转子串电阻运动(有级启动)

2. 转子串频敏变阻器启动

频敏变阻器外形结构如图 4-22(a)所示，它是一种有独特结构的无触点元件，其构造与三相电抗器相似，即由三个铁芯柱和三个绕组组成，三个绕组接成星形联结，并通过滑环和电刷与绕组转子异步电动机的三相转子绕组相连，如图 4-22(b)所示。

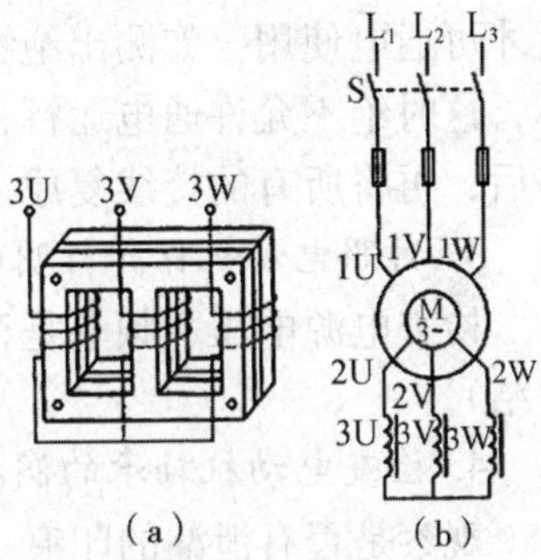

图 4-22 绕线转子电动机串频敏变阻器启动

(a) 频敏变阻器结构示意图；
(b) 转子串频敏变阻器启动

频敏变阻器的主要结构特点是铁芯用 6~12 mm 厚的钢板制成，并有一定的空气隙，当绕组中通过交流电后，在铁芯中产生的涡流损耗及磁滞损耗都较大。由于铁芯较饱和，其感抗相应较小，另外由于绕组匝数不是很多，因此绕组的直流电阻也较小。

当绕线转子电动机刚开始启动时，电动机转速很低，故转子频率 f_2 很大(接近 f_1)，铁芯中的损耗很大，即 R_2 很大，因此限制了启动电流，增大了启动转矩。随着电动机转速的增加，转子电流频率下降($f_2 = Sf_1$)，于是 R_2 减小，使启动电流及转矩保持一定数值。故频敏变阻器实际上利用转子频率 f_2 的平滑变化来达到使转子回路总电阻平滑减小的目的。启动结束后，转子绕组短接，把频敏变阻器从电路中切除。

由于频敏变阻器的等效电阻和等效电抗都随转子电流频率而变，反应灵敏，所以称为频敏变阻器。用该法启动的主要优点是结构简单、成本较低、使用寿命长、维护方便，能使电动机平滑启动(无级启动)，基本上可获得恒转矩的启动特性。主要不足之处是由于有电感的存在，使功率因数较低，启动转矩并不很大。因此当绕线转子电动机在轻载启动时，采用频敏变阻器法启动优点较明显，如重载启动一般采用串电阻启动。

第四节　三相异步电动机的使用与维护

一、三相异步电动机使用前的检查

对新安装或久未使用过的三相异步电动机，在通电使用前必须先作下述检查工作，以验证该电动机是否能通电运行。

1. 看该电动机外部是否清洁

对长期搁置未使用的开启式或防护式电动机，如内部有灰尘或脏物时，则应先将电动机拆开，用不大于 2 个大气压的干燥压缩空气吹净各部分的污物。如无压缩空气也可用手风箱(俗称皮老虎)吹，或用干抹布去抹，不应用湿布或沾有汽油、煤油、机油的布擦拭电动机的内部。清扫干净后再复原。

2. 拆除该电动机出线端子上的所有外部接线及出线端子本身之间的连接线

用兆欧表测量电动机各相绕组之间及每相绕组与机壳之间的绝缘电阻，看是否符合要求。按要求，电动机每 1 kV 工作电压，绝缘电阻不得低于 1 MΩ，一般额定电压为 380 V 的三相异步电动机，用 500 V 的兆欧表测量绝缘电阻应大于 0.5 MΩ 才可使用。如发现绝缘电阻较低，则为电动机受潮所致，可对电动机进行烘干处理，然后再测绝缘电阻，合格后才可通电使用。如测出绝缘电阻为零，则说明该电动机进行烘干处理，然后再测绝缘损坏，这时绝不允许通电运行，必须查明故障并排除故障后才可通电使用。绝缘电阻测试合格后，再将所有的接线复原。

3. 对照电动机铭牌标明的额定数据

检查电源电压、频率是否合适，定子绕组的连接方法是否正确(星形联结还是三角形联结)。

4. 检查电动机轴承的润滑脂(油)是否正常

观察是否有泄漏的印痕。用手转动电动机转轴(俗称盘车)，看转动是否灵活，有无摩擦声或其他异声。

5. 检查电动机与安装座墩

看之间的固定是否牢固，有无松动现象，检查电动机的接地装置是否良好。

6. 检查电动机的辅助设备

熔断器有无熔断，熔丝的规格是否合格，电动机的传动装置及所带动的负载是否良好，启动设备是否良好。

二、三相异步电动机运行中的监视与维护

三相异步电动机在运行时，要通过听、看、闻等方法及时监视电动机，确保当电动机

在运行中出现不正常的现象时，能及时切断电动机的电源，以免故障扩大，具体项目如下：

（1）听电动机在运行时发出的声音是否正常。电动机正常运行时，发出的声音应该是平稳、轻快、均匀和有节奏的。如果出现尖叫、沉闷、摩擦、撞击或振动等异音，应立即断电检查。

（2）经常检查、监视电动机的温度，观察电动机的通风是否良好。

（3）注意电动机在运行中是否发出焦臭味，如有则说明电动机温度过高，应立即断电检查，必须找出原因后才能再通电使用。

（4）要保持电动机的清洁，特别是接线端和绕组表面的清洁。不允许水滴、油污及杂物落到电动机上，更不能让杂物和水滴进入电动机内部。要定期检修电动机，清扫内部，更换润滑油等。

（5）要定期测量电动机的绝缘电阻，特别是电动机受潮时，如发现绝缘电阻过低，要及时进行干燥处理。

（6）笼形异步电动机采用全压启动时，启动次数不宜过于频繁。

习题四

一、判断题

1. 转子串频敏变阻器启动的转矩大，适合重载启动。

2. 电气原理图中的所有元件均按未通电状态或无外力作用时的状态画出。

3. 用星—三角降压启动时，启动电流为直接采用三角形联结时启动电流的1/2。

4. 用星—三角降压启动时，启动转矩为直接采用三角形联结时启动转矩的1/3。

5. 对于转子有绕组的电动机，将外电阻串入转子电路中启动，并随电机转速升高而逐渐地将电阻值减小并最终切除，叫转子串电阻启动。

6. 对于异步电动机，国家标准规定 3 kW 以下的电动机均采用三角形联结。

7. 改变转子电阻调速这种方法只适用于绕线式异步电动机。

8. 电机异常发响发热的同时，转速急速下降，应立即切断电源，停机检查。

9. 在电气原理图中，当触点图形垂直放置时，以“左开右闭”原则绘制。

10. 电气安装接线图中，同一电器元件的各部分必须画在一起。

11. 电动机的短路试验是给电机施加 35 V 左右的电压。

12. 电机在检修后，经各项检查合格后，就可对电机进行空载试验和短路试验。

13. 对电机各绕组的绝缘检查，如测出绝缘电阻不合格，不允许通电运行。

14. 对电机轴承润滑的检查，可通电转动电动机转轴，看是否转动灵活，听有无异声。

15. 对绕线型异步电机应经常检查电刷与集电环的接触及电刷的磨损、压力、火花等情况。

16. 电机运行时发出沉闷声是电机在正常运行的声音。

17. 电机在正常运行时，如闻到焦臭味，则说明电动机速度过快。

18. 因闻到焦臭味而停止运行的电动机，必须找出原因后才能再通电使用。

19. 带电机的设备，在电机通电前要检查电机的辅助设备和安装底座、接地等，正常后再通电使用。

二、填空题

20. 三相异步电动机按其外壳防护方式的不同可分为____________、____________、____________三大类。

21. 三相异步电动机虽然种类繁多，但基本结构均由____________和转子两大部分组成。

22. 电动机____________作为电动机磁通的通路，要求材料有良好的导磁性能。

23. 电动机在额定工作状态下运行时，____________的机械功率叫额定功率。

24. 电动机在额定工作状态下运行时，定子电路所加的____________叫额定电压。

三、单选题

25. 以下说法中，正确的是(　)。

A. 三相异步电动机的转子导体中会形成电流，其电流方向可用右手定则判定

B. 为改善电动机的启动及运行性能，笼形异步电动机转子铁芯一般采用直槽结构

C. 三相电动机的转子和定子要同时通电才能工作

D. 同一电器元件的各部件分散地画在原理图中，必须按顺序标注文字符号

26. 以下说法中，不正确的是(　)。

A. 电动机按铭牌数值工作时，短时运行的定额工作制用 S2 表示

B. 电机在短时定额运行时，我国规定的短时运行时间有 6 种

C. 电气控制系统图包括电气原理图和电气安装图

D. 交流电动机铭牌上的频率是此电机使用的交流电源的频率

27. 以下说法中，不正确的是(　)。

A. 异步电动机的转差率是旋转磁场的转速与电动机转速之差与旋转磁场的转速之比

B. 使用改变磁极对数来调速的电机一般都是绕线型转子电动机

C. 能耗制动这种方法是将转子的动能转化为电能，并消耗在转子回路的电阻上

D. 再生发电制动只用于电动机转速高于同步转速的场合

28. 旋转磁场的旋转方向决定于通入定子绕组中的三相交流电源的相序，只要任意调换电动机(　)所接交流电源的相序，旋转磁场即反转。

A. 一相绕组　　B. 两相绕组　　C. 三相绕组

29. 电动机定子三相绕组与交流电源的连接叫接法，其中 Y 为(　)。

A. 三角形接法　　B. 星形接法　　C. 延边三角形接法

30. 国家标准规定凡(　)kW 以上的电动机均采用三角形接法。

A. 3　　B. 4　　C. 7.5

31. 三相笼形异步电动机的启动方式有两类，既在额定电压下的直接启动和(　)启动。

A. 转子串电阻　　B. 转子串频敏　　C. 降低启动电压

32. 异步电动机在启动瞬间，转子绕组中感应的电流很大，使定子流过的启动电流也很大，约为额定电流的(　)倍。

A. 2　　B. 4~7　　C. 9~10

33. 三相异步电动机一般可直接启动的功率为(　)kW 以下。

A. 7　　B. 10　　C. 16

34. 由专用变压器供电时，电动机容量小于变压器容量的(　)，允许直接启动。

A. 60%　　B. 40%　　C. 20%

35. 降压启动是指启动时降低加在电动机(　)绕组上的电压，启动运转后，再使其电压恢复到额定电压正常运行。

A. 定子　　B. 转子　　C. 定子及转子

36. 笼形异步电动机常用的降压启动有(　)启动、自耦变压器降压启动、星—三角降压启动。

A. 转子串电阻　　B. 串电阻降压　　C. 转子串频敏

37. 笼形异步电动机降压启动能减少启动电流，但由于电机的转矩与电压的平方成(　)，因此降压启动时转矩减少较多。

A. 反比　　B. 正比　　C. 对应

38. 利用(　)来降低加在定子三相绕组上的电压的启动叫自耦降压启动。

A. 自耦变压器　　B. 频敏变压器　　C. 电阻器

39. 自耦变压器二次有 2~3 组抽头，其电压可以分别为一次电压 $U1$ 的 80%、( )、40%。

A. 10%　　B. 20%　　C. 60%

40. 星—三角降压启动，是启动时把定子三相绕组作( )联结。

A. 三角形　　B. 星形　　C. 延边三角形

41. 频敏变阻器其构造与三相电抗相似，即由三个铁芯柱和( )绕组组成。

A. 一个　　B. 二个　　C. 三个

42. ( )的电机，在通电前，必须先做各绕组的绝缘电阻检查，合格后才可通电。

A. 一直在用，停止没超过一天　　B. 不常用，但电机刚停止不超过一天

C. 新装或未用过的

43. 对电机内部的脏物及灰尘清理，应用( )。

A. 湿布抹擦　　B. 布上沾汽油、煤油等抹擦

C. 用压缩空气吹或用干布抹擦

44. 对电机各绕组的绝缘检查，要求是：电动机每 1 kV 工作电压，绝缘电阻( )。

A. 小于 0.5 MΩ　　B. 大于等于 1 MΩ　　C. 等于 0.5 MΩ

45. 某四极电动机的转速为 1 440 r/min，则这台电动机的转差率为( )。

A. 2%　　B. 4%　　C. 6%

46. 在对 380 V 电机各绕组的绝缘检查中，发现绝缘电阻( )，则可初步判定为电动机受潮所致，应对电机进行烘干处理。

A. 小于 10 MΩ　　B. 大于 0.5 MΩ　　C. 小于 0.5 MΩ

47. 对电机各绕组的绝缘检查，如测出绝缘电阻为零，在发现无明显烧毁的现象时，则可进行烘干处理，这时( )通电运行。

A. 允许　　B. 不允许　　C. 烘干好后就可

48. 对照电机与其铭牌检查，主要有( )、频率、定子绕组的连接方法。

A. 电源电压　　B. 电源电流　　C. 工作制

49. 对电机轴承润滑的检查，( )电动机转轴，看是否转动灵活，听有无异声。

A. 通电转动　　B. 用手转动　　C. 用其他设备带动

50. 电机在运行时，要通过( )、看、闻等方法及时监视电动机。

A. 记录　　B. 听　　C. 吹风

51. 电机在正常运行时的声音，是平稳、轻快、( )和有节奏的。

A. 尖叫　　B. 均匀　　C. 摩擦

52. 笼形异步电动机采用电阻降压启动时，启动次数( )。

A. 不宜太少　　B. 不允许超过 3 次/小时　　C. 不宜过于频繁

四、多项选择题

53. 对四极三相异步电动机而言，当三相交流电变化一周时，( )。

A. 四极电机的合成磁场只旋转了半圈

B. 四极电机的合成磁场只旋转了一圈

C. 电机中旋转磁场的转速等于三相交流电变化的速度

D. 电机中旋转磁场的转速等于三相交流电变化速度的一半

54. 在三相异步电动机定子上布置结构完全相同，空间各相差120°电角度的三相定子绕组，当分别通入三相交流电时，则在(　)中产生了一个旋转的磁场。

A. 定子　　B. 转子　　C. 机座　　D. 定子与转子之间的空气隙

55. 电动机定额工作制分为(　)。

A. 连续定额　　B. 短时定额　　C. 断续定额　　D. 额定定额

56. 我国规定的负载持续率有(　)。

A. 15%　　B. 25%　　C. 40%　　D. 60%

57. 关于电动机启动的要求，下列说法正确的是(　)。

A. 电动机应有足够大的启动转矩

B. 在保证一定大小的启动转矩前提下，电动机的启动电流应尽量小

C. 启动所需的控制设备应尽量简单，价格力求低廉，操作及维护方便

D. 启动过程中的能量损耗应尽量小

58. 三相异步电动机的调速方法有(　)等。

A. 改变电源频率　　B. 改变磁极对数

C. 在转子电路中串电阻改变转差率　　D. 改变电磁转矩

59. 电动机的制动方法有(　)等。

A. 再生发电　　B. 反接　　C. 能耗　　D. 电抗

60. 关于自耦变压器启动的优缺点表述，下列说法正确的是(　)。

A. 可按容许的启动电流及所需的转矩来选启动器的不同抽头

B. 电机定子绕组不论采用星形或三角形联结，都可使用

C. 启动时电源所需的容量比直接启动大

D. 设备昂贵，体积较大

61. 关于转子串电阻启动的优缺点表述，下列说法正确的是(　)。

A. 整个启动过程中，启动转矩大，适合重载启动

B. 定子启动电流大于直接启动的定子电流

C. 启动设备较多，启动级数少

D. 启动时有能量消耗在电阻上，从而浪费能源

62. 转子串频敏变阻器启动时的原理为(　)。

A. 启动时，转速很低，转子频率很小

B. 启动时，转速很低，转子频率很大

C. 电机转速升高后，频敏变阻器铁芯中的损耗减小

D. 启动结束后，转子绕组短路，把频敏变阻器从电路中切除

63. 电动机的转子按其结构可分为(　)。

A. 笼形　　B. 矩形　　C. 绕线　　D. 星形

64. 关于电机的辅助设备及安装底座的检查，下列说法正确的是(　)。

A. 电机与底座之间的固定是否牢固，接地装置是否良好

B. 熔断器及熔丝是否合格完好

C. 传动装置及所带负载是否良好

D. 启动设备是否良好

65. 电机在运行时，用各方法监视电动机是为了(　　)。

A. 出现不正常现象时，及时处理　　B. 防止故障扩大

C. 监视工人是否在工作　　　　　　D. 只为观察电动机是否正常工作

66. 关于电机的维护，下列说法正确的是(　　)。

A. 保持电机的清洁

B. 要定期清扫电动机内、外部

C. 要定期更换润滑油

D. 要定期测电机的绝缘电阻，发现电阻过低时，应及时进行干燥处理

五、简答题

67. 新装或未用过的电机，在通电前，必须先做哪些项检查工作？

第五章　照明电路

电气照明是工厂供电以及日常生活用电的一个重要组成部分，根据工作场合对照明要求的不同，合理选择照明灯具、满足照明要求，是保证安全生产、提高工作和学习效率及保护工作人员视力的必要条件。

照明设备的不正常运行可能导致火灾事故，也可能导致人身事故。

第一节　电气照明的方式及种类

一、电光源

电光源根据其工作原理的不同可分为热辐射光源和气体放电光源两类。前者是利用电能使材料加热到白炽程度而发光，例如白炽灯、碘钨灯等照明灯具；后者是利用电极间的气体或蒸发气体放电而发光，例如常见的日光灯、高压汞灯、高压钠灯等照明灯具。

二、照明方式

1. 一般照明

一般照明是指整个场所或场所的某部分照度基本相同的照明，对于工作位置密度很大而对光照方向又无特殊要求或工艺上不适宜装设局部照明装置的场所，宜单独使用一般照明。它的优点是在工作表面和整个视界范围内，具有较佳的亮度对比，易得到较高的光效。

一般照明的电源宜采用 220 V 的电压，但如果灯具达不到要求的最小高度时，应采用 36 V 的特低电压。

2. 局部照明

局部照明是指局限于工作部位的固定或移动的照明，对于局部地点需要高照度并对照射方向有要求时宜采用局部照明。

凡有较大危险性的环境里的局部照明灯和手持照明灯(行灯)应采用 36 V 或 24 V 特低电压供电。在金属容器内、水井内，特别潮湿的地沟内等使用手持照明灯，可视为特别危险环境下的局部照明，应采用 12 V 的安全电压作为电源。

3. 混合照明

混合照明是指一般照明和局部照明共同组成的照明。对于工作部位需要较高照度并对照射方向有特殊要求的场所，宜采用混合照明。

其优点是可以在工作平面、垂直和倾斜表面上，甚至可以在工件的内部，获得高的照度，提高光照效率和节省照明设备的运行费用。

三、照明种类

1. 工作照明

工作照明是指用来保证在照明场所正常工作时所需的照度适合视力要求的照明。

2. 事故照明

事故照明是指当工作照明由于电气事故而熄灭后，为了继续工作或疏散人员而设置的照明。

由于工作中断或误操作会引起爆炸、火灾、人身伤害等严重事故或生产秩序长期混乱的场所应有事故照明。事故照明线路不能与动力线路或照明线路合用，而必须有自己的供电线路。事故照明的几种供电方式见图 5-1，其中图(a)表示不具备变电站(室)所的情况，图(b)是有一个变电站(室)的情况，图(c)是有两个变电站(室)所的情况。

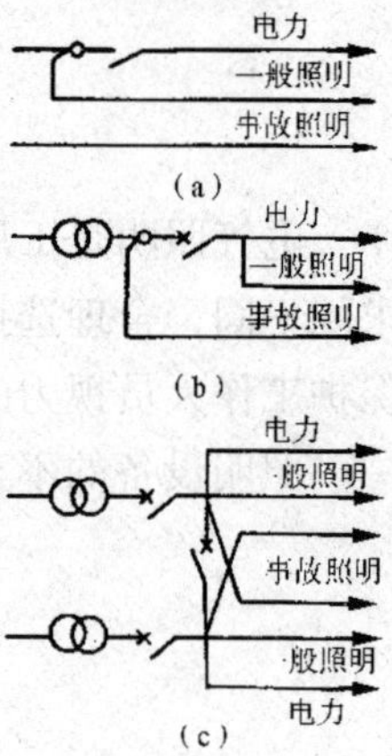

图 5-1 事故照明供电方式

第二节 照明光源选择与接线

一、照明光源的选择

电气照明的光源应根据照明要求和使用场所的特点来选择，一般应遵循以下原则：

(1) 对开关频繁，或因频闪效应影响视觉效果的需要防止电线波干扰的场所，应采用白炽灯或卤钨灯。

(2) 对颜色的区别要求较高的场所，宜采用白炽灯、卤钨灯或日光色荧光灯。

(3) 对震动较大的场所，宜采用荧光高压汞灯或高压汞灯。

(4) 对需大面积照明的场所，宜采用金属卤钨灯、高压钠灯或长弧氙灯。

(5) 对于一种光源不能满足需求的场所，宜采用两种或两种以上的光源进行混合照明。

(6) 对于功率较小的室内和局部照明可采用节电型的高频供电的荧光灯或冷光束卤钨灯。

为了便于比较，现将常用的几种光源列表说明其优缺点及适用场合，供选用时参考。见表 5-1 和表 5-2。

表 5-1 常用光源的功率、效率及寿命

光源名称	功率范围/W	发光效率/(lm/W)	平均寿命/h
白炽灯	15~1 000	7~16	1 000
碘钨灯	50~2 000	14~21	1 500
荧光灯	20~100	40~60	3 000~5 000
高压水银灯(镇流器式)	50~1 000	35~50	5 000
高压水银灯(自镇流式)	50~1 000	22~30	3 000
氙灯	1 500~20 000	20~37	1 000
钠铊铟灯	400~1 000	60~80	2 000

表 5-2　　常用光源的优缺点及适用场所

光源名称	优点	缺点	适用场所
白炽灯	结构，使用方便价格便宜	发光效率低，寿命短	适用于照度要求较低，开关次数频繁的室内外场所
碘钨灯	效率较高，光色好，寿命较长	灯座温度高，安装严格，偏角≤40°，价格贵	适用于照明要求较高，悬挂高度较高的室内外照明
荧光灯	发光效率高，寿命长，光色好，灯体温度低	灯光照度高、需镇流器等附属设备，有射频干扰	适用于照明要求较高，需辨别色彩的室内照明
荧光灯（电子镇流器式）	发光效率高，寿命长，光色好，灯体温度低	采用电子元件制作镇流器，产品可靠性稍差	适用于照明要求较高，需辨别色彩的室内照明
高压水银灯	效率高，寿命长，耐震动	功率因数较低，启动时间长，价格较贵	适用于悬挂高度较高的大面积室内外照明
氙灯	功率大，光色好，亮度高	价格贵，需镇流器和触发器	适用于广场、建筑工地、体育馆等照明
钠铊铟灯	效率高，亮度大，体积小，重量轻	价格贵，需镇流器和触发器	适用于工厂、车间、广场、车站、码头等照明

二、白炽灯及荧光灯的电路分析

在众多的照明光源中，白炽灯和荧光灯是日常生活当中最为常见的光源，因而，应该是从事电工作业的人员最为熟悉和了解的基本光源，现分别对这两种光源作较具体的分析讨论。

（一）白炽灯

白炽灯结构简单，适用于一般工矿企业、机关学校和家庭作普通照明，其最大光效在 19 lm/W（流明/瓦）左右、平均寿命 1 000 h。缺点是发光效率低，灯泡表面温度高。优点是显色指数高，大于95，线路简单，使用方便，功率因数高，便于光学控制，做成可调光源（如调光台灯）等。

适当地选择灯泡的耐压、功率，配用合适的电源、可用作安全行灯，信号指示、装饰光源等用途。

普通白炽灯的规格如表 5-3 所示。

表 5-3　　不同功率等级的白炽灯的规格

灯泡型号	功率/W	电压/V	光通量/lm	灯头型号	直径/mm	全长/mm
PZ220—15	15	220	110	E27/B22	61	110
PZ220—25	25	220	220	E27/B22	61	110
PZ220—40	40	220	350	E27/B22	61	110
PZ220—60	60	220	630	E27/B22	61	110
PZ220—100	100	220	1250	E27/B22	61	110
PZ220—150	150	220	2090	E27/B22	81	166
PZ220—200	200	220	2920	E27/B22	81	166
PZ220—300	300	220	4610	E40	111	240
PZ220—500	500	220	8300	E40	111	240
JZ36—40	40	36	445	E27	61	110
JZ36—60	60	36	770	E27	61	110
JZ36—100	100	36	1420	E27	61	110

根据白炽灯的发光原理，可以构成如图 5-2 最简单的灯具控制电路，也可以构成图 5-3 所示的光学控制电路即无级调光电路。

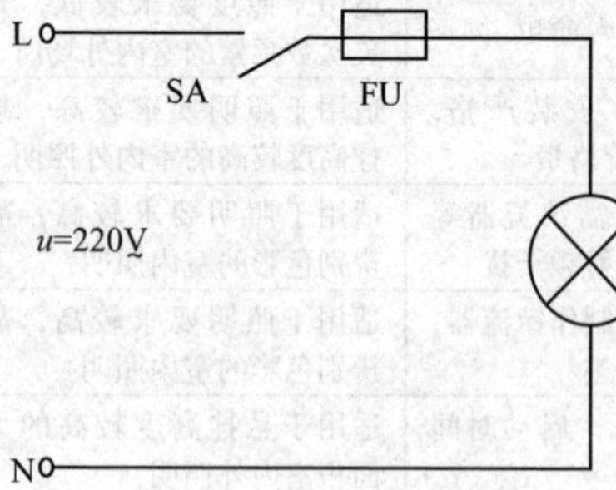

图 5-2　灯具控制电路

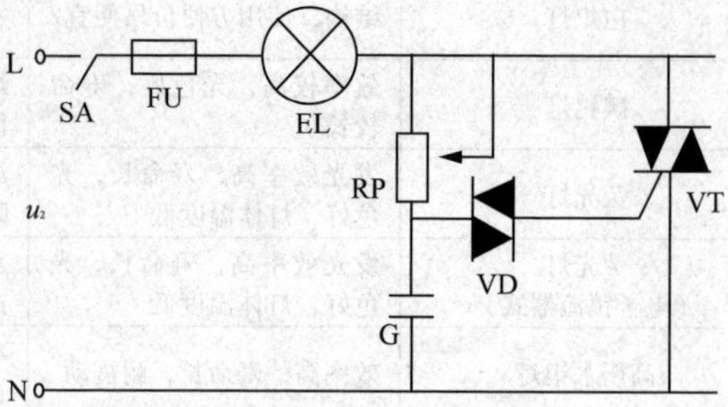

图 5-3　无级调光电路

（二）荧光灯

荧光灯是一种最常用的低气压放电灯，低压汞气电离后，产生很强的短波辐射，使灯管内壁上涂的荧光粉受到激励而发光，显色指数一般在 0~80，光效 60 lm/W 左右。优点是发光效率高、寿命长，缺点是需辅助设备，初始费用较高。

随着电子技术的迅猛发展，近年来，采用电子镇流器的荧光灯得到了大量的使用，它与传统的电感式镇流器荧光灯的工作原理有一定的差别，为方便有关的从业人员的分析和应用，现分别对其作一具体的分析。

1. 电感式镇流器荧光灯电路分析

图 5-4 所示为传统的电感式镇流器荧光灯的电原理图。荧光灯管，镇流器 L_d 和启辉器 S 是构成电路的基本元件，启辉器由一个热开关和一个小电容组成，热开关则由双金属片（U 形触片）和固定电极构成，它封装在充有氖气的玻璃泡内。启辉器在常态下电极间处于断开状态。当接通电源后，由于荧光灯呈现高阻关断状态，故 220 V 的电源电压全部施加到启辉器两端，使启辉器玻璃管内的气体发生电离，电极间产生了电子的飞溅过程，使双金属片受热变形弹开，与固定电极接触使开关接通。在开关接通瞬间，电流构成回路从而有电流流过灯管两端的灯丝，灯丝被加热，灯丝周围的气体被电离从而产生大量的游离气体（电子云）。约 1 s 后，启辉管的双金属片因接通后电离现象消失而冷却重新弹回原处，电流回路被切断，电路中的电流趋向为 0，结果在镇流器两端产生了一个非常高的感应电压 V_L（方向如图 5-4 所示），它与电源电压叠加在一起，瞬间加在灯管的两端，迫使因灯丝加热而部分电离的管内气体被击穿而形成导电回路，至此荧光灯被点燃，管内汞蒸气被源源不断的电子流激发电离而产生波长 $\lambda=253.7$ nm 的紫外线，被荧光灯管壁上的荧光粉吸收，转换为光色柔和的可见光辐射出来。

荧光灯开始工作后，镇流器起着降压和限制电流的作用，由于镇流器和灯管是呈串联状态的，其分压作用使得灯管两端电压远低于 220 V（例如 40 W 灯管的端电压为 108 V 左右，而镇流器两端电压为 165 V 左右），而因灯管的电压较低使得并联于它两端的启辉器因启辉电压不足而处于相对的静止状态，不至于影响灯管的正常工作。

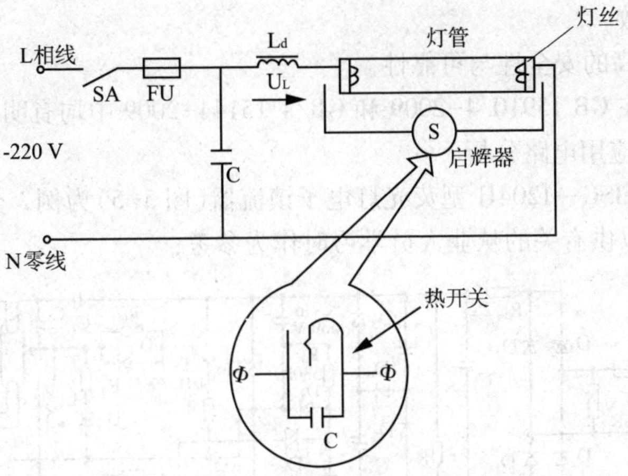

图 5-4　电感式镇流器日光灯电原理图

图中的电容器 C 是为了提高灯管的功率因数而设置的。由于电感式镇流器的引入，灯管电路的功率因数只有 0.4 左右，接入电容器后，电感 L_d 的无功电流可由电容器 C 提供，所以电路的功率因数可大为提高，一般可提高到 0.9 以上，应用中可根据不同的灯管功率，配用不同容量的电容器，例如：20 W 的灯管，配用 2.5 μF 的电容，30 W 的灯管，配用 3.5 μF 的电容，40 W 的灯管，配用 4.75 μF 的电容。

启辉器内的小电容为 0.01 μF、400 V 的纸介质电容，其作用可抑制灯管电路产生的射频干扰，从而减少对无线电接收设备的影响。

2. 电子式镇流器荧光灯

① 电子式镇流器荧光灯概述

传统的电感式镇流器有着可靠性高，寿命长的优点，但也有着重量大、功耗高、有噪声和使荧光灯产生频闪的缺点，特别是在电压较低的用电环境中，其难以启动甚至不能启动的缺点就尤为突出。随着电子技术的发展与成熟，能够弥补上述缺点的电子式镇流器在近年来得到了大量的使用。

② 电子镇流器的优点

与传统的电感式镇流器相比，电子镇流器具有如下优点：

a. 节电效果显著，其节电特征主要表现在：增加光输出，提高灯光效率；自身功耗低；具有高功率因数。

b. 体积小、重量轻、无闪烁、无噪声。

c. 能实现低电压启动。

③ 对电子镇流器的基本要求

当荧光灯与电子镇流器配套工作时，为保证荧光灯能正常点燃，对灯管的性能不造成损害，电子镇流器须具备以下主要功能：

a. 能提供荧光灯一个足够高的启动电压。

b. 为防止冷启动而使灯管两端早期发黑而缩短其使用寿命，在灯启动之前，电子镇流器必须对灯管的灯丝进行不少于 0.4 s 的预热时间。

c. 灯管点燃后，能给灯管提供一个大小合适且稳定的工作电流。

d. 必须将电流谐波含量控制在标准规定的范围内，以防止对电源造成严重污染，且应有较高的功率因数。

e. 必须具有较高的安全性与可靠性。

以上基本要求在 GB 15910. 4-2009 和 GB/T 15144-2009 中均有明确的规定。

④ 电子镇流器应用电路分析

下面以典型的 TISC—1204H 型荧光灯电子镇流器(图 5-5)为例，分析其电路环节的组成及其工作原理，以供有关的从业人员学习时作为参考：

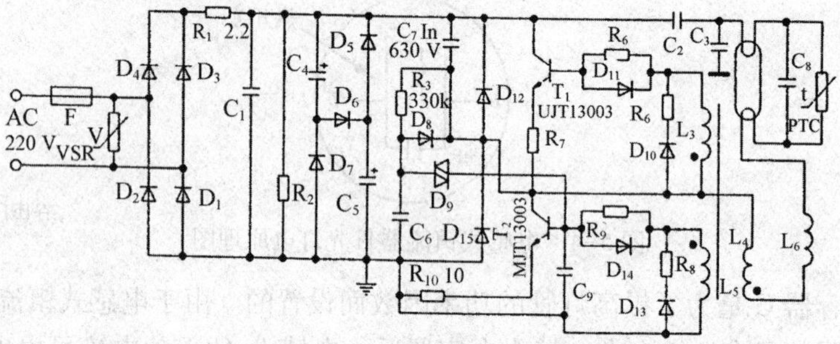

图 5-5　TISC—1204H 型电子镇流器原理图

该型电子镇流器电路如附图所示，由整流滤波电路、启动电路、高频自激振荡电路、灯管谐振电路及过压保护电路等组成。下面结合电路图 5-5 对镇流器的组成及工作原理进行分析：

a. 电源电路

由 $D_1 \sim D_4$ 整流后，由 C_4、C_5、$D_5 \sim D_7$ 组成功率因数校正电路，在每一个单周期内，将交流输入电压高于直流输出电压的时间拉长，可使整流过零的死区时间缩短，使电路的功率因数提高到 0.9 以上。

b. 启动电路

主要由 C_6、C_7、R_3、D_9 等元件组成。220 V 直流电压经 C_7、R_3 对 C_6 充电，当 C_6 两端电压充到 D_9 的转折电压后，触发二极管 D_9 导通，C_6 经 D_9 向三极管 T_2 基极放电，使 T_2 导通后迅速达到饱和导通状态。

c. 高频自激振电路

由 T_1、T_2、C_2、C_8、L_3、L_4、L_5、L_6 等主要元件组成。当 T_2 导通、T_1 截止时电压向 C_2、C_8 充电。流经高频变压器初级线圈 L_4 中的充电电流逐渐增大，当 L_4 中电流增大到一定程度时，变压器的磁心达到饱和。C_2 上电荷不再增大，流过 L_4 的电流开始减小。这时，次级线圈 L_3、L_5 的电压极性发生倒相变化，使 L_5 中感生的电动势方向为上负下正，L_3 中感生的电动势方向为上正下负，这样就迫使 T_2 由导通变为截止，T_1 由截止变为导通。C_2 开始放电，当放电电流增大到一定程度时，变压器磁心又发生饱和，使次级线圈 L_3、L_5 的电压极性又发生变化，L_3 上的感生电动势的方向为上负下正；L_5 上的感生电动势的方向为上正下负。这又迫使 T_2 由截止变为导通，T_1 由导通变为截止。这样，T_1、T_2 在高频变压器控制下周而复始地工作，形成高频振荡，使荧光灯得到高频交流电供电。

d. 灯管谐振电路

为了满足启动点亮灯管所需的电压，电路设置了主要由 C_8、L_6 等元件组成的串联谐振电路。

即使市电电压较低，只要振荡电路起振，仍能启动荧光灯。本电路若市电电压低到 90 V，荧光灯仍能正常启动。灯管启动后，其内阻急剧下降，该内阻并联于 C_8 两端，使 L_6、C_8 串联谐振 Q 值大为下降，处于失谐状态，故 C_8 两端的电压下降为正常工作电压，维持灯管稳定地发光。当灯管点燃后，L_6 起到镇流作用。

e. 过压保护电路

振荡电路过压保护由 C_7、D_{12}、D_{15} 组成。当三极管由导通转为截止时，电感 L_6 上电压与电源电压叠加将会使三极管击穿烧毁，电容器 C_7 是为电感 L_6 提供通路，防止 L_6 上的电流突然中断而产生过高的电压。D_{12}、D_{15} 的作用是分别防止反峰电压击穿 T_1、T_2。

市电过压保护电路主要由压敏电阻 VSR 及保险丝 F 组成。压敏电阻 VSR(10K471)，其标称电压为 470 V，当 VSR 两端低于 470 V 电压时，其阻抗接近于开路状态。而当 VSR 两端电压高于 470 V 时，其阻抗由高阻状态变为低阻状态，电流剧增，熔断保险丝，从而起到保护后电路的作用。

f. 其他元件的作用

D_{11}、D_{14}(FR105)为高速开关二极管，可改善驱动电路的开关特性，并有助于提高 T_1、T_2 可靠性。R_7、R_{10} 为负反馈电阻，用于三极管 T_1、T_2 的过流保护。R_1 为过流保护作用。D_{10}、D_{13} 为钳位二极管，可将 T_1、T_2 基极电压控制在安全范围之内。C_1、C_3 作用是吸收高频脉冲尖峰电压。当振荡电路停振后 R_2 为 C_4、C_5 是电压提供放电回路。

PTC(321P)为正温度系数的热敏电阻，是灯丝热启动元件，在室温下阻值约 240 Ω，在启动时，使灯丝流过较大的预热电流。由于电流热效应，在一定时间内(大于 0.4 s)发生阶跃式正跳变，其电阻值急剧上升，达到 10 MΩ 以上。这样当灯管启动后，PTC 对灯管电路几乎不起作用，此时灯丝电流通过 C_8 构成回路，使灯丝获得正常的工作电流，从而达到延长灯管的使用寿命。

D_8 为 C_6 提供放电回路。当 T_2 导通后，则不需要它激励了，因两只三极管 T_1、T_2 正常工作方式是轮流导通的，当 T_1 导通时，T_2 应处于截止状态，若此时启动电路仍在工作，将会使 T_2 导通。这样将会使两只三极管“共同导通”而立即烧毁。为了阻止启动电路在三极管 T_1 导通以后继续对 T_2 产生激励信号，因此对 C_6 设置放电电路。其放电回路由 D_8、T_2 构成，当 T_2 导通时，C_6 上的电荷通过 D_8、T_2、R_{10} 泄放；当 T_2 截止、T_1 导通时，C_6 充电，在未达到触发二极管转折电压之前，T2 即导通。所以正常工作时，C6 两端电压很低，实测在 0.7~2.0 V 之间，不会再次使触发二极管 D_9 导通，从而使启动电路在灯管点亮后不致再起作用，不干扰振荡电路正常工作。

（三）故障检修

在路电阻测量(本书用 MF—47 型万用表)

(1) 用万用表 R×10k 挡，黑笔接地，红笔测 C_6 对地阻值约为 330 kΩ；而红笔接地，黑笔测则先充电然后再慢慢接近无穷大处，说明 D_9、C_6、R_3、T_2 都正常。

(2) 对于双向触发二极管开路情况，用电阻法不能准确判断其好坏。此时应拆下双向触发二极管用下列方法进一步判断。将双向二极管与万用表交流电压 250 V 挡串联后测市电电压，若测得的电压比市电电压低 30 V 左右，然后将双向二极管两脚颠倒后再测，仍为上述结果，则说明 D_9 是好的。

(3) 用 R×1k 挡测 D_{12} 两端正、反向电阻，若正向为 5.5 kΩ，反向为无穷大，则 T_2、

C_7、D_{12} 基本正常。

小结：对于20 W电子镇流器，C_7 电容器损坏率占30%，T_1、T_2 损坏率占50%，其主要原因是 C_7 的耐压不够高或性能不良造成。当三极管 T_2 由饱和导通转为截止时，C_2 两端的电压与 L_6 上感生电动势加上 C_7 两端，使 C_7 击穿。当 C_7 损坏后，T_2 管由饱和导通转为截止。电感 L_6 的感生动势与电源电压加在 T_2(c−e)两端，导致 T_2(c−e)击穿。因此，当 C_7 损坏后，T必然损坏，然后导致其他元件损坏。因此，C_7 应选用高品质高耐压的电容器。

国产直管荧光灯的基本数据如表5-4所示：

表5-4　国产直管荧光灯的基本数据

<table>
<tr><th rowspan="2">型　号</th><th rowspan="2">额定功率/W</th><th colspan="2">灯管尺寸/mm</th><th rowspan="2">灯管工作电压/V</th><th rowspan="2">灯管工作电流/A</th><th rowspan="2">预　热电流/A</th><th rowspan="2">额定光通量/lm</th><th rowspan="2">额定(寿命)/h</th></tr>
<tr><th>直　径</th><th>总长度</th></tr>
<tr><td>RR—6</td><td rowspan="2">6</td><td rowspan="2">15±1</td><td rowspan="2">226.6</td><td rowspan="2">50±6</td><td rowspan="2">0.14</td><td rowspan="2">0.2</td><td>210</td><td rowspan="6">3 000</td></tr>
<tr><td>RL—6</td><td>230</td></tr>
<tr><td>RR—8</td><td rowspan="2">8</td><td rowspan="2">15±1</td><td rowspan="2">301.6</td><td rowspan="2">60±6</td><td rowspan="2">0.16</td><td rowspan="2">0.22</td><td>325</td></tr>
<tr><td>RL—8</td><td>360</td></tr>
<tr><td>RR—10</td><td rowspan="2">10</td><td rowspan="2">25±1.5</td><td rowspan="2">344.6</td><td rowspan="2">45±5</td><td rowspan="2">0.25</td><td rowspan="2">0.35</td><td>410</td></tr>
<tr><td>RL—10</td><td>450</td></tr>
<tr><td>RR—15S</td><td rowspan="2">15</td><td rowspan="2">25±1.5</td><td rowspan="2">450.6</td><td rowspan="2">58+6−8</td><td rowspan="2">0.30</td><td rowspan="2">0.5</td><td>665</td><td rowspan="2">5 000</td></tr>
<tr><td>RL—15S</td><td>730</td></tr>
<tr><td>RR—15</td><td rowspan="2">15</td><td rowspan="2">38±2</td><td rowspan="2">603.6</td><td rowspan="2">50±6</td><td rowspan="2">0.33</td><td rowspan="2">0.5</td><td>580</td><td rowspan="10">5 000</td></tr>
<tr><td>RL—15</td><td>635</td></tr>
<tr><td>RR—20</td><td rowspan="2">20</td><td rowspan="2">38±2</td><td rowspan="2">603.6</td><td rowspan="2">60±6</td><td rowspan="2">0.35</td><td rowspan="2">0.5</td><td>930</td></tr>
<tr><td>RL—20</td><td>1 000</td></tr>
<tr><td>RR—30S</td><td rowspan="2">30</td><td rowspan="2">25±1.5</td><td rowspan="2">908.6</td><td rowspan="2">96+12−10</td><td rowspan="2">0.36</td><td rowspan="2">0.56</td><td>700</td></tr>
<tr><td>RL—30S</td><td>1 860</td></tr>
<tr><td>RR—30</td><td rowspan="2">30</td><td rowspan="2">88±2</td><td rowspan="2">908.6</td><td rowspan="2">81+12−10</td><td rowspan="2">0.405</td><td rowspan="2">0.62</td><td>1 550</td></tr>
<tr><td>RL—30</td><td>1 700</td></tr>
<tr><td>RR—40</td><td rowspan="2">40</td><td rowspan="2">38±2</td><td rowspan="2">1 213.6</td><td rowspan="2">108+11−10</td><td rowspan="2">0.41</td><td rowspan="2">0.65</td><td>2 400</td></tr>
<tr><td>RL—40</td><td>2 640</td></tr>
<tr><td>RR—100</td><td rowspan="2">100</td><td rowspan="2">38±2</td><td rowspan="2">1 213.6</td><td rowspan="2">92±11</td><td rowspan="2">1.5</td><td rowspan="2">1.8</td><td>5 500</td><td rowspan="2">3 000</td></tr>
<tr><td>RL—100</td><td>6 100</td></tr>
</table>

（四）照明灯具的接线

（1）白炽灯常用控制线路如表5-5所示：

表 5-5　　　　　　　　　　　　　　白炽灯常用控制电路

电路名称和用途	接　线　图	说　明
1 只单连开关控制 1 盏灯	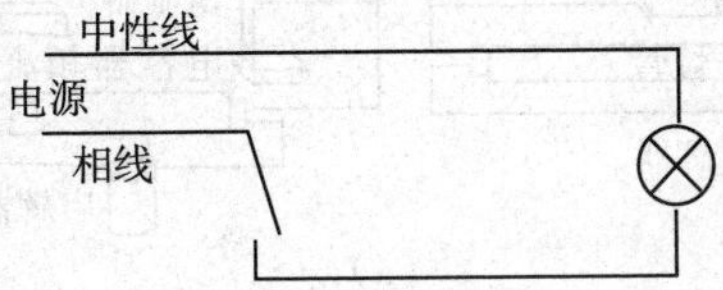	开关应安装在相线上修理安全
1 只单连开关控制 1 盏灯并与插座连接	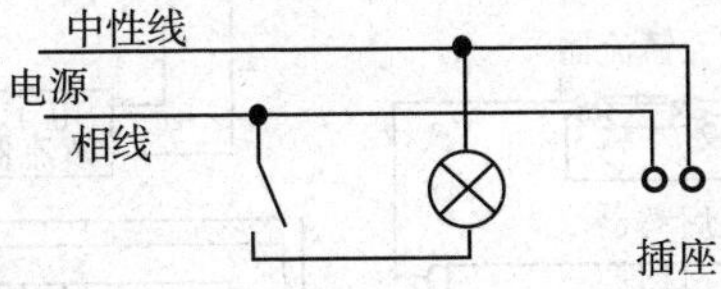	比下面电路用线少，但由于电路上有接头，日久易松动，会增高电阻而产生高热，有引起火灾等危险，且接头工艺复杂
	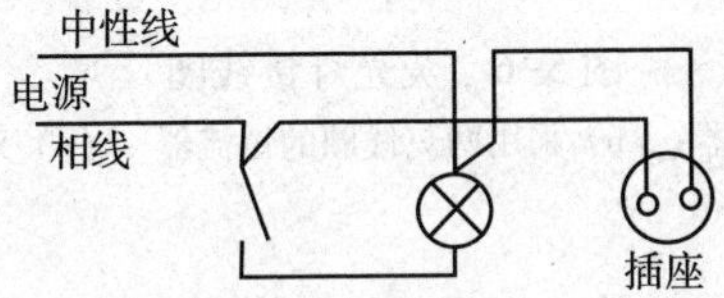	电路中无接头，较安全，但比上面电路用线多
1 只单连开关控制 2 盏灯（或多盏灯）	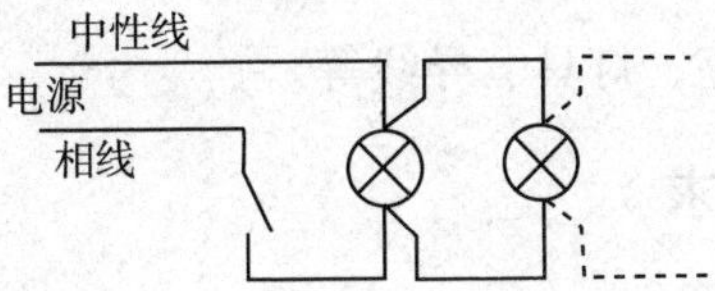	1 只单连开关控制多盏灯时，可如在左图中所示虚线接线，但应注意开关的容量是否允许
2 只单连开关分别控制 2 盏灯	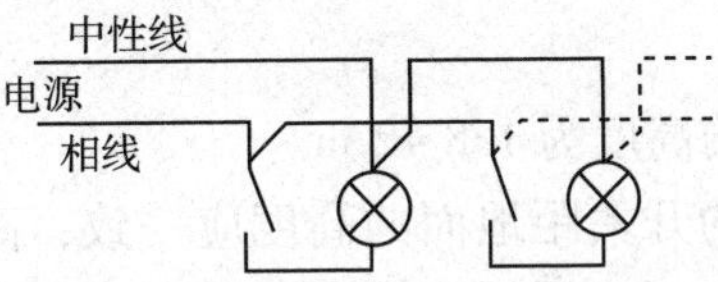	多只单连开关控制多盏灯时，可如左图所示虚线接线
2 只双连开关在两个地方控制 1 盏灯	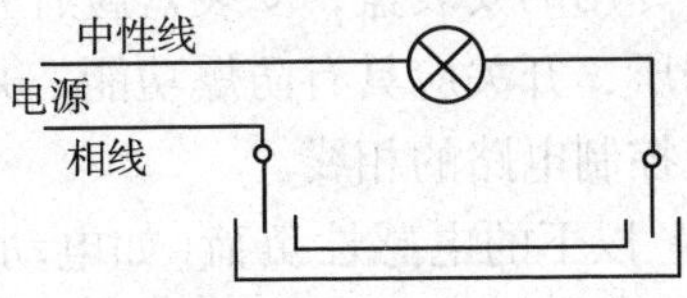	用于两地需同时控制时，如楼梯、走廊中电灯，需在两地能同时控制等场合
两只 110 V 相同功率灯泡串联	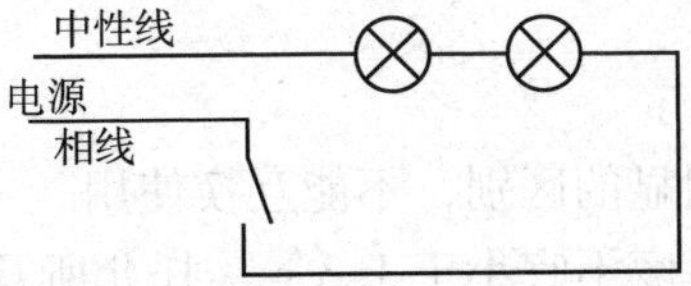	注意两只灯泡功率必须一样，否则小功率灯泡会烧坏

（2）荧光灯具的接线如图 5-6 所示：

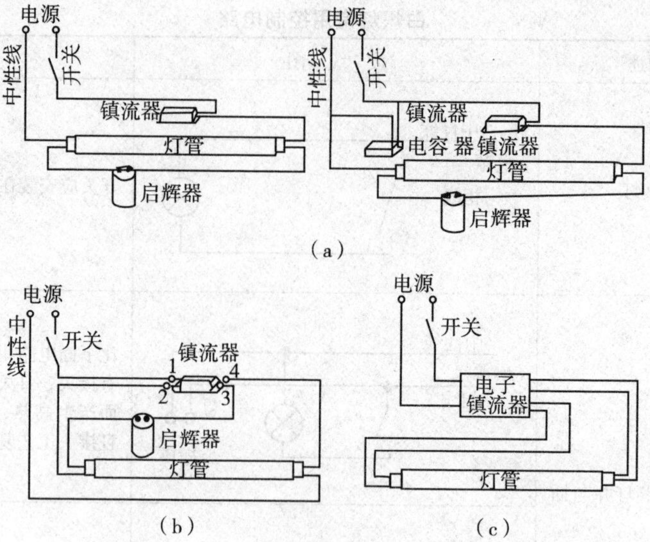

图 5-6　荧光灯接线图

(a) 采用一般镇流器；(b) 采用两只线圈的镇流器；(c) 采用电子镇流器

第三节　照明设备的安装

照明设备包括：开关、插座、灯具、导线等。

一、照明开关的安装要求

(1) 扳把开关(墙边开关)距离地面的高度宜为 1.3 m，距门框宜为 0.15~0.2 m。

(2) 拉线开关距离地面高度宜为 2~3 m，距门框宜为 0.15~0.2 m，且拉线出口应垂直向下。

(3) 分路总开关距离地面的高度为 1.8~2 m。

(4) 并列安装的相同型号的开关距地面的高度应一致，高度差不应大于 1 mm，同一室内开关高度差不应大于 5 mm，并列安装的拉线开关的相邻距离不宜小于 20 mm。

(5) 暗装的开关及插座应有专用的安装盒，安装盒应有完整的盖板。

(6) 在易燃、易爆和特殊场所，开关应具有防爆功能，并采用其他相应的安全措施。

(7) 接线时，所有开关均应控制电路的相线。

(8) 当电器的容量在 0.5 kW 以下的电感性负荷(如电动机)或 2 kW 以下的电阻性负荷(如白炽灯灯泡、电炉等)时，允许采用插销代替开关。

二、插座的安装要求

(1) 不同电压的插座应有明显的区别，不能互换使用。

(2) 在一般场所，距地面高度不宜小于 1.3 m；托儿所及小学不宜小于 1.8 m。

(3) 车间及实验室的插座安装高度不宜小于 0.3 m，特殊场所暗装的插座不小于 0.15 m。

(4) 并列安装的同一型号的插座高度差不宜大于 1 mm，同一场所安装的插座高度差不宜大于 5 mm。

(5) 单相两孔插座，面对插座的右孔或上孔与相线(L)连线，左孔或下孔与零线相接。单相三孔插座面对插座的右孔与相线(L)相接，左孔与(N)零线相接。

(6) 单相三孔，三相四孔插座的接地线(PE)或接零线(N)均应接在上孔。插座的接地部(PE)不应与零线端子(N)直接连接。

三、灯具的安装要求

(1) 室内一般的灯具距离地面的高度不应少于 2 m，如吊灯灯具位于桌面上方等人碰不到的地方，允许高度不少于 1.5 m，在潮湿、危险场所不应少于 2.5 m。

(2) 室外灯具距离地面高度一般不应少于 3 m，如装在墙上，允许降低为 2.5 m。

(3) 灯具低于上述高度，又无安全措施的场所，应采用 36 V 以下的特低电压。

(4) 1 kg 以下的灯具可采用软导线自身吊装，吊线盒及灯头两端应做防拉脱结扣；1~3 kg 的灯具应采用吊链或吊管安装，3 kg 以上的灯具应采用吊管安装。

(5) 螺口灯头的安装，在灯泡装上后，灯泡的金属螺口不能外露，且应接在零线上。

(6) 灯具不带电金属件、金属吊管和吊链应采取接零(或接地)的措施。

(7) 每一照明支路上配线容量不得大于 2 kW。

第四节 导线的选择

一、导线截面的选择

根据国标 GB 50054—2011 的有关规定，导线截面的选择，主要由以下几个方面考虑：

(1) 按线路计算电流并根据导线的敷设环境和敷设方式，选择导线的型号和截面；

(2) 根据所选择导线的截面以及负荷电流，校验线路电压损失是否符合要求；

(3) 对导体敷设动稳定与热稳定的校验；

(4) 导体最小截面应满足机械强度的要求。

工程中，固定敷设的导线最小芯线截面应符合表 5-6 规定。

表 5-6　固定敷设的导线最小芯线截面

敷设方式	最小芯线截面/mm^2	
	铜芯	铝芯
裸导线敷设于绝缘子上	10	10
绝缘导线敷设于绝缘子上：		
室内　$L \leq 2$ m	1.0	2.5
室外　$L \leq 2$ m	1.5	2.5
室内外　2 m $\leq L \leq$ 6 m	2.5	4
2 m $< L \leq$ 16 m	4	6
16 m $< L \leq$ 25 m	6	10
绝缘导线穿管敷设	1.0	2.5
绝缘导线槽板敷设	1.0	2.5
绝缘导线线槽敷设	0.75	2.5
塑料绝缘护套导线扎头直敷	1.0	2.5

注：L 为绝缘子支持点间距。

在三相四线制配电系统中，中性线(N 线)的允许载流量不应小于线路中最大不平衡负荷电流，且应计入谐波电流的影响。

当保护线(PE 线)所用材质与相线相同时，PE 线最小截面应符合表 5-7 的规定。

表 5-7　**PE 线最小截面**

相线芯线截面 S/mm^2	PE 线最小截面 S/mm^2
$S \leqslant 16$	S
$16 < S \leqslant 35$	16
$S > 35$	$S/2$

注：当采用此表若得出非标准截面时，应选用与之最接近的标准截面导体。

选择导线时还必须考虑导线的最高允许工作温度，导线通电的工作制(如长期固定负荷运行，变负荷运行和间断运行等)及环境温度等。

在照明电路中，导线的规格选择要考虑载流量、电压损失和机械强度。根据机械强度要求，绝缘导线芯线的最小截面积应不小于表 5-8 中的规定值。室内灯具灯头使用的导线最小芯线面积，民用建筑中的铜线不得小于 0.5 mm^2，铝线不得小于 1.5 mm^2；工业建筑中的铜线不得小于 0.8 mm^2，铁路线不得小于 2.5 mm^2。如表 5-8 所示。

表 5-8　**照明灯导线的最小芯线截面**

用途或敷设方式		最小芯线截面/mm^2	
		铜芯	铝　芯
灯头引下线		1.0	2.5
架设在绝缘支持上的导线，支持间距 L/m	室内 $L \leqslant 2$	1.0	2.5
	室外 $L \leqslant 2$	1.5	2.5
	$2 < L \leqslant 6$	2.5	4
	$6 < L \leqslant 15$	4	6
	$15 < L \leqslant 25$	6	10
穿管敷设		1.0	2.5
槽板、护套线、扎头明敷		1.0	2.5
线槽		1.0	2.5

二、导线颜色的选择

在 GB 50303—2002 中，对导线颜色的选择也有相应规定，具体见表 5-9。

表 5-9　**成套装置中导线颜色的规定**

电　　路	颜　　色
交流三相电路的 1 相(L_1)	黄色
交流三相电路的 2 相(L_2)	绿色
交流三相电路的 3 相(L_3)	红色
零线或中性线	淡蓝色
安全用的接地线	黄和绿双色

在 GB 7947—2010 中规定：

(1) 绿/黄双色的使用。

绿/黄双色只用来标记保护导体，不能用于其他目的。

(2) 淡蓝色的使用。

淡蓝色只用于中性线或是中间线。电路中包括有用颜色来识别的中性线或中间线时，所用的颜色必须为淡蓝色。在这里要强调一点，设备的内部布线一般推荐黑色线，因此不能把黑色线作为接地线。在直流电路中导线极性的颜色也有相应规定，具体见表 5-10 所示。

表 5-10　　直流电路导线颜色的规定

电路	颜色
直流电路的正极	棕色
直流电路的负极	蓝色
接地中间线	淡蓝色

单相三芯电缆或护套线的芯线颜色分别为棕色、浅蓝色和黄绿色，其中：棕色代表相线(L)，浅蓝代表零线(N)，黄绿双色线为保护线(PE)。

第五节　照明电路故障的检修

照明电路的常见故障主要有断路、短路和漏电三种。

一、断路

产生断路的原因主要是熔断、线头松脱、断线、开关没有接通、铝线接头腐蚀等。

如果一个灯泡不亮而其他灯泡都亮，应首先检查是否灯丝烧断。若灯丝未断，则应检查开关和灯头是否接触不良、有无断线等。为了尽快查出故障点可用试电笔测灯座(灯口)的两极是否有电，若两极都不亮说明相线断路；若两极都亮(带灯泡测试)，说明中性线(零线)断线；若一极亮一极不亮，说明灯丝未接通。对于日光灯来说，还应对其启辉器进行检查。

如果几盏电灯都不亮，应首先检查总保险是否熔断或总闸是否接通。也可按上述方法用试电笔判断故障点在总相线还是总零线上。

二、短路

造成短路的原因大致有以下几种：

(1) 用电器具接线不好，以至接头碰在一起。

(2) 灯座或开关进水，螺口灯头内部松动或灯座顶芯歪斜，造成内部短路。

(3) 导线绝缘外皮损坏或老化损坏，并在零线和相线的绝缘处碰线。

发生短路故障时，会出现打火现象，并引起短路保护动作(熔丝烧断)。当发现短路打火或熔断时，应先查出发生短路的原因，找出短路故障点，并进行处理后再更换保险丝，恢复送电。

三、漏电

相线绝缘损坏而接地、用电设备内部绝缘损坏使外壳带电等原因，均会造成漏电。漏电不但造成电力浪费，还可能造成人身触电伤亡事故。

漏电保护装置一般采用漏电开关。当漏电电流超过整定电流值时，漏电保护器动作，切断电路。若发现漏电保护器动作，则应查出漏电接地点并进行绝缘处理后再通电。

照明线路的接地点多发生在穿墙部位和靠近墙壁或天花板等部位。查找接地点时，应注意查找这些部位。

漏电查找方法：

（1）首先判断是否确实漏电。可用绝缘电阻表摇测，看其绝缘电阻值的大小，或在被检查建筑物的总刀闸上接一只电流表，接通全部电灯开关，取下所有灯泡，进行仔细观察。若电流表指针摇动，则说明漏电。指针偏转的多少，取决于电流表的灵敏度和漏电电流的大小。若偏转多则说明漏电大。确定漏电后可按下一步继续进行检查。

（2）判断是火线与零线之间的漏电，还是相线与大地间的漏电，或者是两者兼而有之。以接入电流表检查为例子，切断零线，观察电流的变化：电流表指示不变，是相线与大地之间漏电；电流表指示为零，是相线与零线之间的漏电；电流表指示变小但不为零，则表明相线与零线、相线与大地之间均有漏电。

（3）确定漏电范围。取下分路熔断器或拉下开关刀闸，电流表若不变化，则表明是总线漏电；电流表指示为零，则表明是分路漏电；电流表指示变小但不为零，则表明总线与分路均有漏电。

（4）找出漏电点。按前面介绍的方法确定漏电的分路或线段后，依次拉断该线路灯具的开关，当拉断某一开关时，电流表指针回零或变小，若回零则是这一分支线漏电，若变小则除该分支漏电外还有其他漏电处；若所有灯具开关都拉断后，电流表指针仍不变，则说明是该段干线漏电。

依照上述方法依次把故障范围缩小到一个较短线段或小范围之后，便可进一步检查该段线路的接头，以及电线宽余墙处等有否漏电情况。当找到漏电点后，应及时妥善处理。

习题五

一、判断题

1. 民用住宅严禁装设床头开关。
2. 吊灯安装在桌子上方时，与桌子的垂直距离不少于 1.5 m。
3. 螺口灯头的台灯应采用三孔插座。
4. 路灯的各回路应有保护，每一灯具宜设单独熔断器。
5. 幼儿园及小学等儿童活动场所插座安装高度不宜小于 1.8 m。
6. 特殊场所暗装的插座安装高度不小于 1.5 m。
7. 用电笔验电时，应赤脚站立，保证与大地有良好的接触。
8. 验电器在使用前必须确认良好。
9. 在没有用验电器验电前，线路应视为有电。
10. 低压验电器可以验出 500 V 以下的电压。
11. 漏电开关跳闸后，允许采用分路停电再送电的方式检查线路。
12. 当拉下总开关后，线路即视为无电。
13. 用电笔检查时，电笔发光就说明线路一定有电。
14. 为安全起见，更换熔断器时，最好断开负载。
15. 接了漏电开关之后，设备外壳就不需要再接地或接零了。
16. 漏电开关只有在有人触电时才会动作。
17. 可以用相线碰地线的方法检查地线是否接地良好。
18. 在带电维修线路时，应站在绝缘垫上。
19. 当接通灯泡后，零线上就有电流，人体就不能再触摸零线了。

二、填空题

20. 一般照明的电源优先选用__________ V。
21. 在易燃易爆场所使用的照明灯具应采用__________灯具。
22. 对颜色有较高区别要求的场所，宜采用__________。
23. 事故照明一般采用__________。
24. 墙边开关安装时距离地面的高度为__________ m。
25. 螺口灯头的螺纹应与__________相接。

三、单选题

26. 下列说法中，不正确的是(　)。

A. 白炽灯属热辐射光源

B. 日光灯点亮后，镇流器起降压限流作用

C. 对于开关频繁的场所应采用白炽灯照明

D. 高压水银灯的电压比较高，所以称为高压水银灯

27. 下列说法中，不正确的是(　)。

A. 当灯具达不到最小高度时，应采用 24 V 以下电压

B. 电子镇流器的功率因数高于电感式镇流器

C. 事故照明不允许和其他照明共用同一线路

D. 日光灯的电子镇流器可使日光灯获得高频交流电

28. 下列说法中，正确的是(　)。

A. 为了有明显区别，并列安装的同型号开关应不同高度，错落有致

B. 为了安全可靠，所有开关均应同时控制相线和零线

C. 不同电压的插座应有明显区别

D. 危险场所室内的吊灯与地面距离不少于 3 m

29. 碘钨灯属于(　)光源。

A. 气体放电　　B. 电弧　　C. 热辐射

30. 下列灯具中功率因数最高的是(　)。

A. 白炽灯　　B. 节能灯　　C. 日光灯

31. 电感式日光灯镇流器的内部是(　)。

A. 电子电路　　B. 线圈　　C. 振荡电路

32. 日光灯属于(　)光源。

A. 气体放电　　B. 热辐射　　C. 生物放电

33. 为提高功率因数，40 W 的灯管应配用(　)μF 的电容。

A. 2.5　　B. 3.5　　C. 4.75

34. 在电路中，开关应控制(　)。

A. 零线　　B. 相线　　C. 地线

35. 单相三孔插座的上孔接(　)。

A. 零线　　B. 相线　　C. 地线

36. 相线应接在螺口灯头的(　)。

A. 中心端子　　B. 螺纹端子　　C. 外壳

37. 暗装的开关及插座应有(　)。

A. 明显标志　　B. 盖板　　C. 警示标志

38. 落地插座应具有牢固可靠的(　)。

A. 标志牌　　B. 保护盖板　　C. 开关

39. 照明系统中的每一单相回路上，灯具与插座的数量不宜超过(　)个。

A. 20　　B. 25　　C. 30

40. 当一个熔断器保护一只灯时，熔断器应串联在开关(　)

A. 前　　B. 后　　C. 中

41. 每一照明(包括风扇)支路总容量一般不大于(　)kW。

A. 2　　B. 3　　C. 4

42. 对于夜间影响飞机或车辆通行的，在建机械设备上安装的红色信号灯，其电源设在总开关(　)。

A. 前侧　　B. 后侧　　C. 左侧

43. 当空气开关动作后，用手触摸其外壳，发现开关外壳较热，则动作的可能是(　)。

A. 短路　　B. 过载　　C. 欠压

44. 在检查插座时，电笔在插座的两个孔均不亮，首先判断是(　)。

A. 短路　　B. 相线断线　　C. 零线断线

45. 线路单相短路是指(　)。

A. 功率太大　　B. 电流太大　　C. 零火线直接接通

46. 导线接头连接不紧密，会造成接头(　)。

A. 发热　　B. 绝缘不够　　C. 不导电

47. 下列现象中，可判定是接触不良的是(　)。

A. 日光灯启动困难　　B. 灯泡忽明忽暗　　C. 灯泡不亮

48. 更换和检修用电设备时，最好的安全措施是(　)。

A. 切断电源　　B. 站在凳子上操作　　C. 戴橡皮手套操作

49. 合上电源开关，熔丝立即烧断，则线路(　)。

A. 短路　　B. 漏电　　C. 电压太高

50. 一般照明线路中，无电的依据是(　)。

A. 用摇表测量　　B. 用电笔验电　　C. 用电流表测量

51. 图示的电路中，

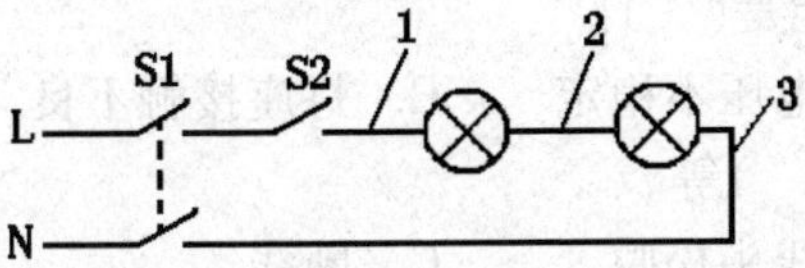

在开关 S1 和 S2 都合上后，可触摸的是(　)。

A. 第 2 段　　B. 第 3 段　　C. 无

52. 如图，

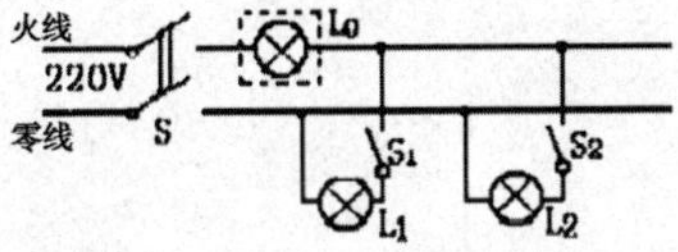

在保险丝处接入一个“220V 40W”的灯泡 L0，当只闭合 S、S1 时 L0 和 L1 都呈暗红色，由此可以确定(　)。

A. L1 支路接线正确　　B. L1 灯头短路　　C. L1 支路有漏电

四、多选题

53. 照明种类分为(　)。

A. 局部照明　　B. 内部照明　　C. 工作照明　　D. 事故照明

54. 一般场所移动式局部照明用的电源可用(　)V。

A. 36　　B. 24　　C. 12　　D. 220

55. 对大面积照明的场所，宜采用(　)照明。

A. 白炽灯　　B. 金属卤钨灯　　C. 高压钠灯　　D. 长弧氙灯具

56. 当灯具的安装高度低于规范要求又无安全措施时，应采用(　)V 的电压。

A. 220　　B. 36　　C. 24　　D. 12

57. 可采用一个开关控制 2~3 盏灯的场合有(　)。

A. 餐厅　　B. 厨房　　C. 车间　　D. 宾馆

58. 照明分路总开关距离地面的高度可以是(　)m 为宜。

A. 1.5　　B. 1.8　　C. 2　　D. 2.5

59. 单相两孔插座安装时，面对插座的(　)接相线。

A. 左孔　　B. 右孔　　C. 上孔　　D. 下孔

60. 屋内照明线路每一分路应(　)。

A. 不超过 15 具　　B. 不超过 25 具

C. 总容量不超过 5 kW　　D. 总容量不超过 3 kW

61. 照明电路常见的故障有(　)。

A. 断路　　B. 短路　　C. 漏电　　D. 起火

62. 熔断器熔断，可能是(　)。

A. 漏电　　B. 短路　　C. 过载　　D. 熔体接触不良

63. 短路的原因可能有(　)。

A. 导线绝缘损坏　　B. 设备内绝缘损坏

C. 设备或开关进水　　D. 导线接头故障

64. 漏电开关一闭合就跳开，可能是(　)。

A. 过载　　B. 漏电　　C. 零线重复接地　　D. 漏电开关损坏

65. 灯泡忽亮忽暗，可能是(　)。

A. 电压太低　　B. 电压不稳定　　C. 灯座接触不良　　D. 线路接触不良

66. 线路断路的原因有(　)等。

A. 熔丝熔断　　B. 线头松脱　　C. 断线　　D. 开关未接通

五、简答题

67. 电光源根据工作原理可分为哪几类?

68. 日光灯的电子镇流器的优点有哪些?

第六章 电力线路

电力用户要求从电网中得到合乎质量要求的电能，因此电力线路的运行必须安全、可靠。电力线路的安全性和可靠性是电力系统管理的一个重要指标，它涉及电力线路的设计、施工的质量以及运行管理水平。

第一节 电力线路概述

现代生产和现代生活，都离不开电力，现代化的电力系统由发电厂(火电厂、水电厂、核电厂、风力发电厂、潮汐发电厂等)、电力网(包括变电站、送配电电力线路、电力调度系统等)和电力用户组成。电力系统的容量及覆盖范围不断扩大，送电电压不断提高，送电距离越来越远。另一方面，现代电力用户对供电的质量要求也越来越高，如果电能质量不合乎要求或突然停电，造成的损失对用户来说，是难以接受甚至是灾难性的。在电力系统的事故中，电力线路的故障占有相当大的比例。

一、电力线路的分类

按照电力线路的敷设方式可以分为架空线路和电缆线路；根据线路的电压等级以及用户对象分为送电线路和配电线路，如超高压送电线路(通常是指发电厂与枢纽变电站之间或多个枢纽变电站之间的电压为 220 kV 及以上的线路)、高压配电线路(35 kV、110 kV)、中压配电线路(6 kV、10 kV)和低压配电线路(220 V/380 V)；根据输送电流的性质分直流送电线路和交流送电线路，目前我国直流超高压输电线路最高的电压等级是 500 kV；根据用电的性质可分为动力线路和照明线路。电力线路在不同的行业或不同的领域还有多种划分，这里不作详细分类。

二、电力线路在电力系统中涉及的范围

电力线路是联结发电厂和用户之间的一个中间环节，它分布地域广，架空电力线路和电力电缆线路无处不在。电力线路的电压几乎包含了电力系统中的所有电压等级。因此，电力线路在电力系统中是举足轻重的。

三、电力线路安全运行的重要性

电力系统中的送电线路一般都有可靠的继电保护，然而由于人为事故或自然灾害，以及设计和施工的缺陷等原因，送电线路的故障是难免的，2008 年华南地区电力线路覆冰灾害记忆犹新。送电线路故障及其事故扩大，导致电力系统崩溃，造成超大面积停电的灾

难，在国内外均有发生。

配电线路把电能直供到用户，线路的安全涉及面更广，特别是低压线路，安全事故往往造成停电、火灾或人员伤亡，重大经济损失或不良的政治影响等，也是屡见不鲜。

四、电力线路的安全性和可靠性

电力线路在电网中的重要位置如上所述，其安全性和可靠性如何保证？可从以下几个方面考虑：

1. 电力线路的施工

电力线路的施工要严格执行有关质量验收规范，无故偏离原设计或施工中偷工减料，都是不允许的。

2. 电力线路的运行管理

电力网的运行管理本身是一项复杂的系统工程，电力行业在电力线路的管理方面有成熟的规章制度，而且有关部门不断更新和充实现有规范和标准，关键是这些规章制度的落实和执行。

3. 电力线路的防护

电力线路多数是室外架设(架空线)或地下敷设(电力电缆)，常受所在地段的不定因素的影响，如线路与周边树木的距离过小、移动式吊机刮断电线、野蛮施工掘断电缆等现象经常出现。电力线路的防护也是有规范和规章制度可循的，关键还是这些规章制度的执行和落实。

4. 电力线路从业人员素质的提高

从业人员的素质包括其技术水平和职业道德，持证上岗的电工或持有相应的技术等级证书者，不能滥竽充数，要求相应的培训单位和考核部门把好关。另外，有关单位应经常对职工进行电工职业道德教育。

第二节　架空电力线路

架空电力线路的定义，有资料认为是指挡距超过 25 m，利用电杆塔敷设的高、低压电力线路。但从广义来说，凡导线在绝缘子上固定架空敷设的电力线路，都可称之为架空电力线路，街码敷设的低压配电线路其挡距不一定超过 25 m，也归入架空线路，在广州地区用街码敷设的 220 V/380 V 低压架空配电线路还相当普遍。

由于架空线路造价低，施工方便和便于检修，广泛用于电力线路，在我国，超高压送电线路基本上是架空敷设。

架空电力线路主要由杆塔、导线、绝缘子、横担和线路金具等组成。

一、架空线路的杆塔

电杆(塔)是架空线路的重要组成部分，电杆按材质分为木电杆、水泥杆和金属杆三种，高压和超高压线路由于其导线线径大，线路跨越地域地形相对复杂，多用铁塔架设。电杆按其在线路中的作用和位置，分为直线杆、耐张杆、转角杆、终端杆、跨越杆和分支杆。

电杆的施工主要是电杆基础开挖和电杆的组立。电杆基础的作用是防止电杆受力上拔、下压、倒杆和塔塌，因此电杆坑和拉线坑的深度偏差是架空线路施工质量检查和验收的主控项目。电杆的组立除了不超过规范要求的偏差外，在组立的过程中注意安全是非常重要的。

横担一般是水平安装，其最大倾斜度不应超过横担长度的1%。各种杆型的横担，在断线情况下，允许有偏移，图 6-1 是线路横担安装方向图。

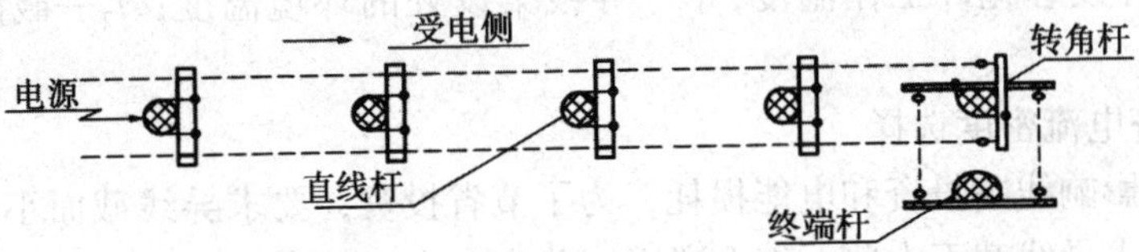

图 6-1　横担安装方向图

二、导线

导线是架空电力线路的主体，担负着输送电能的责任。由于架空线路主要是在户外架设，高压线路通常又是采用裸导线，容易受大自然的影响，如风力、气温变化、覆冰和有害气体腐蚀等，所以导线的选择除了要考虑其导电性能外，机械强度和耐腐蚀性也很重要。电力线路的材质有铜、铝和钢。铜的导电性最好，机械强度也高；铝的机械强度较差，耐腐蚀性也不好，但导电性较好；钢的机械强度高，但导电性能较差，且容易锈蚀，表面要镀锌，钢绞线不作导电线使用，只用于高压电力线路的架空地线或电杆的拉线。

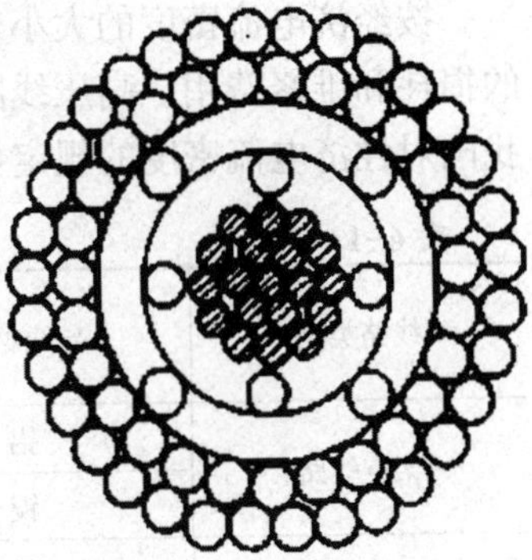
图 6-2　扩径钢芯铝绞线

裸导线按结构可分为单股线、多股绞线。绞线有铝绞线、铜绞线和钢芯铝绞线。图 6-2 是扩径钢芯铝绞线。

铝绞线(U)一般由 7 股或 19 股铝线绞制而成，其电阻率较铜稍高，重量轻，对风雨有较强的抵抗力，但抗化学腐蚀能力较差，机械强度小。由于成本低，施工方便，故多用于 10 kV 及以下线路上，如工厂的 10 kV 进线和厂区 220 V/380 V 架空线。为了提高铝绞线的机械强度，在绞线中心加入钢芯，构成钢芯铝绞线(代号 LGJ)，它广泛用于高压架空电力线路中。220 V/280 V 低压架空线路通常采用绝缘电线或电缆。

三、架空导线的选择

1. 导线材料的选择

当前我国用作导电线的材料主要是铜和铝两种，改革开放前由于我国铜资源问题，曾强调以铝代铜，随着国际环境和国内形势的变化，选择导线的材料应该以经济技术综合指标来考虑，不必再强调以铝代铜。

2. 导线截面的选择

为了保证送配电电能的质量，同时减少工程费用，要合理选择导线的截面，主要有：

① 按持续工作电流选择。

$$I_j \leqslant I_e$$

式中：I_j 为线路的持续工作电流；I_e 为所选导线截面载流量，可以从产品样本中查出。还需根据产品样本中给出的导线截面载流量对应的温度，线芯允许工作温度，以及导线架设处的环境温度来进行修正。修正系数如下：

$$K=\sqrt{\frac{t_1-t_0}{t_1-t_2}}$$

式中：t_1—导体线芯允许工作温度；t_0—导线架设处的环境温度；t_2—截面载流量对应的温度。

② 按经济电流密度选择。

导线截面影响线路投资和电能损耗，为了节省投资，要求导线截面小些；但为了降低电能损耗，要求导线截面大些。综合考虑，确定一个比较合理的导线截面，称为经济截面积，与其对应的电流密度称为经济电流密度。

按经济电流密度的大小来选择导线，直接影响到线路的投资、有色金属的消耗、电能的损耗和维修费用。高压线路和电流较大的低压线路应按经济电流密度选择导线截面积。我国对经济电流密度的规定如表 6-1 所示。

表 6-1　经济电流密度

单位：A/mm²

线路类别	导线材料	最大年利用小时/h		
		3 000 以下	3 000~5 000	5 000 以上
架空线路	铝	1.65	1.15	0.9
	铜	3.00	2.25	1.75
电缆线路	铝	1.92	1.73	1.54
	铜	2.5	2.25	2.0

导线截面积计算公式：

$$S = I_J/j$$

式中：S 为经济截面(mm²)；I_j 为计算电流(A)；j 为经济电流密度(A/mm²)。

③ 线路允许电压降校核。

负荷电流在线路上要产生电压降，称为线路电压损失，用 ΔU 表示。

用电设备端子处电压允许偏差值如下：电动机为±5%；一般工作场所照明为±5%。

根据国家标准《电能质量　供电电压偏差》(GB/T 12325—2008)规定，35 kV 及以上供电电压正、负偏差绝对值之和不超过标称电压的 10%。30 kV 及以下三相供电电压偏差为标称电压的±7%。220 V 单相供电电压偏差为标称电压的+7%，-10%。

根据选定了的导线截面，要校验线路电压损失是否在允许范围内。

④ 满足机械强度要求。

有些负荷不大的线路，虽然选择很小截面就可以满足允许工作电流和电压降的要求，但为了保证架空电力线路通过不同地区的安全，还是要校验是否满足导线最小截面的要求。各种架空线路的最小截面见表 6-2。

表 6-2 架空线路导线最小截面 单位：mm^2

导线种类	高压		低压
	居民区	非居民区	
铝绞线、铝合金线	35	25	16
钢芯铝绞线	25	25	16
铜线	16	16	6

注：跨越通车街道的铜线最小为 10 mm^2。

另外，PE 线所用材质与相线相同时，PE 线最小截面按表 6-3 选择。

表 6-3 PE 线最小截面选择 单位：mm^2

相线芯线截面	PE 线最小截面
$S\leq 16$	S
$16<S\leq 35$	16
$S>35$	5/2

四、导线的架设

架空电力线路的架设放线，导线的弧垂是质量验收的主控项目之一，其允许偏差为设计弧垂值的±5%，导线间最大弧垂值偏差 50 mm。架设的导线应无断股、扭绞和死弯，与绝缘子固定可靠，金具的规格应与导线的规格相适配。

导线架设时，线路的相序排列应统一，对于高压线路，面向负荷从左侧起，导线相序是：L_1、L_2、L_3；低压线路面向负荷，从左侧起，L_1、N、L_2、L_3，中性线(N)应靠近电杆，如沿建筑物架设，应靠近建筑物。广州地区街码敷线可以垂直排列，自上至下其相序排列是：L_1、L_2、L_3、N。施工现场临时用电，同一横担上导线的相序排列，面向负荷从左起是：L_1、N、L_2、L_3、PE。

以下列出规范中架空线路有关部分的间距：

(1) 架空线路的挡距，一般采用表 6-4 所列数值。

表 6-4 架空线路的挡距 单位：m

地区	电压等级		
	高压	低压	
		横担水平布线	街码垂直布线
城镇	40~50	40~50	8~12
郊区	60~100	40~60	15~25

(2) 架空线路的导线对地面最小距离，应不小于表 6-5 所列数值。

(3) 架空线路导线在最大风偏时，与街道绿化树木间的距离不应小于表 6-6 所列数值。

表 6-5　导线与地面的最小距离　单位：m

线路经过地区的特点	线路电压		
	高压	低压	
		横担水平布线	街码布线
居民区	6.5	6.0	6.0
非居民区	5.5	5.0	5.0
居民密度很小，交通困难的地区	4.5	4.0	4.0
步行可以到达的山坡	4.5	3.0	3.0
沿人行道旁边(骑楼柱)或小街横巷架设	—		3.0(特殊情况不应小于 2.5m)

表 6-6　导线与地面的最小距离　单位：m

最大弧垂时的垂直距离		最大风偏时的水平距离	
高压	低压	高压	低压
1.5	1.0	2.0	1.0

(4) 架空线路导线间的最小间距，可参考表 6-7 所列数值，并考虑登杆的需要，靠电杆的两根导线间的距离不应小于 0.5 m。

表 6-7　架空线路导线间最小距离　单位：m

线路挡距			<10	15	25	30	40	50	60	70	80	90	100
高压(各种排列)			0.6	0.6	0.6	0.6	0.6	0.65	0.70	0.76	0.8	0.9	1.0
低压	横担水平排列		0.3	0.3	0.3	0.35	0.35	0.40	0.45	0.7	—	—	—
	铁街码	沿墙装设	1.0	1.0	—	—	—	—	—	—	—	—	—
		电杆装设	1.0	1.0	1.0	—	—	—	—	—	—	—	—

(5) 低压架空线路，不应妨碍门窗开闭。当导线通过门窗上、下方时，导线与门窗的最小距离不应小于表 6-8 的规定。

表 6-8　低压架空线路与门窗的最小距离　单位：m

分类	导线的排列方式	
	横担水平排列	街码布线
导线通过门窗上方时的垂直距离	6.5	0.15
导线通过门窗下方时的垂直距离	0.7	0.5
导线平行通过门窗前方的水平距离	1.0	0.7

五、接户线

由配电线路至建筑物第一个支持点之间的一段架空导线，称为接户线。低压进户装置由进户杆、接户线、进户线及支持物(保护管，横担，瓷瓶)等组成。

由于进户装置邻近用户，人员碰触机会多，接户线除要求使用绝缘线外，更应严格遵照安全距离装设。见图 6-3。

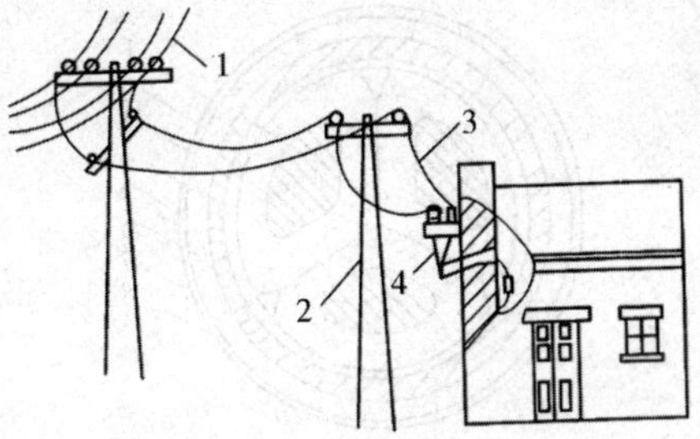

图 6-3 接户线示意图

(1) 接户线对地距离应不小于下列数值：6~10 kV 接户线 4.5 m；低压接户线 2.75 m，跨越通车街道 6 m；通车困难道路、人行道 3.5 m。

(2) 接户线的长度，高压不应大于 25 m，低压不应大于 15 m。

(3) 进户线的进户管口与接户线之间的垂直距离，一般应不超过 0.5 m；低压进户线管口对地距离应不小于 2.7 m；高压一般应不小于 4.5 m。

第三节 电力电缆线路

电力电缆用于电力系统的电力输送和配电。城市高大建筑群和居民密集的环境，不适合架设架空电力线路，特别是高压架空线路，要在城区架设是受到一定限制的。同样，在一些不允许架设送配电架空线路的地段，敷设电力电缆就能解决这个问题。

一、电力电缆线路在供电安全方面的优缺点

电力电缆线路的优点：

(1) 电力电缆线路一般在地下敷设，基本不受地面建筑物的影响，不需大走廊，占地少。

(2) 基本上不受气候和环境影响，可靠性高。

(3) 维护工作量小，维护费用低，安全性好。

(4) 电力电缆线路有利于防雷，也有利于提高电力系统的功率因数。

(5) 可用于架空线路难以通过的地段，如跨海峡送电。

电力电缆线路的缺点：

(1) 与架空线路相比，工程造价高。

(2) 故障点寻找麻烦。

(3) 线路分支困难。

(4) 电缆终端头和中间接头施工要求高。

二、电力电缆结构和型号

电力电缆由导电线芯、绝缘层和保护层三个主要部分组成，其截面结构如图 6-4 所示。

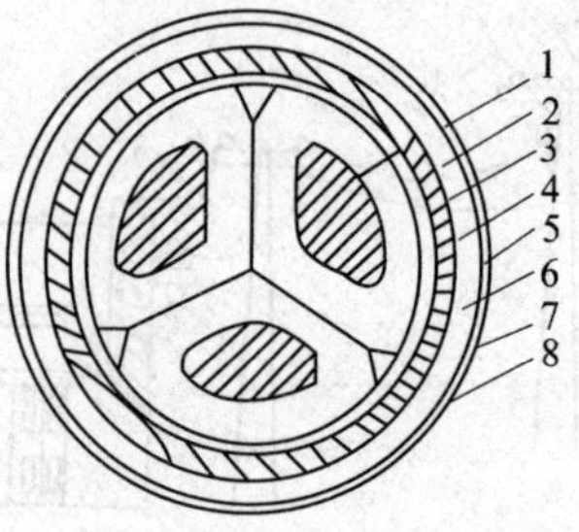

图 6-4　三芯电缆横截面

1——导线；2——相绝缘；3——带绝缘；4——金属护套；
5——内衬垫；6——填料；7——绝缘层；8——外被层

1. 导电线芯

导电线芯是用来输送电流的，必须具有高的导电性、一定的抗拉强度和伸长率等。电力电缆的导电线芯通常由铜、铝的多股绞线或多股软铜线做成。

2. 绝缘层

绝缘层的作用是将导电线芯对外绝缘的电气隔离，保证电流沿线芯方向传输。绝缘的好坏，直接影响电缆运行的质量。绝缘层材料的绝缘水平，决定了电力电缆的电压等级。

3. 保护层

保护层是为了使电缆适应各种使用环境的要求，在绝缘层外面的保护覆盖层，其主要作用是保护电缆在敷设和运行过程中，免遭机械损伤和各种环境因素，如水、日光、生物、火灾等的破坏，以保持稳定的电气性能。电缆的保护层直接关系到电缆的寿命。保护层分为内层保护层和外层保护层。

内层保护层直接包在绝缘层上，保护绝缘不能与其他物质接触，因此要包得紧密无缝，并具有一定的机械强度，使其能承受在运输和敷设时的机械力。内层保护层有铅包、铝包、橡套和聚氯乙烯等。

外层保护层是用来保护内层保护层的，防止铅包、铝包、橡胶聚氯乙烯等受到外界的机械损伤和腐蚀，在电缆的内层保护层外面包上浸过沥青混合物的黄麻、钢带或钢丝铠装、聚氯乙烯等。没有外层保护层的电缆，如铅包电缆，则用于无机械损伤的场合。

另外，交联电缆还有半导体屏蔽和金属屏蔽，交联电缆结构见图 6-5。

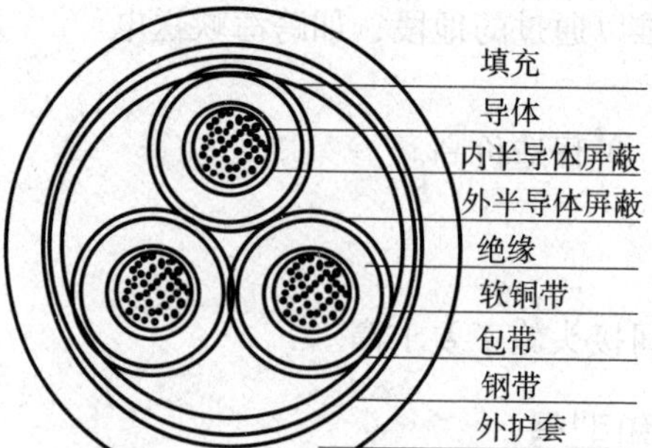

图 6-5　交联电缆结构图

电缆型号表示电缆的结构、使用场合和特征。我国电缆型号字母含义见表 6-9。

表 6-9　　电缆型号字母含义

类别（根据绝缘材料）	导体	内护层	特　征	外护层
V—聚氯乙烯、塑料 X—橡皮 XD—丁基橡皮 Y—聚乙烯 YJ—交联聚乙烯 Z—纸	L—铝 （不注明者为铜）	H—橡套 HF—非燃性橡套 L—铝包 Q—铅包 V—聚氯乙烯护套 Y—聚乙烯护套	CY—充油 D—不滴油 L—分相 G—高压 P—屏蔽	0—相应的裸外护层 1—级防腐麻外护层 2—二级防腐钢带铠装 3—单层细钢丝铠装 4—双层细钢丝铠装 5—单层粗钢丝铠装 6—双层粗钢丝铠装 29—双层钢带铠装外加聚氯乙烯护套 39—细钢丝铠装外加聚氯乙烯护套 59—粗钢丝铠装外加聚氯乙烯护套

三、电力电缆的选择条件

（1）电力电缆的额定电压应等于或大于工作线路的电压。电缆的最高工作电压不得超过其额定电压的15%。

（2）根据电缆的敷设方式、工作环境和使用对象选择电缆的类别和内、外保护层。

（3）电缆截面的选择。

① 按持续允许电流选择。

$$I_j = KI_e$$

式中：I_j 为最大持续工作电流；I_e 为所选电缆截面载流量，可以从产品样本中查出；K 为敷设条件的校正系数。

② 按短路时的热稳定选择。

$$S_{zx} \geqslant I_{\infty} \frac{\sqrt{t_j}}{c}$$

式中：S_{zx} 为短路热稳定要求的最小截面（mm^2）；I_{∞} 为稳态短路电流（A）；t_j 为短路电流假想时间（s）；c 为热稳定系数。

③ 按经济电流密度选择。电缆经济电流密度见表6-10。计算参照架空电力线路。

表 6-10　　电缆经济电流密度

年最大负荷利用小时/h	电缆经济电流密度/（A/ mm^2）	
	铜芯	铝芯
1 000~3 000	2. 5	1. 92
3 000~5 000	2. 25	1. 73
5 000 以上	2. 0	1. 54

（4）按电压损失校验电缆截面是否符合要求。

四、电力电缆的敷设

（1）电力电缆敷设的方式有以下几种：直埋敷设、架空敷设、穿管敷设、沿电缆沟或电缆井敷设、在电缆廊道或电缆夹层敷设、沿电缆桥架敷设、过江或海底敷设等。不同的敷设方式，选择相应的电缆类别和内、外保护层。以下介绍几种电力电缆型号特性及使用范围，见表 6-11。

表 6-11　　几种电力电缆型号特性及使用范围

电缆型号		名　称	主 要 用 途
铜芯	铝芯		
VV	VLV	聚氯乙烯绝缘及护套电力电缆	敷设在室内、廊道、沟及管道中
VV29	VLV29	聚氯乙烯绝缘及护套内钢带铠装电力电缆	敷设在地下，电缆不能承受大的拉力
YJV29	YJLV29	交联聚氯乙烯绝缘及护套内钢带铠装电力电缆	敷设在地下，电缆不能承受大的拉力
YHC		重型橡套电缆	用于 500 V 以下移动式受电设备，能承受较大的机械外力作用
JKLYJ/Q		铝芯轻型交联聚氯乙烯绝缘架空电缆	架空固定

（2）三相四线制系统应采用四芯电力电缆，不应采用三芯电缆另加一根单芯电缆或以导线、电缆金属护套作中性线。并联使用的电力电缆其长度、型号、规格宜相同。单芯交流电力电缆不允许单根穿管敷设，而且当采用紧贴的“品”字形配置时，应每隔 1 m 用绑带扎牢。

（3）直埋电缆的上、下部应铺以不小于 100 mm 厚的软土或沙层，并加盖保护板，其覆盖宽度应超过电缆两侧各 50 mm，保护板可采用混凝土板或砖块。直埋电缆在直线段每隔 50~100 m 处、电缆接头处、转弯处、进入建筑处等，应设置明显的方位标志或标志桩。

（4）为了防止电缆在敷设过程中机械损伤，电缆敷设的最小弯曲半径见表 6-12。

表 6-12　　电缆敷设最小弯曲半径

电缆类型			多芯	单芯
控制电缆			10 D	
橡皮绝缘电力电缆	裸铅包护套		15 D	
	钢铠护套		20 D	
聚氯乙烯绝缘电力电缆			10 D	
交联聚氯乙烯绝缘电力电缆			15 D	10 D
油浸纸绝缘电力电缆	铝包		30 D	
	铅包	有铠装	20 D	
		无铠装	15 D	25 D

（5）电力电缆支持点间的距离应符合设计规定。当设计无规定时，不应大于表 6-13 中的数值。

表 6-13　　电力电缆支持点间的距离

单位：mm

电缆种类	敷 设 方 式	
	水平敷设	垂直敷设
全塑型	400	1 000
除全塑型外的中、低压电缆	800	1 500
35 kV 及以上的高压电缆	1 500	2 000

（6）电缆敷设时应排列整齐，不宜交叉，并应及时装设标志牌。标志牌上应注明编号。

第四节　电力网的并联电容

电网中无功功率是保证电力系统电能质量、电压质量、降低网络损耗及安全运行不可缺少的部分。在电力系统中，由于无功功率不足，将使电力系统电压下降，严重会导致损坏设备，甚至使系统解列。电网无功功率的补偿有多种方法，并联电容器是电力电网中用得最多的无功功率补偿设备。

一、提高功率因数的意义

(1) 充分利用供电设备的容量，使同样的供电设备为更多的电气设备供电。

每个供电设备都有额定的容量，即视在功率 $S = UI$ 。供电设备输出的总功率 S 中，一部分为有功功率 $P = S\cos\varphi$ ，另一部分为无功功率 $Q = S\sin\varphi$ 。$\cos\varphi$ 越小，电路中的有功功率 $P = S\cos\varphi$ 就越小，提高 $\cos\varphi$ 的值，可使同等容量的供电设备向用户提供更多的功率，提高供电设备的能量的利用率。

(2) 减少供电线路上的电压降和能量损耗。

在工业电力用户中，电动机所消耗的电能占工业用电量的 60%～70%。感应电动机、感应电炉和电弧炉、变压器、电焊机、硅整流设备，消耗大量无功功率，电网无功功率的不足，增大了电网的电压损失。

电网电压损失可用下式表示：

$$\Delta U = \frac{PR + QX}{U}$$

式中：ΔU 为电压损失；P 为有功功率；R 为电阻；Q 为无功功率；X 为电抗；U 为线电压。

电压损失由两部分组成，即：PR/U 和 QX/U，可见电压损失与无功功率有很大关系。

在影响 ΔU 的四个因素 P、R、Q、X 中，如果加入容抗为 X_C 的电容来补偿，则电压损失可用下式表示：

$$\Delta U = \frac{PR + Q(X - X_C)}{U},$$

故采用电容补偿提高功率因数后，电压损失 ΔU 减少了，从而改善电压的质量。

二、低压无功功率补偿的实用方法

1. 补偿电容器组与电动机并联

低压电容器组与电动机并联，通过电动机的二次回路，与电动机同时投切。为了防止电动机停机时产生过电压，故补偿容量一般取：

$$Q_C = (0.95 - 0.98)\sqrt{3}U_E I_0$$

式中：Q_C 为补偿电容器容量；U_E 为额定电压；I_0 为电动机空载电流。

2. 补偿电容器组与配电母线并联

将低压电容器组用无功补偿自动投切装置与低压配电母线连接。采用无功补偿自动投切装置较好地跟踪无功负荷的变化，运行方式灵活，运行维护工作量小。这种补偿方式适用于容量在 100 kV · A 以上专用配变用户。电容器组和无功补偿自动投切装置的组合，做成低压配电柜(功率因数自动补偿柜)，电容器组的容量可根据需要查产品样本选择。

近年来，由于微机技术的应用，微电脑功率因数自动控制器已经广泛应用在并联电容补偿，其基本原理框图如图 6-6 所示。

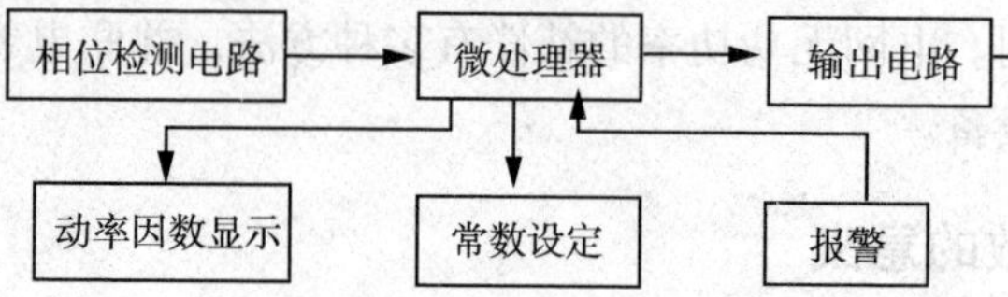

图 6-6　并联电容补偿基本原理

三、并联电容器安全运行

电容器虽然是静止设备，但由于产品自身的缺陷或安装质量问题、运行维护不当等原因，也常常出现异常现象或事故。以下介绍电力电容器应注意的几个安全问题。

(1) 补偿电容要加放电负载。因为电容器切除后仍储存电能，其端电压很高，自行放电需要很长时间，所以要加放电负载。低压电容器通常是用 220 V 灯泡分组接成星形做放电负载。应注意放电负载不能装设熔断器或开关。

(2) 电容器避免日光照射，所以电容器室不需要天然采光。

(3) 电容器组禁止带电荷合闸。电容器每次切除，必须进行放电，电荷全部放完后才能重新合闸，否则会产生过电压和过电流。

(4) 电容器的运行温度、工作电压和工作电流是电容器运行要监视的重要项目。

(5) 并联电容器所接的母线停电后，必须断开电容器组，以免来电时过高电压使电容器组受到冲击。

(6) 运行中发现电容器套管漏油、瓷瓶表面闪烁或内部有异常响声，应及时进行处理。

第五节　电气线路常见故障

电气线路故障可能导致触电、火灾、停电等多种事故。下面对电气线路的常见故障作一简要分析。

一、架空线路和电缆线路故障

1. 架空线路故障

① 导线的短路与损伤。造成导线短路和损伤的原因有：

a. 导线线间距离小，三相导线垂直度不同，遇到大风刮动，容易引发相间相碰短路，并烧伤导线。

b. 树枝、金属物掉落在线路上；吊车作业时误碰线路，也都会造成导线短路和损伤。

c. 受周围环境有害气体的长期腐蚀，有效截面减少。

导线损伤若不是很严重，可酌情采用敷线补修的方法给予处理。

② 导线接头过热。造成导线接头过热的原因有：

a. 导线负荷电流超过导线截面最大允许值。

b. 导线接头施工作业质量不佳。

c. 线路长期遭受风吹雨打，氧化腐蚀日益严重，接头接触电阻变大，影响发热。

发现导线过热，可设法减小负载，继续监视运行，并根据发展情况，安排处理。

2. 电缆线路故障

就现象而言，电缆故障包含机械损伤、铅皮(铝皮)龟裂、胀裂、终端头污染、终端头或中间接头爆炸、绝缘击穿、金属护套腐蚀孔等故障。就原因而言，电缆故障包含外力破坏、化学腐蚀或电腐蚀、雷击、水淹、虫害、施工不妥、维护不当等故障。电缆常见故障和处理方法如下：

① 塑料电缆进水：因为塑料一旦被水侵入后，容易发生绝缘老化现象，特别是当导体温度较高时，导体内的水分引起的渗透老化更为严重。所以在塑料电缆的运输、储存、敷设和运行中都不允许进水。

② 电缆过负荷运行：电缆运行的安全性与其载流量有着密切的关系，过负荷将会使电缆的事故率增加，同时还会缩短电缆的使用寿命。因过负荷所造成的电缆损坏主要是以下几个方面：

a. 造成导线接点的损坏；

b. 加速电缆保护绝缘的老化；

c. 使电缆铅包膨胀，甚至出现龟裂现象，如制造质量差、安装条件不良的电缆长期过负荷下会引起的铅包疲劳、龟裂、胀裂现象；

d. 使电缆终端头受沥青绝缘胶膨胀而胀裂。

③ 受外力损坏：电缆本身的事故，有相当一部分是由于外力机械损坏而引起的，据统计由市政建设管理不严、施工不善等引起的外力机械损坏，约占电缆事故的50%，所以在电缆运输、吊装、穿越建筑物敷设时，要特别注意防止外力的影响。在电缆线路附近施工时，要提示施工工人特别注意这一点，必要时，要采取保护措施。

④ 电缆终端头套管出现污染：主要措施有定期清扫套管，最好是在停电条件下进行彻底清扫；在污秽严重的地区，要对电缆终端头套管涂上防污涂料，或者适当增加套管的绝缘等级。

⑤ 户外终端头进水爆炸：主要是由于因施工和维护不当，造成终端头凝结水凝结在电缆头内，最终导致绝缘受潮击穿，引起爆炸。

⑥ 电缆中间接头爆炸：大多是过负荷引起接头盒内绝缘胶膨胀而胀裂壳体，或是导体连接不良使接头过热而爆炸。

⑦ 对室外型电缆终端头检查有以下几点：

a. 电缆终端头套管有无破裂，引出线的连接线卡子有无发热现象；

b. 电缆终端头内的绝缘胶有无软化、溢出、缺少以及表面有无水分；

c. 电缆终端头各密封部位是否漏油；

d. 接地线是否良好。

二、线路故障原因分析

1. 绝缘损坏

绝缘损坏后依据损坏的程度可能出现以下两种情况：

① 短路。绝缘完全损坏将导致短路。短路时流过线路的电流增大为正常工作电流的数倍到数十倍，而导线发热又与电流的平方成正比，以致发热量急剧增加，短时间即可能起火燃烧。如短路时发生弧光放电，高温电弧可能烧伤邻近的工作人员，也可能直接引起燃烧。此外，在短路状态下，一些裸露导体将带有危险的故障电压，可能给人以致命的电击。

② 漏电。如绝缘未完全损坏，将导致漏电。漏电是电击事故最多见的原因之一。另一方面，漏电处局部发热。局部温度过高可能直接导致起火，亦可能使绝缘进一步损坏，形成短路，由短路引起火灾。此外，如果导体接地，由于接地电流与短路电流相差甚远，虽然线路不致因接地电流产生的热量引燃起火，但接地处的局部发热和电弧可导致起火燃烧。

2. 接触不良

连接部位是电气线路的薄弱环节，如果连接部位接触不良，则接触电阻增大，必然造成连接部位发热增加，乃至产生危险温度，构成引燃源。如连接部位松动，则可能放电打火，构成引燃源。

特别是铜导体与铝导体的连接，如没有采用铜铝过渡段，经过一段时间使用之后，很容易成为引燃源。在潮湿场所或室外铝导体与铜导体不能直接连接，而必须采用铜铝过渡段。

3. 严重过载

过载将使绝缘加速老化。如过载太多或过载时间太长，将造成导线过热，带来引燃危险。此外，过载还会增大线路上的电压损失。过载的主要原因有二：一是使用者私自接用大量用电设备造成过载；二是设计者没有充分考虑发展的需要，裕量留得太小而造成的过载。

4. 断线

断线可能造成接地、混线、短路等多种事故。导线断落在地面或接地导体上可能导致电击事故。导线断开或拉脱时产生的电火花以及架空线路导线摆动、跳动时产生的电火花均可能引燃邻近的可燃物起火燃烧。此外，三相线路断开一相将造成三相设备不对称运行，可能烧坏设备；中性线(工作零线)断开也可能造成负载三相电压不平衡，并烧坏用电设备。

5. 间距不足和防护不善

线路安装中最为多见的问题是间距不足。间距不足可能导致碰撞短路、电击、漏电等事故，妨碍正常操作。间距不足的事故主要是以下三方面原因造成的：一是施工质量差，没有严格地按照规范设计和安装；二是运行维护不当或长时间不维护检修；三是某些人员不顾原有的电气装备，违反规程，冒险施工。

习题六

一、判断题

1. 绝缘材料就是指绝对不导电的材料。

2. 绝缘体被击穿时的电压称为击穿电压。

3. 低压绝缘材料的耐压等级一般为 500 V。

4. 绝缘老化只是一种化学变化。

5. 吸收比是用兆欧表测定的。

6. 在选择导线时必须考虑线路投资，但导线截面积不能太小。

7. 电缆保护层的作用是保护电缆。

8. 水和金属比较，水的导电性能更好。

9. 导线的工作电压应大于其额定电压。

10. 为保证零线安全，三相四线的零线必须加装熔断器。

11. 在断电之后，电动机停转，当电网再次来电，电动机能自行启动的运行方式称为失压保护。

12. 装设过负荷保护的配电线路，其绝缘导线的允许载流量应不小于熔断器额定电流的 1.25 倍。

13. 铜线与铝线在需要时可以直接连接。

14. 电感性负载并联电容器后，电压和电流之间的电角度会减小。

15. 电容器室内应有良好的通风。

16. 电容器的放电负载不能装设熔断器或开关。

17. 并联电容器所接的线停电后，必须断开电容器组。

18. 电容器室内要有良好的天然采光。

19. 屋外电容器一般采用台架安装。

20. 电容器放电的方法就是将其两端用导线连接。

21. 如果电容器运行时，检查发现温度过高，应加强通风。

22. 检查电容器时，只要检查电压是否符合要求即可。

23. 当电容器测量时万用表指针摆动后停止不动，说明电容器短路。

24. 当电容器爆炸时，应立即检查。

二、填空题

25. 三相交流电路中，A 相用____________颜色标记。

26. 根据线路电压等级和用户对象，电力线路可分为配电线路和____________线路。

27. 我们平时称的瓷瓶，在电工专业中称为____________。

28. 在铝绞线中加入钢芯的作用是____________。

29. 低压线路中的零线采用的颜色是____________。

30. 熔断器在电动机的电路中起____________保护作用。

31. 电容量的单位是____________。

32. 电容器功率的单位是____________。

三、单选题

33. 下列说法中，正确的是(　)。

A. 电力线路敷设时严禁采用突然剪断导线的办法松线

B. 为了安全，高压线路通常采用绝缘导线

C. 根据用电性质，电力线路可分为动力线路和配电线路

D. 跨越铁路、公路等的架空绝缘铜导线截面不小于 16 mm^2

34. 下列说法中，不正确的是(　)。

A. 黄绿双色的导线只能用于保护线

B. 按规范要求，穿管绝缘导线用铜芯线时，截面积不得小于 1 mm^2

C. 改革开放前我国强调以铝代铜作导线，以减轻导线的重量

D. 在电压低于额定值的一定比例后能自动断电的称为欠压保护

35. 下列说法中，不正确的是(　)。

A. 熔断器在所有电路中，都能起到过载保护

B. 在我国，超高压送电线路基本上是架空敷设

C. 过载是指线路中的电流大于线路的计算电流或允许载流量

D. 额定电压为 380 V 的熔断器可用在 220 V 的线路中

36. 下列说法中，不正确的是(　)。

A. 导线连接时必须注意做好防腐措施

B. 截面积较小的单股导线平接时可采用铰接法

C. 导线接头的抗拉强度必须与原导线的抗拉强度相同

D. 导线连接后接头与绝缘层的距离越小越好

37. 下列说法中，正确的是(　)。

A. 并联补偿电容器主要用在直流电路中

B. 补偿电容器的容量越大越好

C. 并联电容器有减少电压损失的作用

D. 电容器的容量就是电容量

38. 下列材料不能作为导线使用的是(　)。

A. 铜绞线　　B. 钢绞线　　C. 铝绞线

39. 碳在自然界中有金刚石和石墨两种存在形式，其中石墨是(　)。

A. 绝缘体　　B. 导体　　C. 半导体

40. 绝缘材料的耐热等级为 E 级时，其极限工作温度为(　)℃。

A. 90　　B. 105　　C. 120

41. 运行线路/设备的每伏工作电压应由(　)Ω 的绝缘电阻来计算。

A. 500　　B. 1 000　　C. 200

42. 下列材料中，导电性能最好的是(　)。

A. 铝　　B. 铜　　C. 铁

43. 一般照明场所的线路允许电压损失为额定电压的(　)。

A. ±5%　　B. ±10%　　C. ±15%

44. 保护线(接地或接零线)的颜色按标准应采用(　)。

A. 蓝色　　B. 红色　　C. 黄绿双色

45. 根据《电能质量供电电压允许偏差》规定，10 kV 及以下三相供电电压允许偏差为额定电压的(　)。

A. ±5%　　B. ±7%　　C. ±10%

46. 低压断路器也称为(　)。

A. 闸刀　　B. 总开关　　C. 自动空气开关

47. 更换熔体时，原则上新熔体与旧熔体的规格要(　)。

A. 不同　　B. 相同　　C. 更新

48. 利用交流接触器作欠压保护的原理是当电压不足时，线圈产生的(　)不足，触头分断。

A. 磁力　　B. 涡流　　C. 热量

49. 熔断器在电动机的电路中起(　)保护作用。

A. 过载　　B. 短路　　C. 过载和短路

50. 照明线路熔断器的熔体的额定电流取线路计算电流的(　)倍。

A. 0.9　　B. 1.1　　C. 1.5

51. 熔断器的额定电流(　)电动机的启动电流。

A. 大于　　B. 等于　　C. 小于

52. 在配电线路中，熔断器作过载保护时，熔体的额定电流为不大于导线允许载流量(　)倍。

A. 1.25　　B. 1.1　　C. 0.8

53. 热继电器的整定电流为电动机额定电流的(　)。

A. 100%　　B. 120%　　C. 130%

54. 一台 380 V 7.5 kW 的电动机，装设过载和断相保护，应选(　)。

A. JR16-20/3　　B. JR16-60/3D　　C. JR16-20/3D

55. 导线接头电阻要足够小，与同长度、同截面导线的电阻比不大于(　)。

A. 1　　B. 1.5　　C. 2

56. 导线的中间接头采用铰接时，先在中间互铰(　)圈。

A. 1　　B. 2　　C. 3

57. 导线接头缠绝缘胶布时，后一圈压在前一圈胶布宽度的(　)。

A. 1/3　　B. 1/2　　C. 1

58. 导线接头的机械强度不小于原导线机械强度的(　)。

A. 80%　　B. 90%　　C. 95%

59. 导线接头的绝缘强度应(　)原导线的绝缘强度。

A. 大于　　B. 等于　　C. 小于

60. 导线接头要求应接触紧密和(　)等。

A. 拉不断　　B. 牢固可靠　　C. 不会发热

61. 穿管导线内最多允许(　)个导线接头。

A. 2　　B. 1　　C. 0

62. 并联电力电容器的作用是(　)。

A. 降低功率因数　　B. 提高功率因数　　C. 维持电流

63. 电容器的功率属于(　)。

A. 有功功率　　B. 无功功率　　C. 视在功率

64. 低压电容器的放电负载通常为(　)。

A. 灯泡　　B. 线圈　　C. 互感器

65. 电容器组禁止(　)。

A. 带电合闸　　B. 带电荷合闸　　C. 停电合闸

66. 电容器属于(　)设备。

A. 危险　　B. 运动　　C. 静止

67. 并联电容器的连接应采用(　)连接。

A. 三角形　　B. 星形　　C. 矩形

68. 连接电容器的导线的长期允许电流不应小于电容器额定电流的(　)。

A. 110%　　B. 120%　　C. 130%

69. 1 kW 以上的电容器组采用(　)接成三角形作为放电装置。

A. 电炽灯　　B. 电流互感器　　C. 电压互感器

70. 凡受电容量在 160 kVA 以上的高压供电用户，月平均功率因数标准为(　)。

A. 0.8　　B. 0.85　　C. 0.9

71. 电容器可用万用表(　)挡进行检查。

A. 电压　　B. 电流　　C. 电阻

72. 电容器在用万用表检查时指针摆动后应该(　)。

A. 保持不动　　B. 逐渐回摆　　C. 来回摆动

73. 为了检查可以短时停电，在触及电容器前必须(　)。

A. 充分放电　　B. 长时间停电　　C. 冷却之后

74. 当发现电容器有损伤或缺陷时，应该(　)。

A. 自行修理　　B. 送回修理　　C. 丢弃

75. 电容器测量之前必须(　)。

A. 擦拭干净　　B. 充满电　　C. 充分放电

四、多项选择

76. 架空线路的电杆按材质分为(　)。

A. 木电杆　　B. 金属杆　　C. 硬塑料杆　　D. 水泥杆

77. 以下属于绝缘材料的有(　)。

A. 陶瓷　　B. 硅　　C. 塑料　　D. 橡胶

78. 导线的材料主要有(　)。

A. 银　　B. 铜　　C. 铝　　D. 钢

79. 导线按结构可分为(　)导线。

A. 单股　　B. 双股　　C. 多股　　D. 绝缘

80. 交流电路中的相线可用的颜色有(　)。

A. 蓝色　　B. 红色　　C. 黄色　　D. 绿色

81. 熔断器中熔体的材料一般有(　)。

A. 钢　B. 铜　C. 银　D. 铅锡合金

82. 熔断器选择，主要选择(　)。

A. 熔断器形状　B. 熔断器形式　C. 额定电流　D. 额定电压

83. 熔断器的种类按其结构可分为(　)。

A. 无填料封闭管式　B. 插入式　C. 螺旋式　D. 有填料封闭管式

84. 一般电动机电路上应有(　)保护。

A. 短路　B. 过载　C. 欠压　D. 断相

85. 在电动机电路中具有过载保护的电器有(　)。

A. 熔断器　B. 时间继电器

C. 热继电器　D. 空气开关长延时过流脱扣器

86. 在配电线路中，熔断器仅作短路保护时，熔体的额定电流应不大于(　)。

A. 绝缘导线允许载流量的 2.5 倍　B. 电缆允许载流量的 2.5 倍

C. 穿管绝缘导线允许载流量的 2.5 倍　D. 明敷绝缘导线允许载流量的 1.5 倍

87. 低压配电线路装设熔断器时，不允许装在(　)。

A. 三相四线制系统的零线　B. 无接零要求的单相回路的零线

C. 有接零要求的单相回路的零线　D. 各相线上

88. 导线接头与绝缘层的距离可以是(　)mm。

A. 0　B. 5　C. 10　D. 15

89. 下列属于导线连接的要求的有(　)。

A. 连接紧密　B. 稳定性好　C. 跳线连接　D. 耐腐蚀

90. 严禁在挡距内连接的导线有不同(　)的导线。

A. 金属　B. 时间安装　C. 截面　D. 绞向

91. 提高功率因数的方法有(　)。

A. 减少负载　B. 人工无功补偿　C. 提高自然功率因数　D. 减少用电

92. 并联电力电容器的作用有(　)。

A. 增大电流　B. 改善电压质量　C. 提高功率因数　D. 补偿无功功率

93. 功率因数自动补偿柜主要由(　)组合而成。

A. 避雷器　B. 电容器组　C. 变压器　D. 无功补偿自动投切装置

94. 电力电容器按工作电压分为(　)。

A. 高压　B. 中压　C. 低压　D. 超高压

95. 搬运电容器时，不得(　)。

A. 过分倾斜　B. 侧放　C. 竖放　D. 倒放

五、简答题

96. 电力电缆的敷设方式有哪些？

97. 并联电容器在电力系统中有哪几种补偿方式？

第七章　常用电工测量仪表

专业电工在电气装置安装、调试、运行、检查和维修中经常要测量电流、电压、电能、电阻等运行参数和性能参数，以判断其安全状态。因此，专业电工应掌握基本电气测量原理和技能。

第一节　电工仪表基本知识

一、电工仪表种类

按照工作原理，电工仪表分为磁电式、电磁式、电动式、感应式等仪表。

磁电式仪表由固定的永久磁铁、可转动的线圈及转轴、游丝、指针、机械调零机构等组成。线圈位于永久磁铁的极靴之间。当线圈中流过直流电流时，线圈在永久磁铁的磁场中受力，并带动指针倾斜，指针停留在某一确定位置，刻度盘上给出一相应的读数。机械调零机构用于校正零位误差，在没有测量讯号时借以将仪表指针调到指向零位。磁电式仪表的灵敏度和精确度较高，刻度盘分度均匀。磁电式仪表必须加上整流器才能用于交流测量而过载能力较小。磁电式仪表多用来制作携带式电压表、电流表等表计。

电磁式仪表由固定的线圈、可转动的铁芯及转轴、游丝、指针、机械调零机构等组成。铁芯位于线圈的空腔内。当线圈中流过电流时，线圈产生的磁场使铁芯磁化。铁芯磁化后受到磁场力的作用并带动指针偏转。电磁式仪表过载能力强，可直接用于直流和交流测量。电磁式仪表的精度较低；刻度盘分度不均匀；容易受外磁场干扰，结构上应有抗干扰设计。电磁式仪表常用来制作配电柜用电压表、电流表等表计。

电动式仪表由固定的线圈、可转动的线圈及转轴、游丝、指针、机械调零机构等组成。当两个线圈都流过电流时，可转动线圈受力并带动指针偏转。电动式仪表可直接用于交、直流测量；精度较高。电动式仪表制作电压表或电流表时，刻度盘分度不均匀，结构上也应有抗干扰设计。电动式仪表常用来制作功率表、功率因数表等表计。

感应式仪表由固定的开口电磁铁、永久磁铁、可转动铝盘及转轴、计数器等组成。当电磁铁线圈中流过电流时，铝盘里产生涡流，涡流与磁场相互作用使铝盘受力转动，计数器计数。铝盘转动时切割永久磁铁的磁场产生反作用力矩。感应式仪表用于计量交流电能。

电工仪表的精确度等级分为 0.1、0.2、0.5、1.0、1.5、2.5、4.0 等七级。仪表精确度 $K(\%)$ 用引用相对误差表示，例如，0.5 级仪表的引用相对误差为 0.5%。

按照测量方法，电工仪表主要分为直读式仪表和比较式仪表。前者根据仪表指针所指位置从刻度盘上直接读数，如电流表、万用电表、兆欧表等。后者是将被测量与已知的标准量进行比较来测量，如电桥、接地电阻测量仪等。

若按读数方式可分为指针式、数字式等仪表。按安装方式可分为携带式和固定式仪表。

二、电工仪表常用符号

为了便于了解仪表的性能和使用范围，在仪表的刻度盘上标有一些符号。电工仪表的常用符号见表 7-1。

表 7-1　电工仪表的常用符号

符号	符号内容	符　号	符号内容
	磁电式仪表		精度等级 1.5 级
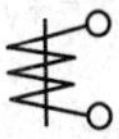	电磁式仪表		外磁场防护等级Ⅲ级
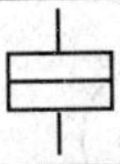	电动式仪表		耐压试验 2 kV
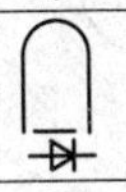	整流磁电式仪表		水平放置使用
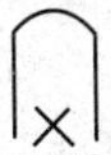	磁电比率式仪表	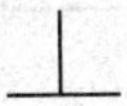	垂直安装使用
	感应式仪表	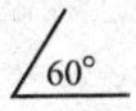	倾斜 60°安装使用

第二节　电流和电压测量

电流和电压测量分别用电流表和电压表作为测量仪表。

一、电流的测量

1. 直流电流的测量

测量直流电流时，电流表应与负载串联在电路中，并注意仪表的极性和量程，如图 7-1 所示。测量直流大电流应配用分流器，如图 7-2 所示。在带有分流器的仪表测量时，应将分流器的电流端钮(外侧二个端钮）串接入电路中，表头由外附定值导线接在分流器的电位端钮上(外附定值导线与仪表、分流器应配套)。

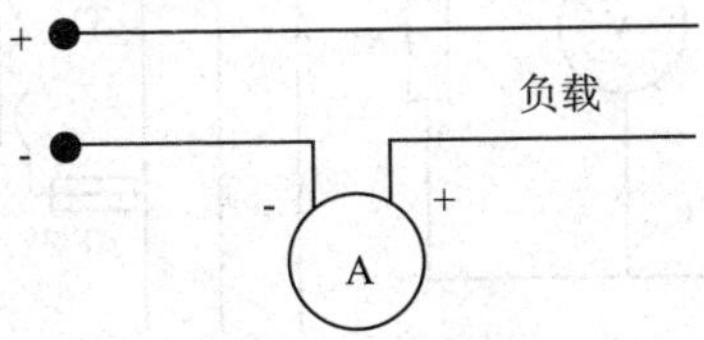

图 7-1　电流表直接接入法

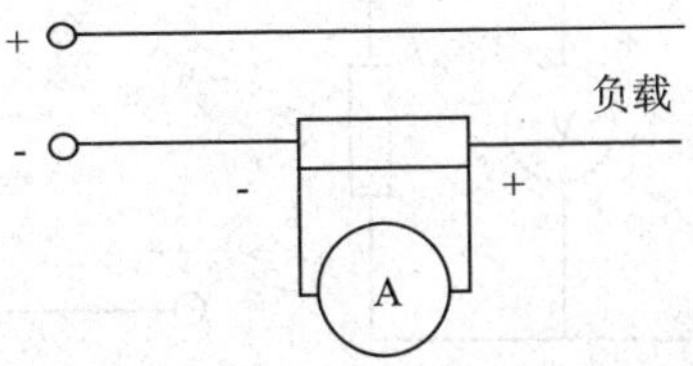

图 7-2　带有分流器的接入法

测量过程中需要注意的是：

① 极性不能接错，要满足电流从电流表的"+"端流入、"-"端流出的要求，如果极性接反，会使电流表的指针反向偏转。

② 要根据被测电流的大小来选择适当的仪表，例如安培表、毫安表或微安表。使被测的电流处于该电表的量程之内，如被测的电流大于所选电流表的最大量程，则电流表会因过载而被烧坏。因此，在测量前应对电流的大小作估计，当不知被测电流的大致数值时，先使用较大量程的电流表试测，然后根据指针偏转的情况，再转换适当量程的仪表。

2. 交流电流的测量

测量交流电流时，电流表应与负荷串联在电路中。

如果测量高压电路的电流时，电流表应串接在被测电路中的低电位端，如图 7-3 所示。若测量的电流值较大时，如大于 5 A 时，一般需要配合电流互感器进行测量，如图 7-4 所示。

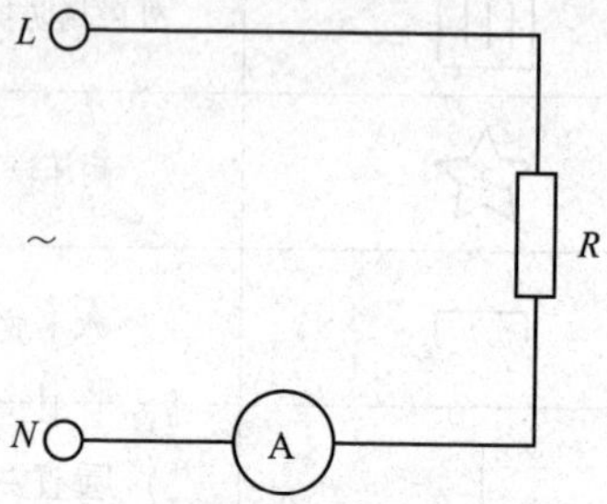

图 7-3　电流表直接接入法

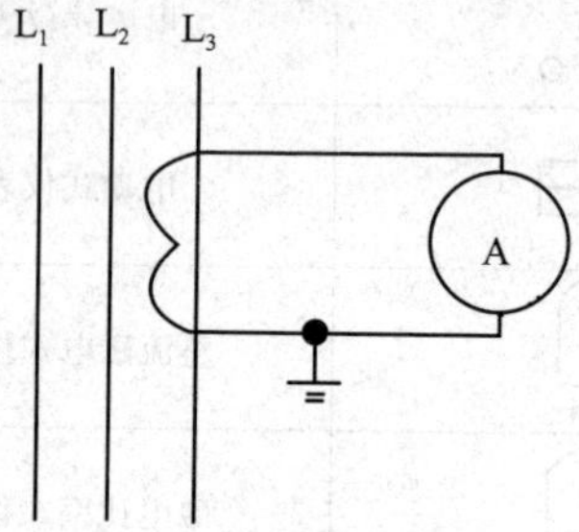

图 7-4　配合电流互感器接入法

二、电压的测量

直流电压的测量

如图 7-5 所示，电压表应并联在线路中测量。测量时应根据被测电压的大小选用电压表的量程，量程要大于被测线路的电压，否则有可能损坏仪表。测量直流电压时，还应注意仪表的极性标记，将表的"+" 端接电路的高电位点，"-" 端接电路的低电位点，以免指针反转而损坏仪表。

测量交流电压时，电压表应并联在线路中测量。接线如图 7-6 所示。若测量较高的交流电压时如 600 V 以上时，一般都要配合电压互感器来进行测量。接线如图 7-7 所示。测量中要注意的是不能将电压表串联入电路中，因为电压表的电阻非常大，串入电路将使电路呈现开路状态。

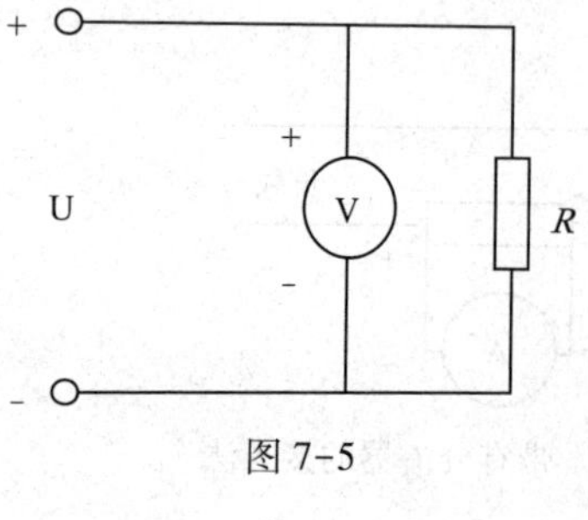

图 7-5

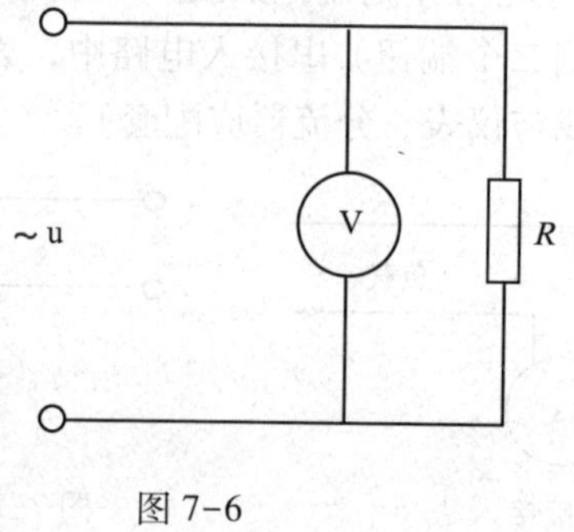

图 7-6

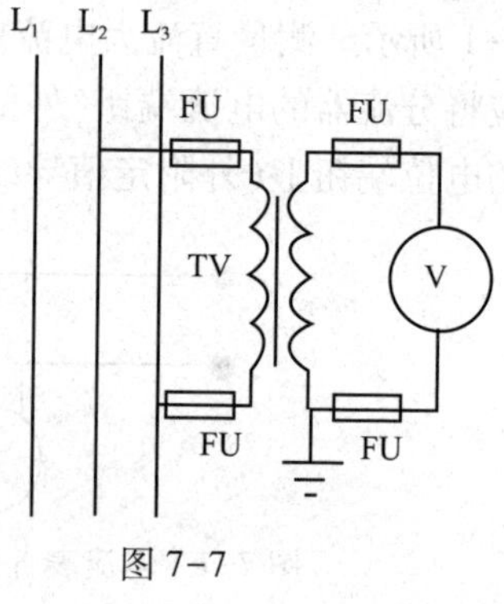

图 7-7

第三节 万 用 电 表

万用表又称多用表、三用表，是电工经常使用的多用途仪表，它实质上是一个带有整流器的磁电式仪表。万用表具有多功能、多量程的测量，一般可以测量直流电压、直流电流、交流电压和电阻。有的还可以测量交流电流、电感、电容、音频电平等。万用表由于具有用途广泛、操作简单以及携带方便等优点，因而是电工最常用的电工测量仪表。

一、万用表的结构与原理

1. 万用表的构造

万用表由表头、测量电路及转换开关三个主要部分组成。

① 表头

表头是一只磁电式仪表，用以指示被测量的数值。万用表性能很大程度取决于表头的灵敏度，灵敏度愈高，其内阻也越大，万用表性能就越好。

② 测量电路

测量电路是用来把各种被测量转换成适合表头测量的微小直流电流，它由内阻、半导体元件及电池组成。测量电路将不同被测电量经过处理(如整流、分流)后送入表头进行测量。

③ 转换开关

转换开关是用来选择各种不同的测量电路，以满足不同量程的测量要求的。当转换开关处在不同位置时，其相应的固定触点就闭合，万用表就可执行各种不同的量程来测量。图 7-8 是某型万用表的外形图。万用表的面板上装有标度尺、转换开关旋钮、调零旋钮及端钮(或插孔)等。

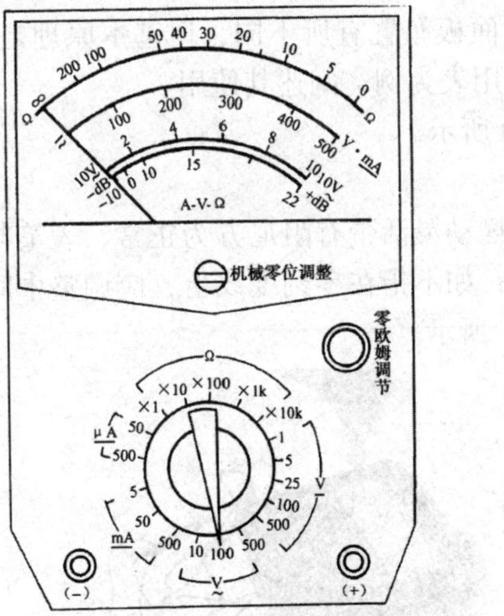

图 7-8 某型万用表外形图

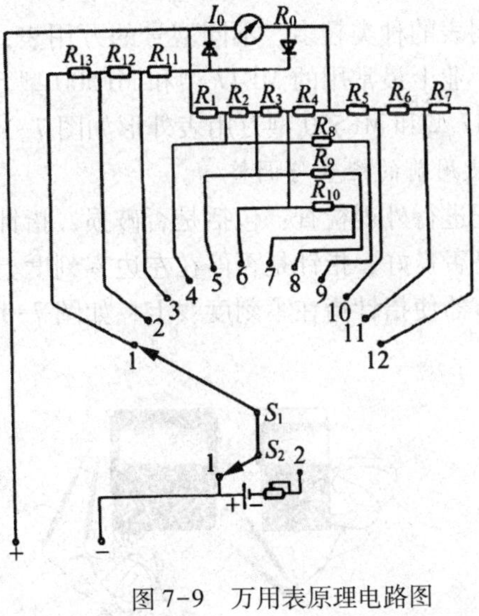

图 7-9 万用表原理电路图

2. 万用表的工作原理

万用表的简单测量原理见图 7-9。图中 S_1 是一个具有 12 个分接头的转换开关，用来选择测量种类和量程。S_2 是一个单刀双掷开关，测量电阻时，S_2 拨至“2” 位，进行其他测量时，S_2 拨至“1”位。

① 直流电流的测量

测量直流电流时，S_1 可拨 4、5、6 三个位置，S_2 拨在 1 位置。被测电流从万用表的“+”端流入，从“-”端流出。R_1、R_2、R_3、R_4 为并联分流电阻，拨动 S_1 可改变并联分流电阻的阻值来改变测量不同电流的量程。

② 直流电压的测量

测量直流电压时，S_1 可拨至 10、11、12 三个位置，S_2 拨在 1 位置。被测电压加在万用表“+”“-”两端，R_5、R_6、R_7 为串联附加电阻，拨动 S_1 就可以改变串联附加电阻的阻值来改变测量不同电压的量程。

③ 交流电压测量

测量交流电压时，S_1 可拨至 1、2、3 三个位置，S_2 拨在 1 位置。由于磁电式仪表只能测量直流，故在测量交流电压时，需把交流变成直流后进行测量。图 7-8 中的两个二极管为整流器，使交流电压正半波通过表头，而负半波不通过表头，通过表头的电流为单相脉动电流。R_{11}、R_{12}、R_{13} 为串联附加电阻，拨动 S_1 就可以改变串联附加电阻的阻值来改变测量不同电压的量程。

④ 电阻测量

测量电阻时，S_1 可拨在 7、8、9 三个位置，S_2 拨在 2 位置。被测电阻接在万用表的“+”“-”两端，表头内就有电流通过，拨动 S_1 时，就可以得到不同的量程。如果被测电阻未接入，则输入端开路，表内无电流通过，指针没有偏转，所以欧姆挡标度尺的左侧是“∞”符号；如果输入端短路，则被测电阻为零，此时指针偏转角最大，所以标度尺右侧是“0”。

二、万用表使用方法及注意事项

万用表的种类较多，不同型号的万用表，面板布置有所不同，但基本原理是相同的，下面以工业上最常用的 MF47 型和 MF500 型万用表为例，阐述其使用。

MF47 型和 MF500 型万用表外形如图 7-10 所示。

1. 使用前的检查与调整

首先进行外观检查：包括是否破损，指针摆动灵活带有阻尼方为正常，表笔与表体插孔接触是否良好，指针是否停在左边零刻度上，如不指在零刻度线上，应调整中间的机械零位调节器使指针指在零刻度线上，如图 7-11 所示。

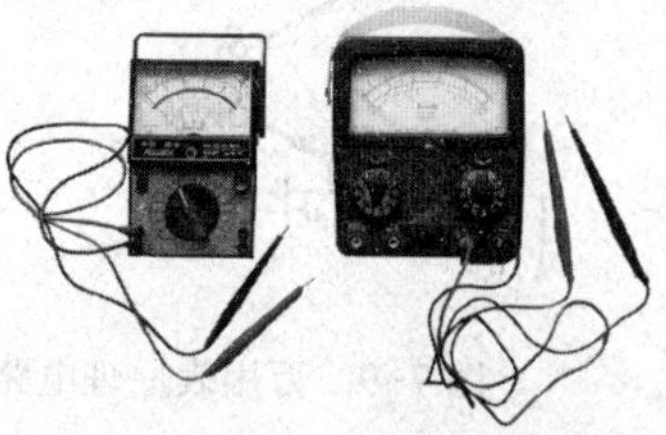

图 7-10

图 7-11

如果万用表需要用来测量电阻，则需要将表内的电池作为测量电源，此时还应检查表内的电池容量是否正常，方法是：将表的转换开并置于“Ω” 挡和 R×1 挡，将两表笔短接，指针向右侧偏转能到达零刻度线方为正常。如果将欧姆调零电位器旋钮向右旋尽，指针仍不能到达右侧的零刻度线上，则说明表内电池容量不足，需更换新电池。

红色的表笔插在表体“+”的插孔(红色)，黑色的表笔插在表体“-” 的插孔(黑色)。

2. 用转换开关正确选择测量种类和量程

根据被测对象首先选择测量种类，严禁将转换开关置于电阻挡和电流挡去测量电压，选择好测量种类后，再选择合适的量程，尽量使指针偏转至刻度标尺的中间附近以得到较准确的读数。

如果对被测数值的范围不了解，则按以下原则进行：

① 电压、电流的测量：先将转换开关置于最大量程，根据指针的偏转情况逐步减至合适的挡位。

② 电阻的测量：先将转换开关置于 R×100 挡对电阻进行粗测，如果指针偏转很小，说时被测电阻远大于 100 Ω，转换开关应向 R×1k 方向换挡，如果指针偏转很大(接近零刻度线)，说明被测电阻远小于 100 Ω，转换开关应向 R×10 方向换挡。如果指针指在中间刻度附近，说明量程合适，此时可将表笔短接，调节欧姆调零电位器使指针指向零位后分开，再对电阻进行精测和读数。

③ 正确读数。

MF47 型 MF500 型万用表的表头上通常有 4 条刻度线，如图 7-12 所示：

图 7-12　万用表表头

① 第一条刻度线(由上至下) 标有 Ω 或 R，是测量电阻用的，特点是数值呈非线性分布且左侧零刻度为最大值，测量时指针向右偏转越多，被测电阻数值越小。读数时，将指针指示的刻度值乘以转换开关的挡位数即为被测电阻的数值。例如，指针右刻度线上的指示值为 10，转换开关的挡位为 $R\times100$，则此电阻的数值 $R=10\times100=1\ 000\ \Omega$。

② 第二条刻度线标有≌和 VA，是测量交直流电压(10 V 除外) 和直流电流用的。特点是刻度数值近似呈线性分布，指针向右偏转越多，被测的数值越大。测量时，指针的满刻度值等于对应挡位的数值。例如：表的转换开关置于 500 V 挡，测量时指针刚好摆至满刻度的位置，则被测数值刚好为 500 V，如果指针摆至刻度盘的中间位置，则被测电压为 250 V。再例如：当测量一节干电池的数值时，若转换开关放在 2. 5 V 挡则对应的指针摆度约为满刻度的 3/5 左右，读出的数值约 1. 5 V 左右。

③ 第三条刻度线标有 10 V，测量 10 V 以下交流电压时读此刻度线。

④ 第四条刻度线标有 dB，指示的是音频电平值，在功率放大器检测时，用以测量音频电压的大小，从而换算功放器的分贝数。

3. 注意事项

① 严禁用欧姆挡和电流挡去测量电压，在路测量电阻时，一定要将电路先断电，防止被测电阻两端有电而损坏仪表。

② 测量直流电压时，红表笔按电源“+”极，黑表笔按电源“-”极，如果需要对电源的极性进行判断，可将其中一支表笔接触电源的其中一个电极，另一支表笔轻碰一下电源的另一个电极，根据指针的偏转方向对电极进行判断。

③ 用欧姆挡测量晶体管的正反向电阻或极性时，由于黑表笔接表内电池的正极，所以黑表笔相当于电源的正极，红表笔相当于电源的负极。

④ MF47 和 MF500 型表体上还有两个插孔，分别标注为 2 500 V 和 5 A，当要对大于 500 V 甚至接近 2 500 V 的电压进行测量时，可将红表笔插入 2 500 V 插孔，黑表等仍插在“-”插孔不变，读数时满刻度为 2 500 V，当要对≤5 A 的电流进行测量时，将红表笔插在 5 A 插孔上，黑表笔不变，读数时满刻度为 5 A。

⑤ 万用表使用完毕后，要将转换开关放至空挡或变流电压的最高挡，长时间不用的表要将表内电池取出，防止旧电池产生漏液而腐蚀损坏电池座的触片。

三、数字式万用表

数字式万用表，也叫数字式多用表，简称 DMM。这是一种新型的可以测量多种电路参数，具有多种量程的便携式仪表。除具有指针表的测试功能外，还可以测量交流电流、电感、电容、晶体管的 hFE 值、PN 结的正向压降等。由于数字式万用表的测量结果是由数字显示值直接读取的，其准确度、分辨率和测量的便捷性等均优于指针式万用表。其学习工作和使用比指针表更为简单。常见的数字万用表如图 7-13 所示。

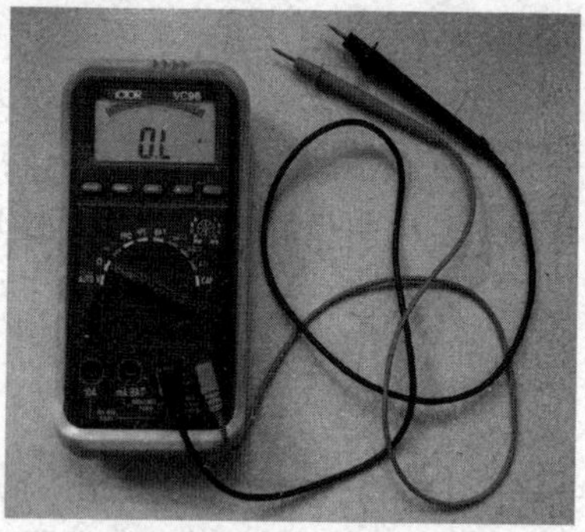

图 7-13　数字万用表

第四节　钳形电流表

钳形电流表又叫钳表，是一种用于测量正在运行的电气线路电流大小的仪表。在测量电流时，通常需将被测电路断开，才能使电流表或互感器的一次侧串联到电路中去；而使用钳形电流表测量电流时，可以在不断开电路的情况下进行。钳形电流表是一种便携式仪表，使用方便。常见的钳形表外形如图 7-14(a)所示。

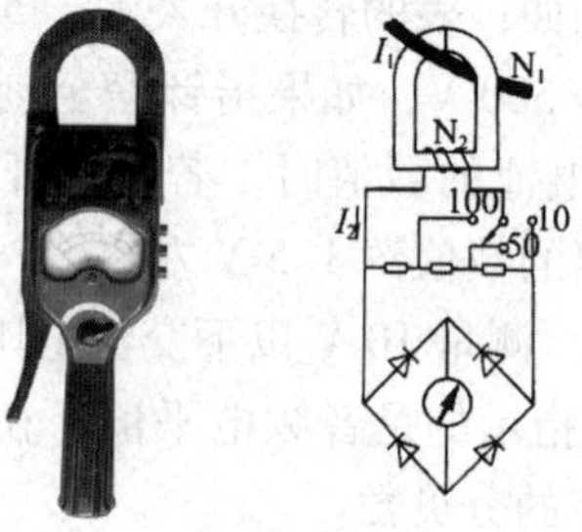

(a)　　(b)

图 7-14

(a) 钳形电流表外形；(b) 钳形电流表原理

一、钳表的结构与原理

用来测量交流电流(如国产 T301 型)的钳表是利用电流互感器原理制造的。其结构由电流互感器和带整流装置的磁电式表头组成，如图 7-14(b)所示。电流互感器的铁芯呈钳口形，当捏紧钳表手把时其铁芯张开，载流导线可以穿过铁芯张口放入，松开把手后铁芯闭合，被测电流的导线成为电流互感器的一次线圈。被测电流在铁芯中产生磁通，使绕在铁芯上的二次绕组中产生电动势，测量线路就有电流 I_1 流过，这个电流按不同的分流比，经整流后通过表头。标尺是按一次电流 I_1 刻度的，所以表的指示值就是被测导线中的电流。量程的改变由转换开关改变分流器的电阻来实现。

还有一种交直流两用(如国产 MG20 型 MG21 型) 的钳表是用电磁式测量机构制成的，其结构如图 7-15 所示。卡在铁芯钳口中的被测导线相当于电磁式机构中的线圈，在铁芯中产生磁场。位于铁芯缺口中间的可动铁片受此磁场的作用而偏转，从而带动指针指示被测电流的数值。由于仪表可动部分的偏转方向与电流极性无关，因此可以交直流两用。特别是在测量运行中的绕线式异步电动机的转子电流时，因为转子电流的频率很低，若用互感式钳表则无法测出其具体数值，此时可采用电磁式的钳形电流表。

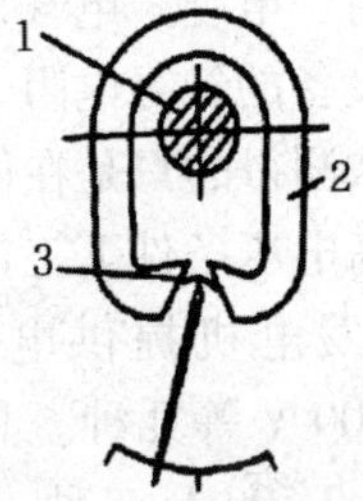

图 7-15 电滋式测量机构

1——被测电流导线；2——磁路系统；3——动铁皮

二、钳表的使用方法及注意事项

1. 钳表的使用方法

① 根据被测线路的电压等级及电流大小选择钳表，钳表的额定电压不能低于被测线路的电压，钳表的最大量程应大于被测线路的电流。

② 测量前应检查钳表的量程转换开关及钳口开合是否灵活，钳口的接合面是否紧密和干净。

③ 测量前应先估计被测电流的大小，选择合适的量程，若无法估计，可先用最大量程挡试测，根据指针偏转的情况逐步调整到合适的挡位，此时一定要注意每次换挡前将钳口退出被测导线。

④ 每次只能测量一根导线的电流，不能将多相导线同时钳入钳口内测量。

⑤ 测量时，尽量将被测导线置于钳口铁芯中间，以减少测量误差。

⑥ 测量完大电流后马上要进行小电流的测量时，需把钳口开合几次(要有轻轻敲击的效果)，以消除钳口铁芯内的剩磁。

⑦ 读数时，每个挡位的数值即为指针满刻度所对应的数值，例如，钳表的挡位选在 1 000 A 挡，当指针满刻度时，表示电流刚好为 1 000 A，若测量时指针摆动至刻度的 1/2 处，则读数约为 500 A(可由刻度值直接读出)。

⑧ 钳表使用完毕后，应把量程开关转至最大量程的位置。

2. 钳表使用的注意事项

① 切忌在未退出钳表的状态下转换量程开关，因为在量程开关换挡瞬间，铁芯上的

次级绕组被瞬间切断，而此时由于铁芯处于磁化状态，故在二次绕组上会产生一个很高的脉冲电压，此脉冲电压会导致钳表内的测量线路损坏，严重的甚至会危及人身安全。

② 由于钳表读数时钳口未离开测量线路，所以测量前要选择好合适的测量位置和角度去进行测量，避免因读数而导致身体过于靠近或接触带电体而造成触电的危险。

③ 测量高压线路时，要做好“两穿三戴”和专人监护的安防措施。

第五节 兆 欧 表

兆欧表又叫摇表，是一种简便、常用的测量高电阻的直读式仪表。一般用来测量电路、电机绕组、电缆、电气设备等的绝缘电阻。如果用万用表来测量设备的绝缘电阻，由于其电池电压最高也只有22.5 V，那么测得的只是在低电压下的绝缘电阻值，不能真正反映在高电压条件下工作时的绝缘性能。兆欧表多采用手摇直流发电机提供电源，一般有 250 V、500 V、1 000 V、2 500 V 等几种。其中工程中最常用到的有 500 V、1 000 V、2 500 V 三种，也有采用晶体管直流变换器代替手摇发电机提供高压电源的。其测量的单位为 MΩ。常用的摇表如图 7-16 所示。

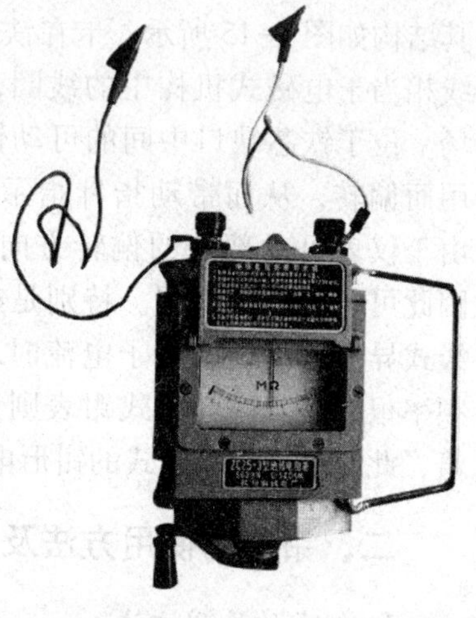

图 7-16 兆欧表

一、摇表的结构与原理

摇表主要由两部分组成：一部分是手摇直流发电机，另一部分是磁电式流比计测量机构及接线柱（L、E、G）。手摇发电机有离心式调速装置，摇动发电机时使发电机能以恒定的速度转动，保持输出稳定。图 7-17 为具有丁字形线圈的磁电式流比计测量机构图，图中可动线圈 1 和线圈 2 呈丁字形交叉放置，并共同固定在转轴上。圆柱形铁芯 5 上开有缺口，且极掌 4 制成不均匀空气隙。电路中的电流靠不产生力矩的游丝导入可动线圈。

当用摇表测量绝缘电阻时，用手摇发电机使其达到额定转速。此时发电机发出的电压 U 加在仪表可动线圈和被测电阻 R_X 上，如图 7-18 所示。可动线圈 1、电阻 R_1 和被测电阻 R_X 串联，可动线圈 2 和 R_2 串联，形成两个并联支路。两个可动线圈的电流分别是：

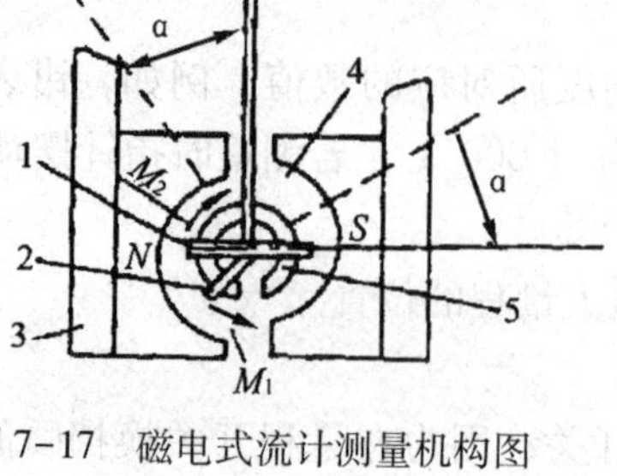

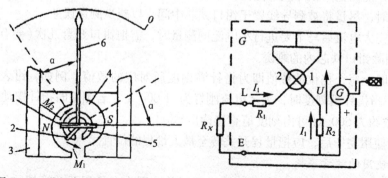

图 7-17 磁电式流计测量机构图

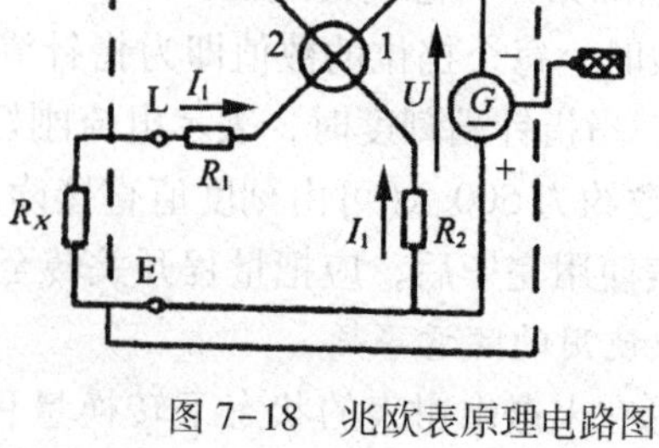

图 7-18 兆欧表原理电路图

$$I_1 = \frac{U}{r_1 + R_1 + R_X} \qquad I_2 = \frac{U}{r_2 + R_2}$$

式中：r_1 为可动线圈 1 的电阻；r_2 为可动线圈 2 的电阻。两式相比得：

$$\frac{I_1}{I_2} = \frac{r_2 + R_2}{r_1 + R_1 + R_X}$$

式中，R_1、R_2、r_1、r_2 为定值，只有 R_X 是变量。可见被测电阻 R_X 的改变必将引起电流比值 I_1/I_2 的改变。由于两个绕组绕向相反，当电流 I_1 和电流 I_2 分别流过两个线圈时，在永久磁场的作用下分别产生两个相反的力矩 M_1(转动力矩）和 M_2(反作用力矩)。当 $M_1 = M_2$ 时，仪表可动部分达到平衡，使指针停留在某一位置上，指示出被测电阻的数值。指针偏转角只随 R_X 的改变而改变，而与发电机端电压无关。当摇表未接入电路前相当于 $R_X = \infty$，可动线圈 1 回路开路，摇动手柄时 $I_1 = 0$，$M_1 = 0$，指针在 I_2 和 M_2 作用下反时针方向偏转至“∞”位置。如果将摇表接线柱 L 和 E 短接，即 $R_X = 0$，此时 I_1 最大，M_1 最大，使指针顺时针方向偏转到“0”位置。由于导入可动线圈的游丝不产生力矩，所以摇表在使用之前的指针可以停留在任意位置，这并不影响最后的测试结果，只要操作无误都可以得到正确读数。

二、摇表的使用方法及注意事项

1. 摇表的使用方法

① 兆欧表应按被测电气设备或线路的电压等级选用，一般额定电压在 500 V 以下的设备可选用 500 V 或 1 000 V 的兆欧表，若选用过高电压的兆欧表可能会损坏被测设备的绝缘。高压设备或线路应选用 2 500 V 的兆欧表，特殊要求的需选用 5 000 V 兆欧表。

② 在进行测量前要先切断电源，严禁带电测量设备的绝缘。要将设备引出线对地短路放电(对容性设备更应充分放电)，并将被测设备表面擦拭干净，以保障人身安全。测量完毕也应将设备充分放电，放电前切勿用手触及测量部分和兆欧表的接线柱。

③ 兆欧表的引线必须使用绝缘良好的单根多股软线，两根引线不能绞缠，应分开单独连接，以免影响测量结果。

④ 测试前先将兆欧表进行一次开路试验和短路试验，检查兆欧表是否良好。若将两连接线(L、E) 开路，摇动手柄，指针应指在“∞”处。将两连接线(L、E)短接，缓慢摇动手柄，指针应指在“0”处，说明兆欧表是良好的，否则兆欧表有故障，应检修后再用。

⑤ 接线时，“接地”(E)的接线柱应接在电气设备外壳或地线上，“线路”(L)的接线柱接在被测电机绕组或导体上，如图 7-19 所示，若测电缆的绝缘电阻时，还应将“屏蔽”(G)接线柱接到电缆的绝缘层上，以消除绝缘物表面的泄漏电流对所测绝缘电阻值的影响。其接线如图 7-20 所示。

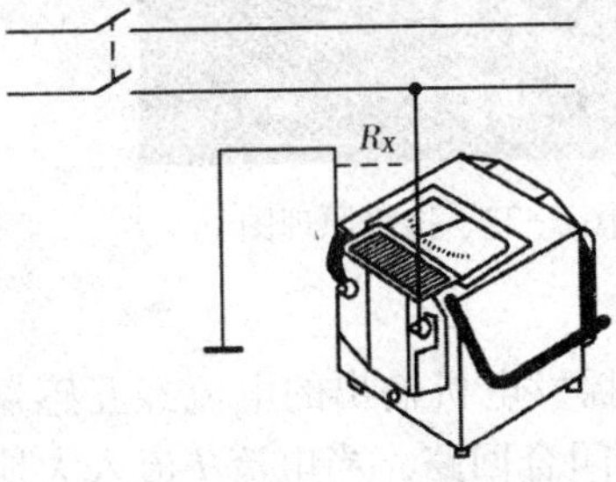

图 7-19　接线柱接线示意图

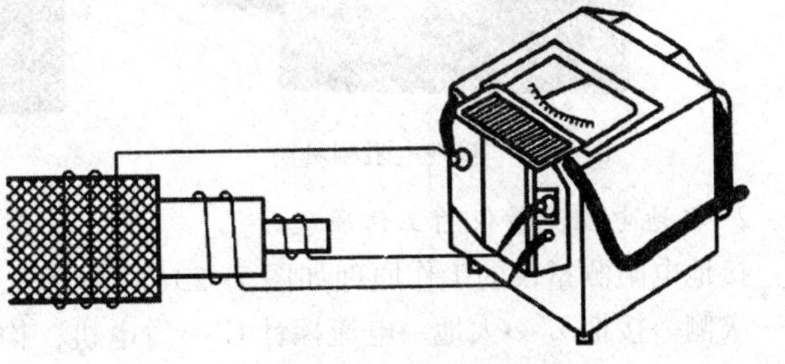

图 7-20　电缆接线示意图

⑥ 测量时，兆欧表应放置平稳，避免表身晃动，摇动手柄转速由慢渐快，使转速约保持在 120 r/min，至表针摆动到稳定处读出数据。读数的单位为 MΩ(兆欧)。

2. 摇表使用的注意事项

① 测量前一定要将设备断开电源，对内部有储能元件(电容器)的设备还要进行放电。

② 读数完毕后，不要立即停止摇动摇把，应逐渐减速使手柄慢慢停转，以便通过被测设备的线路电阻和表内的阻尼将发出的电能消耗掉。

③ 测量电容器的绝缘电阻或内部有电容器的设备时，要注意电容器的耐压必须大于摇表的电压，读数完毕后，应先取下摇表的红色(L)测试线，再停止摇动摇把防止已充电的电容器将电流反灌入摇表导致表的损坏。测完后的电容器和内部有电容器的设备要用电阻进行放电。

④ 禁止在雷电或邻近有带高压导体设备的环境下使用摇表，只有在不带电又不可能受其他电源感应而带电的场合，才能使用摇表。

第六节　接地电阻测量仪

接地电阻测量仪又叫接地电阻表，是一种专门用于直接测量各种接地装置的接地电阻值的仪表。

一、接地电阻表的结构与原理

1. 接地电阻测量仪的结构

接地电阻测量仪主要由手摇发电机、电流互感器、电位器以及检流计组成，其附件有两根探针，分别为电位探针和电流探针，还有 3 根不同长度的导线(5 m 长的用于连接被测的接地体，20 m 的用于连接电位探针，40 m 的用于连接电流探针)。用 120 r/min 的速度摇动摇把时，表内能发出 110~115 Hz、100 V 左右的交流电压。常用的接地电阻测量仪如图 7-21 所示，接线原理如图 7-22 所示。

图 7-21　接地电阻测量仪

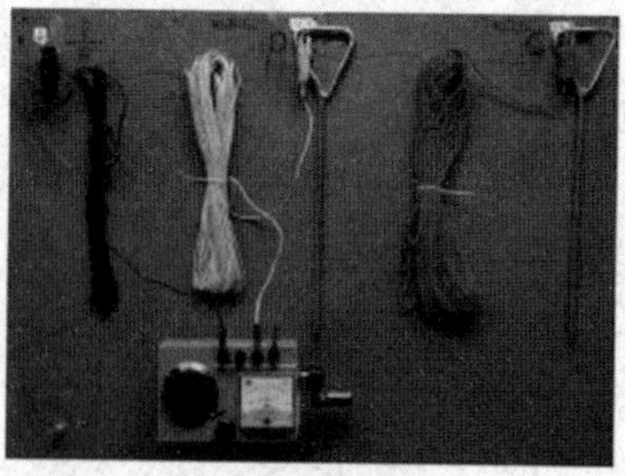

图 7-22　接线原理图

2. 接地电阻测量仪的工作原理

接地电阻测量仪的工作原理如图 7-23(a)所示。手摇发电机输出的电流经互感器 TA 的一次侧→接地 E′→大地→电流探针 C′→发电机，构成闭合回路，当电流 I 流入大地后，经接地体 E′向四周散开。离接地体越远，电流的密度越小。一般到 20 m 处时，电流密度为零，电位也等于零。电流 I 在流过接地电阻 R_X 时产生的压降为 IR_X，在流经 R_C 时产生的压降为 IR_C。其电位分布如图 7-23(b)所示。若电流互感器的变流比为 K，其二次电流为 KI，它流过电位器 RP 时产生的压降为 KIR_S（R_S 是 RP 最左端与滑动触点之间的电阻）。当调节电位器 RP 使检流计指针为零时，则有：

$$IR_X = KIR_S$$

两边除以 I，得

$$R_X = KR_S$$

上式说明，被测接地电阻 R_X 的值，可由电流互感器的变流比 K 以及电位器的电阻 R_S 来确定，而与 R_c 无关，即实际测量时，只要调节到检流计指示为零时，将测量刻度盘上的指示估计 X 倍率标度就是所测的接地体的接地电阻值了。

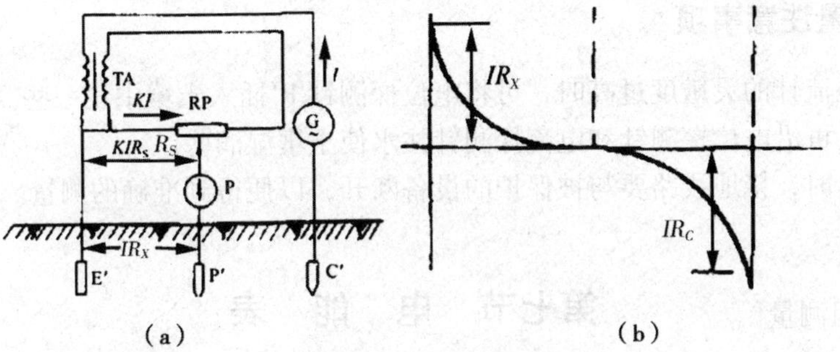

图 7-23　接地电阻测量仪的工作原理与电位分布图

(a) 工作原理；(b) 电位分布

二、接地电阻的测量方法

① 拆开接地干线与接地体的连接点。

② 按图 7-24 所示，将一根探针插在离接地体 40 m 远的地下，另一根探针插在离接地体 20 m 的地下，两根探针与接地体之间成一直线分布，探针插入地下的深度为 40 cm。

③ 将仪表平放，检查检流计指针是否指在中心线上，否则用调零器将其调整于中心线。

④ 用导线将接地体 E′与仪表端钮 E 相连，电位探针 P′与端钮 P 相连，电流探针 C′与端钮 C 相连，如图 7-24(a)所示。如果使用的是四端钮的接地电阻仪，其接地如图 7-24(b)所示。如果被测接地电阻小于 1 Ω，如测量高压线塔杆的接地电阻时，为消除接线电阻和接触电阻的影响，应使用四端钮的接地电阻表，其接线如图 7-24(c)所示。

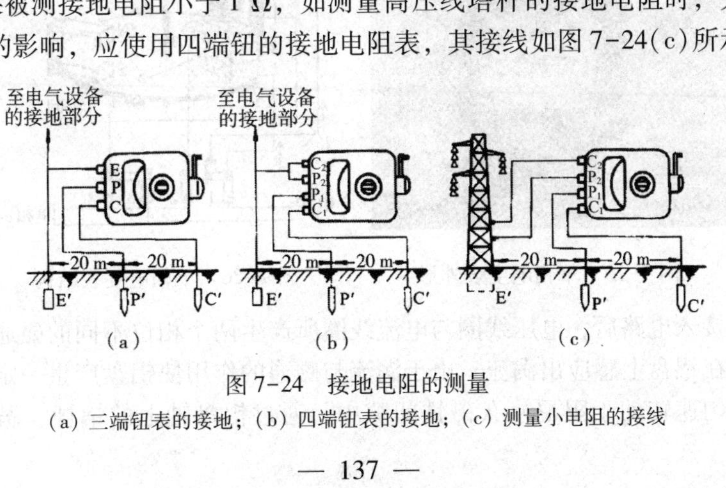

图 7-24　接地电阻的测量

(a) 三端钮表的接地；(b) 四端钮表的接地；(c) 测量小电阻的接线

⑤ 将仪表的“倍率标度”置于中间标位，慢慢转动发电机的手柄，同时旋动“测量刻度盘”，使检流计指针指于中心线。

⑥ 当检流计的指针接近中心线时，加快摇动手柄的转速，使其达到 120 r/min，微调“测量刻度盘”使指针指于中心线上，当指针停留在中心线不动，说明检流计中的电桥已平衡，可停止摇动手柄。

⑦ 当测量刻度盘调至最小刻度的，指针仍不“拉回”中心线，应将“倍率标度”调小一挡，重新测算，当测算刻度盘调至最大刻度的指针仍不能“推至”中心线则应将“倍率标度”调大一挡，重新测量。

⑧ 当平衡后用“测量刻度盘”的读数乘以“倍率标度盘”的倍数即为所测的接地电阻值。

三、测量注意事项

（1）当检流计的灵敏度过高时，可将电位探测针 P′插入土壤中浅一些。当检流计的灵敏度不够时，可沿电位探测针和电流探测针注水使土壤湿润些。

（2）测量时，接地线路要与被保护的设备断开，以便得到准确的测量。

第七节　电　能　表

电能表又叫电度表，用来测量某一段时间内，发电机发出的电能或负载消耗的电能。测量交流电路的有功电能表是一种感应式仪表。常用的有单相有功电度表、三相三线有功电度表和三相四线有功电度表。

一、单相电度表

1. 单相电度表的构造与原理

单相电度表外形如图 7-25 所示。单相电度表主要由一个可转动的铝盘和分别绕在不同铁芯上的一个电压线圈和一个电流线圈所组成，其结构如图 7-26 所示。

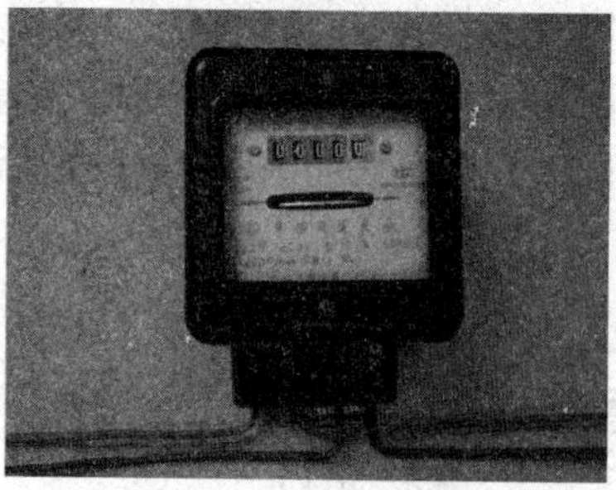

图 7-25　单相电度表外形

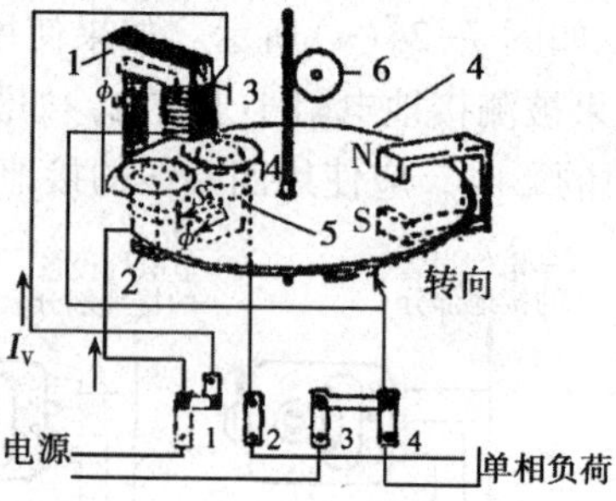

图 7-26　单相电度表结构

当电度表接入电路后，电压线圈与电流线圈所产生两个相位不同的磁通形成了移动磁场，这个磁场在铝盘上感应出涡流。由于涡流与磁通的作用使铝盘产生一定方向的转动力矩，因而铝盘匀速转动于阻尼永久磁铁间隙中，通过铝盘轴上的蜗杆、涡轮带动计算机构。由于转矩正比于负载上电压、电流以及它们相差的余弦(功率因数) 的乘积，因而计算机构的读数就是电路中消耗的有功电能。

2. *单相电度表的接线*

单相电度表的接线如图 7-27 所示。表的电流线圈与负荷串联，电压线圈与负载并联。

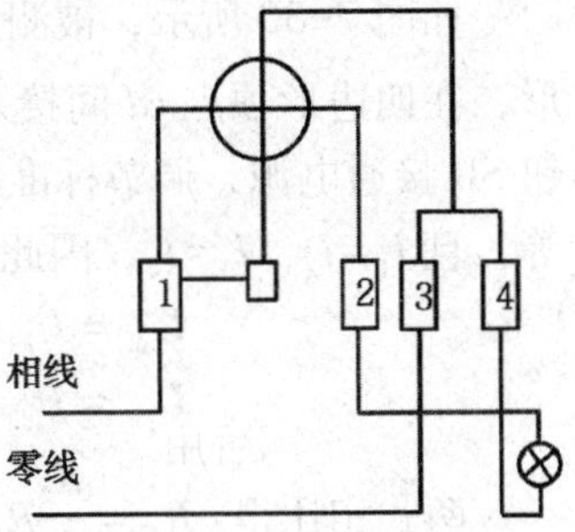

图 7-27　单相电度表的接线

二、三相电度表

三相三线有功电度表、三相四线有功电度表的结构基本上与单相有功电度表相同，不同的是三相电度表具有二组(三线表)或三组(四线表)电压、电流线圈。三相四线有功电度表直接接线如图 7-28 所示。三相四线有功电度表经电流互感器的接线如图 7-29 所示。

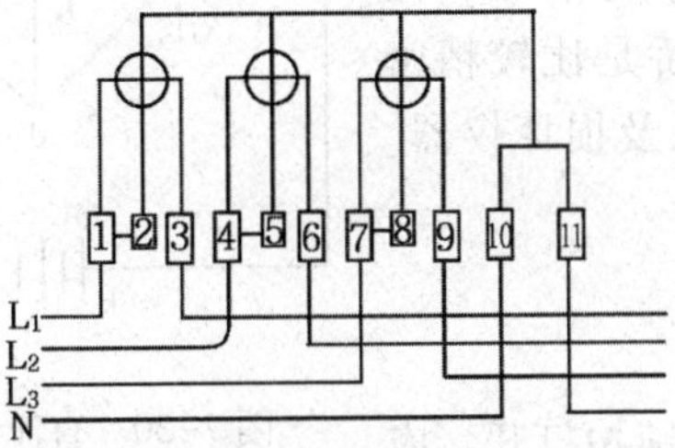

图 7-28　三相四线有功电度表的直接接入时的接线图

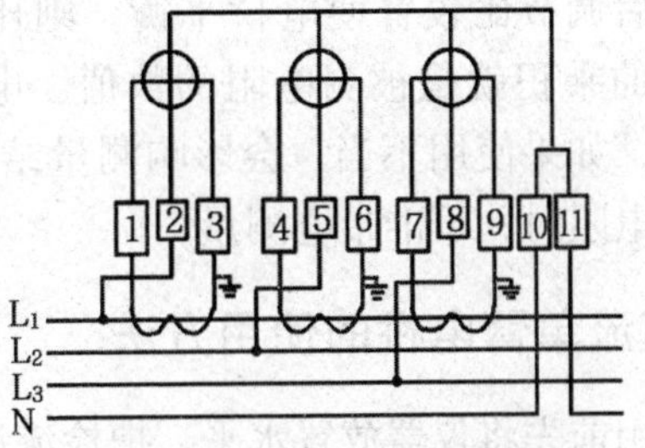

图 7-29　三相四线有功电度表经电流互感器接入时的接线图

三、电度表使用的注意事项

(1) 选择电度表时注意电度表的额定电压、额定电流是否合适。

(2) 电度表安装场所应选择在干燥、清洁、较明亮、不易损坏、无振动、无腐蚀性气体、不受强磁场影响及便于装拆表和抄表的地方。电度表应垂直安装，安装时表箱底部对地面的垂直距离一般为 1.7~1.9 m。若采用上下两列布置，上列表箱对地面高度不应超过 2.1 m。

(3) 接线时应注意分清接线端子及其首尾端；三相电度表应按正相序接线；经电流互感器接线者极性必须正确；电压线圈连接线应采用 1.5 mm^2 铜芯绝缘导线，电流线圈连接线直接接入应采用与线路导电能力相当的铜芯绝缘导线；若经电流互感器接入应采用 2.5 mm^2 铜芯绝缘导线。互感器的二次线圈和外壳应当接地。

(4) 凡经互感器接入的电度表，其读数要乘以互感器的变比才是实际读数值。

第八节　直流单臂电桥

直流单臂电桥又称惠斯通电桥。直流单臂电桥适用于测量电机、变压器及各种电器的直流电阻，其电阻测量范围为 1~108 Ω。常见的电桥如图 7-30 所示。

一、直流单臂电桥的工作原理

如图 7-30 所示，被测电阻 R_X 和标准电阻 R_2、R_3、R_4 组成电桥的 4 个臂，接成四边形，在四边形顶点 cd 间接入检流计 P，在另一对顶点 ab 间接入电池 E，在测量时按下按钮 SB 接通电源，调节标准电阻 R_2、R_3、R_4 使检流计指示为 0，则 c 点电位和 d 点电位相等，且 $I_1=I_2$，$I_3=I_4$，因此：

$$U_{ab}=U_{cd} \text{ 即 } I_1R_X=I_4R_4$$

$$U_{cb}=U_{db} \text{ 即 } I_2R_2=I_3R_3$$

两式相比得：$R_X=\dfrac{R_2}{R_3}R_4$

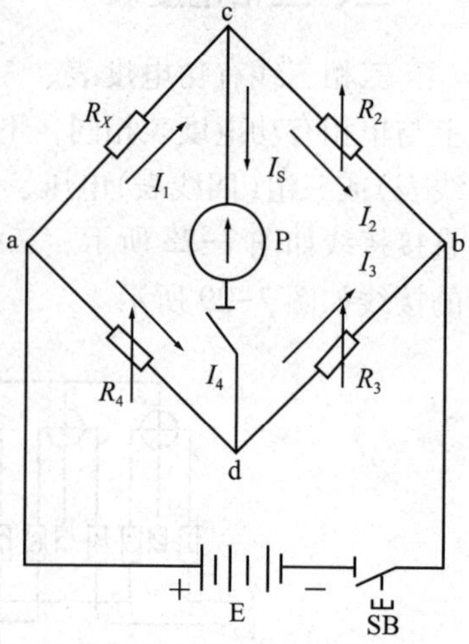

图 7-30　直流单臂电桥

电阻 R_2 和 R_3 的比值通常配成固定的比例，称为电桥的比率臂，电阻 R_4 称为比较臂。在测量时，首先选取一定的比率臂，然后调节比较臂使电桥平衡，则比率臂倍率和比较臂读数值的乘积就是被测电阻的数值。电桥是比较精密的测量仪器，如果使用不当，会影响测量结果及损坏仪器。用电桥测量电阻时，不准带电测量。

二、直流单臂电桥的使用方法

（1）使用前先将仪器放置水平，把检流计锁扣打开，应用零位调节器把指针准确调至零位。

（2）用短的较粗连接导线将被测电阻接入，接头应接触紧密。

（3）估计被测电阻大致的数值，选择合适的倍率，然后用各个旋钮调节，使每只旋钮有可读数以保证被测电阻的准确。

（4）进行测量时，应先按下电源按钮，经过一定时间后再按下检流计 P 按钮，此时检流计偏转，若发现检流计指针向“+”方向偏转，应增大比较臂电阻，反之，若检流计指针向“-”方向偏转，应减少比较臂电阻。如此反复调节比较臂电阻直至检流计指针为零，此时被测电阻=比率臂×比较臂电阻。

（5）测量电感线圈的直流电阻时，先按下电流按钮后按下检流计按钮。测量完毕，先松开检流计按钮，后松开电源按钮，以免被测线圈产生自感电压而损坏检流计。

（6）电桥使用完毕，应先将检流计按钮按下并旋转一定角度将锁扣锁上，然后切断电源，最后拆除被测电阻整理好相关物品。

第九节　半导体点温计

半导体点温计是一种常用的携带式测量仪表，主要由半导体热敏电阻测量电路及数字显示机构组成，主要用来测量开关触头、接点、电气设备外壳、导线以及有关电器的工作温度，一般测量范围为 0~150 ℃。使用方法简单，将探测头置于被测点并用保温物包裹好，打开电源开关，表头即显示温度的数值。测量时应先将有电的被测物电源断开，然后立即测量。

习题七

一、判断题

1. 接地电阻测试仪就是测量线路的绝缘电阻的仪器。

2. 使用兆欧表前不必切断被测设备的电源。

3. 万用表使用后，转换开关可置于任意位置。

4. 电压表在测量时，量程要大于等于被测线路电压。

5. 电流表的内阻越小越好。

6. 交流钳形电流表可测量交直流电流。

7. 测量电机的对地绝缘电阻和相间绝缘电阻，常使用兆欧表，而不宜使用万用表。

8. 用万用表 R×1 kΩ 欧姆挡测量二极管时，红表笔接一只脚，黑表笔接另一只脚测得的电阻值约为几百欧姆，反向测量时电阻值很大，则该二极管是好的。

9. 电流的大小用电流表来测量，测量时将其并联在电路中。

10. 电动势的正方向规定为从低电位指向高电位，所以测量时电压表应正极接电源负极，而电压表负极接电源的正极。

11. 电压的大小用电压表来测量，测量时将其串联在电路中。

12. 测量电流时应把电流表串联在被测电路中。

13. 用钳表测量电流时，尽量将导线置于钳口铁芯中间，以减少测量误差。

14. 摇测大容量设备吸收比是测量 60 s 时的绝缘电阻与 15 s 时的绝缘电阻之比。

15. 使用万用表电阻挡能够测量变压器的线圈电阻。

16. 测量电压时，电压表应与被测电路并联。电压表的内阻远大于被测负载的电阻。

17. 用钳表测量电动机空转电流时，可直接用小电流挡一次测量出来。

18. 接地电阻表主要由手摇发电机、电流互感器、电位器以及检流计组成。

19. 测量交流电路的有功电能时，因是交流电，故其电压线圈、电流线圈和各两个端可任意接在线路上。

20. 交流电流表和电压表测量所测得的值都是有效值。

21. 万用表在测量电阻时，指针指在刻度盘中间最准确。

22. 用钳表测量电动机空转电流时，不需要挡位变换可直接进行测量。

二、填空题

23. 用摇表测量电阻的单位是____________。

24. 万用表由表头、____________及转换开关三个主要部分组成。

25. 接地电阻测量仪是测量____________的装置。

26. 接地电阻测量仪主要由手摇发电机、____________、电位器以及检流计组成。

27. 指针式万用表一般可以测量交直流电压、____________电流和电阻。

28. Ⓐ是____________的符号。

29. 测量电压时，电压表应与被测电路____________。

30. 电能表是测量____________用的仪器。

三、单选题

31. 以下说法中，不正确的是(　)。

A. 直流电流表可以用于交流电路测量

B. 电压表内阻越大越好

C. 钳形电流表可做成既能测交流电流，也能测量直流电流

D. 使用万用表测量电阻，每换一次欧姆挡都要进行欧姆调零

32. 以下说法中，正确的是(　)。

A. 不可用万用表欧姆挡直接测量微安表、检流计或电池的内阻

B. 摇表在使用前，无须先检查摇表是否完好，可直接对被测设备进行绝缘测量

C. 电度表是专门用来测量设备功率的装置

D. 所有电桥均是测量直流电阻的

33. (　)仪表由固定的永久磁铁，可转动的线圈及转轴、游丝、指针、机械调零机构等组成。

A. 磁电式　　B. 电磁式　　C. 感应式

34. 线路或设备的绝缘电阻的测量是用(　)测量。

A. 万用表的电阻挡　　B. 兆欧表　　C. 接地摇表

35. 钳形电流表使用时应先用较大量程，然后再视被测电流的大小变换量程。切换量程时应(　)。

A. 直接转动量程开关　B. 先退出导线，再转动量程开关

C. 一边进线一边换挡

36. 按照计数方法，电工仪表主要分为指针式仪表和(　)式仪表。

A. 电动　　B. 比较　　C. 数字

37. (　)仪表由固定的线圈，可转动的铁芯及转轴、游丝、指针、机械调零机构等组成。

A. 磁电式　　B. 电磁式　　C. 感应式

38. 用万用表测量电阻时，黑表笔接表内电源的(　)。

A. 两极　　B. 负极　　C. 正极

39. (　)仪表可直接用于交、直流测量，且精确度高。

A. 磁电式　　B. 电磁式　　C. 电动式

40. (　)仪表可直接用于交、直流测量，但精确度低。

A. 磁电式　　B. 电磁式　　C. 电动式

41. (　)仪表由固定的线圈，可转动的线圈及转轴、游丝、指针、机械调零机构等组成。

A. 磁电式　　B. 电磁式　　C. 电动式

42. (　)仪表的灵敏度和精确度较高，多用来制作携带式电压表和电流表。

A. 磁电式　　B. 电磁式　　C. 电动式

43. 选择电压表时，其内阻(　)被测负载的电阻为好。

A. 远小于　　B. 远大于　　C. 等于

44. 指针式万用表测量电阻时标度尺最右侧是(　)。

A. ∞　　B. 0　　C. 不确定

45. 测量电动机线圈对地的绝缘电阻时，摇表的“L”“E”两个接线柱应(　)。

A. “E”接在电动机出线的端子，“L”接电动机的外壳

B. “L”接在电动机出线的端子，“E”接电动机的外壳

C. 随便接，没有规定

46. 钳形电流表是利用(　)的原理制造的。

A. 电流互感器　　B. 电压互感器　　C. 变压器

47. 万用表电压量程 2.5 V 是当指针指在(　)位置时电压值为 2.5 V。

A. 1/2 量程　　B. 满量程　　C. 2/3 量程

48. 摇表的两个主要组成部分是手摇(　)和磁电式流比计。

A. 电流互感器　　B. 直流发电机　　C. 交流发电机

49. 钳形电流表由电流互感器和带(　)的磁电式表头组成。

A. 测量电路　　B. 整流装置　　C. 指针

50. 单相电度表主要由一个可转动铝盘和分别绕在不同铁芯上的一个(　)和一个电流线圈组成。

A. 电压线圈　　B. 电压互感器　　C. 电阻

51. 万用表实质是一个带有整流器的(　)仪表。

A. 磁电式　　B. 电磁式　　C. 电动式

52. 钳形电流表测量电流时，可以在(　)电路的情况下进行。

A. 断开　　B. 短接　　C. 不断开

53. 用兆欧表逐相测量定子绕组与外壳的绝缘电阻，当转动摇柄时，指针指到零，说明绕组(　)。

A. 碰壳　　B. 短路　　C. 断路

54. 有时候用钳表测量电流前，要把钳口开合几次，目的是(　)。

A. 消除剩余电流　　B. 消除剩磁　　C. 消除残余应力

55. 测量接地电阻时，电位探针应接在距接地端(　)m 的地方。

A. 5　　B. 20　　C. 40

四、多项选择题

56. 常用的电工测量方法主要有(　)等。

A. 直接测量法　　B. 比较测量法　　C. 间接测量法　　D. 数字测量法

57. 电工仪表的精确度等级分为(　)等。

A. 0.1　　B. 0.2　　C. 0.5　　D. 2.5

58. 按照测量方法，电工仪表分为(　)。

A. 直读式　　B. 比较式　　C. 对比式　　D. 对称式

59. 合格摇表在使用前的检查结果是(　)。

A. 开路检查为∞　　B. 开路检查为 0　　C. 短路检查为∞　　D. 短路检查为 0

60. 万用表由(　)主要部分组成。

A. 表头　　B. 测量电路　　C. 转换开关　　D. 电机

61. 摇表的主要组成部分是(　)。

A. 手摇直流发电机　　B. 磁电式流比计测量机构

C. 电压线圈　　　　　　　　　　　　　　D. 电流互感器

62. 接地电阻测量仪主要由(　)组成。

A. 手摇发电机　　B. 电流互感器　　C. 电位器　　D. 检流计

63. 关于单相电度表，下列说法正确的有(　)。

A. 电度表内有两个线圈，一个为电压线圈，另一个为电流线圈

B. 积算器的作用是记录用户用电量多少的一个指示装置

C. 电度表前允许安装开关，以方便用户维护电度表

D. 电度表后可以安装开关，以方便用户维护电器及线路

64. 关于直流单臂电桥，下列说法正确的是(　)。

A. 直流单臂电桥适用于测量电机直流电阻

B. 直流单臂电桥适用于测量变压器直流电阻

C. 直流单臂电桥电阻测量范围为 $1 \sim 10^8\ \Omega$

D. 直流单臂电桥测得的电阻的数值等于比率臂倍数和比较臂读数值的乘积

65. 数字式万用表除了具有指针式万用表的功能外，还可以测量(　)。

A. 电感　　B. 电容　　C. PN 结的正向压降　　D. 交流电流

66. 万用表使用前的校表包括(　)。

A. 短接　　B. 机械调零　　C. 欧姆调零　　D. 在有电压设备上试测

67. 便携式电磁系电流表扩大量程是采用(　)的方法。

A. 串联分压电阻　　　　　　B. 并联分流电阻

C. 分段线圈的串、并联　　　D. 电流互感器

68. 万用表使用完毕应将转换开关置于(　)。

A. 最高电阻挡　　　　　　　B. OFF 挡

C. 交流电压最大挡　　　　　D. 交流电流最大挡

五、简答题

69. 万用表具有多功能、多量程的测量，一般可测量哪些量？

70. 按照工作原理划分，电工仪表分为哪几类？

第八章　手持电动工具和移动式电气设备

第一节　手持电动工具的安全使用

手持电动工具包括手电钻、手砂轮、冲击电钻、电锤、手电锯等工具。手持电动工具在使用时，需要用手紧握手柄不断移动，并且工作时振动较大，其内部绝缘容易损坏。因此，手持电动工具比电机电器更容易发生触电危险，所以在电气安全方面有其特殊要求。

一、手持电动工具分类

手持电动工具有两种分类方式，即按触电保护方式分类和按防潮程度分类。

(1) 按防止人身触电的程度分，手持式电动工具可分为三类。

Ⅰ类电动工具(普通型电动工具)。这类工具在防止触电的保护除依靠基本绝缘外，还有一个附加的安全措施，即将可触及的可导电的零件与已安装的固定线路中的保护(接地)导线接起来。当基本绝缘失效后，可能意外带电的金属部件不致带来触电的危险。接零和接地都可作为这类设备的附加安全措施。接零可在漏电时实现速断，并能降低这些金属部件上可能出现的对地电压。Ⅰ类设备也可以有双重绝缘或加强绝缘的Ⅱ类结构部件，也可以有在特低安全电压下工作的Ⅲ类结构部件。Ⅰ类电动工具外壳一般都是全金属。

Ⅱ类电动工具(绝缘结构全部为双重绝缘的电动工具)，其额定电压超过 50 V。这类设备具有双重绝缘和加强绝缘的安全防护措施，但没有保护接地或依赖安装条件的措施。按外壳构成，Ⅱ类可分为三种：第一种是绝缘外壳的Ⅱ类设备。这种设备除了铭牌、螺钉、铆钉等小物件外，所有金属部件都在基本上连成一体的绝缘外壳内。该外壳构成补充绝缘或加强绝缘的一部分或全部；第二种是金属外壳的Ⅱ类设备。这种设备有基本上连成一体的金属外壳，其内最好采用双重绝缘，特殊情况下也可采用加强绝缘；第三种是兼有以上两种外壳的综合型Ⅱ类设备。Ⅱ类设备可以有特低安全电压下工作的Ⅲ类结构部件。Ⅱ类电动工具外壳有金属和非金属两种，但手持部分是非金属，非金属处有“回”符号标志。

Ⅲ类电动工具(即特低电压的电动工具)，其额定电压不超过 50 V。这类工具在防止触电的保护方面依靠特低安全电压供电来防止触电，在工具内部不得产生比特低安全电压高的电压。特超低安全电压的供电电源必须符合安全电压电源的要求。同时，Ⅲ类电动工具的绝缘必须符合加强绝缘的要求。

Ⅲ类电动工具外壳均为全塑料。

手持电动工具结构如图 8-1 所示。

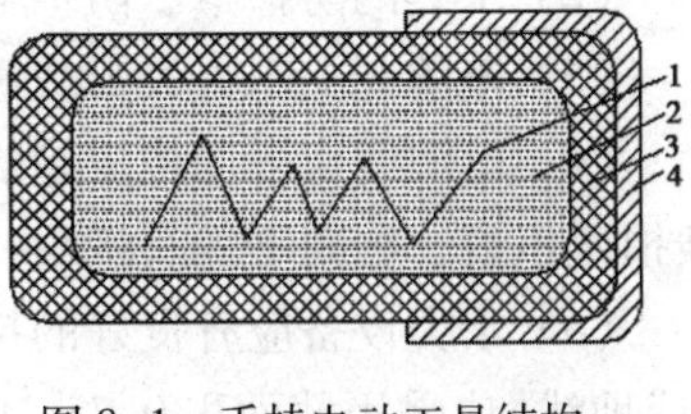

图 8-1　手持电动工具结构

1——带电体；2——工作绝缘；3——保护绝缘；4——金属外壳

（2）按防潮程度可分为普通工具、防溅工具、水密工具三类。

二、手持电动工具的安全使用

（1）合理选用手持电动工具的类别：

① 一般场所，应选用Ⅱ类电动工具。如果使用Ⅰ类工具，必须有安全保护措施，如安装漏电保护器、安全隔离变压器等装置。或者使用者必须戴绝缘手套，穿绝缘鞋或站在绝缘垫(台)上。绝缘用具必须合格。

② 潮湿或金属构架上等导电良好的作业场所，必须使用Ⅱ类或Ⅲ类工具。如果使用Ⅰ类工具，必须装设额定漏电动作电流不大于 30 mA，动作时间不大于 0.1 s 的漏电保护器。

③ 锅炉、金属容器、管道等狭窄且导电良好场所内作业时，应使用Ⅲ类工具。如果使用Ⅱ类工具，必须装设额定漏电动作电流不大于 15 mA，动作时间不大于 0.1 s 的漏电保护器。

使用时，Ⅲ类工具的安全隔离变压器、Ⅱ类工具的漏电保护器及Ⅱ、Ⅲ类工具的控制箱和电源连接器等必须放在工作场所的外面，同时应设专人监护，必要时可随时拉闸。

④ 特殊环境，如湿热、雨雪以及存在爆炸性或腐蚀性气体的环境，使用的电动工具必须符合相应的防护等级的安全技术要求，或按(2)中要求进行，爆炸性气体场所除上述要求外，必须使用防爆型电动工具。

（2）电缆及插座开关选用必须满足以下要求：

① Ⅰ类工具的电源线单相电动工具必须采用三芯防水线，三相电动工具必须使用四芯多股铜芯橡皮护套软电缆或护套软线，其中黄、绿双色线或指定线芯在任何情况下，只能用于保护接地或接零线，不得挪作他用。

② 防水线、软电缆或软导线及其配套的插头不得任意加长或拆换。使用完毕后，不得手提电源线移动电动工具。

③ 电动工具的插头、插座必须与之匹配，并与工具的额定电流相适应，同时均应符合国家有关电动工具的标准。

三、手持电动工具的注意事项

使用手持电动工具应当注意以下安全要求：

（1）工具的铭牌、性能参数应当与使用条件相适应；

（2）工具的防护罩、防护盖、手柄等防护装置等不得有损伤、变形或松动；

（3）电源开关不得失灵或破损，安装必须牢固，接线不得松动；

（4）电源线应采用橡皮绝缘软电缆，单相用三芯电缆，三相用四芯电缆。电缆不得有破损或龟裂，中间不得有接头；

（5）Ⅰ类设备应有良好的接零或接地措施，且保护零线应与工作零线分开。保护零线(或地线)应采用截面积 0.75~1.5 mm^2 以上的多股软铜线，保护零线(地线)最好与相线、工作零线在同一护套内；

（6）使用Ⅰ类手持电动工具应配用绝缘用具；

（7）绝缘电阻合格，带电部分与可触及导体之间的绝缘电阻Ⅰ类设备不低于 2 MΩ，

Ⅱ类设备不低于 7 MΩ；

(8) 根据需要装设漏电保护装置；

(9) Ⅰ类和Ⅱ类手持电动工具修理后不得降低原设计确定的安全技术指标；

(10) 用毕及时切断电源，并妥善保管。

第二节　移动式电气设备的安全使用

移动式电气设备包括蛙夯、振捣器、水磨石磨平机等电气设备。

移动式电气设备参考手持电动工具的有关要求进行维护、保养和使用，并注意其自身特别的用电环境要求，并应做到以下几点：

(1) 使用前要进行检测及试验，主要项目包括检查外观有无破损，附件是否齐全完好，接线是否正确，绝缘电阻的检测等，均应按固定设备要求进行。

(2) 必须按使用说明书的要求接线，并按其规定的程序及要求操作和使用，任何人不得随意更改或简化。使用过程中应有人监督。

(3) 必须设专人保管、维护保养及操作，并建立设备档案，定期检修。详细填写运行日志，记录运行情况。

(4) 电源必须符合设备的要求，因线路经常移动换位，易受拉伸弯曲而损坏，故应采用高强度铜芯橡皮护套软绝缘电缆，工作零线或保护线的截面应与相线相同，并有防止电缆受损的措施，一般采用架设或穿钢管保护的方式。

(5) 应使用与其配套的控制箱或柜，并与设备一同进行检测及试验，自制的控制箱必须满足设备正确使用和安全的需要。

(6) 接地应符合固定电气设备的要求，在下列情况时可不接地：

a. 移动式机械自用的发电设备，直接安装在与机械同一金属底座上，且只供给设备本身用电，而不向其他设备供电时；

b. 机械设备由专用的移动式发电设备供电，该机械设备不超过两台，而且距移动式发电设备的距离不大于 500 m，并两设备外壳之间有可靠的金属连接时。

(7) 固定电源或移动式发电机供电的移动式机械设备，应与供电电源的接地装置有金属的可靠连接，在中性点不接地的电网中，可在移动式机械附近装设若干接地体，以代替敷设接地线，并可利用附近的自然接地体接地。

(8) 移动式电气设备应有防雨及防雷设施，必要时应设临时工棚。移动时，不得手拉电源线，电源线必须有可靠的防护措施。

(9) 手持式电动工具应由安全监督管理部门或专业人员定期进行检查，并贴有有效期的合格证。

习题八

一、判断题

1. 一号电工刀比二号电工刀的刀柄长度长。

2. 电工钳、电工刀、螺丝刀是常用电工基本工具。

3. 锡焊晶体管等弱电元件应用 100 W 的电烙铁。

4. Ⅱ类设备和Ⅲ类设备都要采取接地或接零措施。

5. 手持式电动工具接线可以随意加长。

6. Ⅱ类手持电动工具比Ⅰ类工具安全可靠。

7. 使用手持式电动工具应当检查电源开关是否失灵、是否破损、是否牢固、接线是否松动。

8. 移动电气设备可以参考手持电动工具的有关要求进行使用。

9. Ⅲ类电动工具的工作电压不超过 50 V。

10. 移动电气设备的电源一般采用架设或穿钢管保护的方式。

11. 移动电气设备电源应采用高强度铜芯橡皮护套硬绝缘电缆。

二、填空题

12. 电工使用的带塑料套柄的钢丝钳，其耐压为____________V 以上。

13. 尖嘴钳 150 mm 是指其总长度为____________。

14. 一字螺丝刀 50×3 的工作部分宽度为____________。

15. 在狭窄场所如锅炉、金属容器、管道内作业时应使用____________工具。

三、单选题

16. 下列说法中，不正确的是(　)。

A. 剥线钳是用来剥削小导线头部表面绝缘层的专用工具

B. 手持电动工具有两种分类方式，即按工作电压分类和按防潮程度分类

C. 多用螺钉旋具的规格是以它的全长(手柄加旋杆)表示

D. 电工刀的手柄是无绝缘保护的，不能在带电导线或器材上剖切，以免触电

17. 使用剥线钳时应选用比导线直径(　)的刃口。

A. 相同　　B. 稍大　　C. 较大

18. Ⅱ类工具的绝缘电阻要求最小为(　)MΩ。

A. 5　　B. 7　　C. 9

19. 螺丝刀的规格是以柄部外面的杆身长度和(　)表示。

A. 半径　　B. 厚度　　C. 直径

20. 锡焊晶体管等弱电元件应用(　)W 的电烙铁为宜。

A. 25　　B. 75　　C. 100

21. 电烙铁用于(　)导线接头等。

A. 铜焊　　B. 锡焊　　C. 铁焊

22. 带“回”字符号标志的手持电动工具是(　)工具。

A. Ⅰ类　　B. Ⅱ类　　C. Ⅲ类

23. Ⅱ类手持电动工具是带有(　)绝缘的设备。

A. 基本　　　　B. 防护　　　　C. 双重

24. 在一般场所，为保证使用安全，应选用(　)电动工具。

A. Ⅰ类　　　　B. Ⅱ类　　　　C. Ⅲ类

25. 手持电动工具按触电保护方式分为(　)类。

A. 2　　　　B. 3　　　　C. 4

26. Ⅰ类电动工具的绝缘电阻要求不低于(　)MΩ。

A. 1　　　　B. 2　　　　C. 3

27. 固定电源或移动式发电机供电的移动式机械设备，应与供电电源的(　)有金属性的可靠连接。

A. 外壳　　　　B. 零线　　　　C. 接地装置

28. 移动电气设备电源应采用高强度铜芯橡皮护套软绝缘(　)。

A. 导线　　　　B. 电缆　　　　C. 绞线

四、多项选择题

29. 尖嘴钳常用的规格有(　)mm。

A. 130　　　　B. 160　　　　C. 180　　　　D. 200

30. 电工钢丝钳常用的规格有(　)mm。

A. 100　　　　B. 150　　　　C. 175　　　　D. 200

31. 电工钢丝钳的用途很多，具体可用于(　)。

A. 钳口用来弯绞或钳夹导线线头

B. 齿口用来紧固或起松螺母

C. 刀口用来剪切导线或剖削软导线绝缘层

D. 铡口用来铡切导线线芯、钢丝或铅丝等较硬金属

32. 电烙铁常用的规格有(　)W 等。

A. 25　　　　B. 45　　　　C. 75　　　　D. 100

33. 在潮湿场所或金属构架上选用电动工具，以下说法正确的是(　)。

A. 必须使用Ⅱ类或Ⅲ类电动工具

B. 如使用Ⅰ类电动工具必须装动作电流不大于 30 mA、动作时间不大于 0.1 s 的漏电开关

C. 只要电动工具能转动，绝缘电阻要求就不是很严格

D. 任何电动工具均可选用

34. 移动式电气设备必须(　)。

A. 设专人保管　　　　B. 设专人维护保养及操作

C. 建立设备档案　　　　D. 定期检修

35. 移动式电气设备应有(　)。

A. 防雨和防雷措施　　　　B. 必要时应设临时工棚

C. 电源线必须有可靠的防护措施　　　　D. 独立接地体

五、简答题

36. 对手持电动工具的电源线的要求有哪些?

第九章　防雷与防静电

第一节　雷电的危害及防雷保护

一、雷电的种类

随着空中云层电荷的积累，其周围空气中的电场强度不断加强。当空气中的电场强度达到一定程度时，在两块带异号电荷的雷云之间或雷云与地之间的空气绝缘就会因被击穿而剧烈放电，出现耀眼的电光。同时，强大的放电电流所产生的高温，使周围的空气或其他介质发生猛烈膨胀，发生震耳欲聋的响声，这就是雷电。雷电按其传播方式分为直击雷、感应雷、球形雷。

1. 直击雷

雷电直接击在建筑物(包括电气装置)和构筑物上，产生电效应、热效应和机械效应。

2. 感应雷

雷电放电时，在附近导体上产生的静电感应和电磁感应，它可能使金属部件间产生火花。

静电感应是当雷云接近地面，在架空线路或其他导电凸出物顶部感应大量电荷。雷电放电后，架空线路或导电凸出物上的感应电荷将转换成强烈的高电压冲击波。

电磁感应是由于雷击后，巨大的雷电流在周围空间产生迅速变化的强磁场引起的。这种磁场能使附近金属导体上感应出很高的电压。

3. 球形雷

球形雷简称球雷，是雷电放电时形成的发红光、橙光、白光或其他颜色光的火球。球雷是一团处于特殊状态下的带电气体。球形雷常沿着地面滚动或在空中飘荡，能通过烟囱、门窗等侵入室内。大多数球形雷消失时，伴有爆炸，会造成建筑物和设备等的损坏以及人畜伤亡事故。

二、雷电的危害

1. 火灾和爆炸

直击雷放电的高温电弧、二次放电、巨大的雷电流、球雷侵入可直接引起火灾和爆炸；冲击电压击穿电气设备的绝缘等可间接引起火灾和爆炸。

2. 触电

雷电直接对人体放电、二次放电、球雷打击、雷电流产生的接触电压和跨步电压可直接使人触电；电气设备绝缘因雷击而损坏也可使人遭到电击。

3. 设备和设施毁坏

雷击产生的高电压、大电流可对电气装置和建筑物及其他设施造成毁坏；电力设备或电力线路遭破坏可能导致大规模停电。

三、防雷装置

接闪杆、接闪线、接闪带、避雷器是经常采用的防雷装置。一套完整的防雷装置包括接闪器或避雷器、引下线和接地装置。

1. 接闪器

接闪杆、接闪线、接闪网、接闪带以及建筑物的金属屋面可作为接闪器。接闪器都是利用其高出被保护物的突出地位把雷电流引向自身，然后通过引下线和接地装置把雷电流泄入大地，以此保护被保护物免遭雷击。接闪杆主要用来保护露天变配电设备，保护建筑物和构筑物；接闪线主要用来保护电力线路；接闪网和接闪带主要用来保护建筑物。

由于雷电放电途径受很多因素的影响，要想保证被保护物绝对不遭受雷击是很困难的，一般只要求保护范围内被击中的概率在0.1%以下即可。接闪器所用材料的尺寸应能满足机械强度和耐腐蚀的要求，还要有足够的热稳定性，以能承受雷电流的热破坏作用。

接闪杆一般用镀锌圆钢或镀锌钢管焊接制成，其长度在1.5 m以上时，圆钢直径不得小于16 mm，钢管直径不得小于25 mm，管壁厚度不得小于2.75 mm。当避雷针的长度在3 m以上时，可将粗细不同的几节钢管焊接起来使用。

接闪线也叫架空地线，它是悬挂在高空的接地导线，一般为35~70 mm^2 的镀锌钢绞线，顺着每根支柱引下接地线并与接地装置相连接。避雷线和避雷针一样，将雷电引向自身，并安全地将雷电流导入大地。采用接闪线主要用来防止送电线路遭受直击雷。接闪线的保护范围，从安全、经济的观点出发，避雷线的保护角一般应在20°~30°范围为宜。

接闪网和接闪带可采用镀锌圆钢或扁钢。圆钢直径不得小于8 mm，扁钢厚度不得小于4 mm，截面积不小于48 mm^2。

2. 避雷器

避雷器有间隙避雷器、管型避雷器、阀型避雷器、氧化锌避雷器等，主要用来保护电力设备，防止雷电破坏设备、设施。避雷器安装时上端接在线路上，下端接地，应与被保护的设备或设施并联，正常时处在不导通的状态；出现雷电过电压时，击穿放电，切断过电压，起保护作用，过电压终止后，迅速恢复不导通状态的正常情况。

① 间隙避雷器。间隙避雷器是基于电弧放电技术，当电极间的电压达到一定程度时，击穿空气电弧在电极上进行放电。主间隙做成角形，水平安装，利于电弧随着热空气上升被拉长而熄火，主间隙和辅助间隙的距离可根据表9-1进行选择。

表9-1　主间隙和辅助间隙距离选择

额定电压/kV	3	6	10
主间隙距离/mm	8	15	25
辅助间隙距离/mm	5	10	10

间隙避雷器放电能力强、热稳定性好，但残压高、反应速度慢、存在续流，主要用于缺乏其他避雷器的场合。由于其灭弧能力有限，为了提高供电的可靠性，送电端应自动重合闸装置。当用于保护变压器时，保护间隙宜安装在高压熔断器里侧，以缩小停电范围。

② 管型避雷器。管型避雷器实际是一种具有较高熄弧能力的保护间隙，它由两个串联间隙组成，一个间隙在大气中，称为外间隙，其工作就是隔离工作电压，避免气管被流经管子的工频泄漏电流所烧坏；另一个装设在气管内，称为内间隙或者灭弧间隙。管型避雷器的灭弧能力与工频续流的大小有关，一般不能用来保护高压电气设备的绝缘。在我国高压电网中，管型避雷器只用作线路弱绝缘保护和变电站进线保护。

新型管型避雷器几乎没有续流，适用于雷电活动频繁的地区，尤其是用于农村电网配电设备的保护效果较好。

③ 阀型避雷器。主要部件是间隙和阀片(非线性电阻片)。在正常情况下，火花间隙阻止线路工频电流通过，但在大气过电压作用下，火花间隙就被击穿而放电。非线性电阻片即阀片由金刚砂颗粒烧结而成，它具有非线性特性，正常电压时阀片的电阻很大，过电压时阀片的电阻变得很小。这就是说，非线性电阻和火花间隙类似一个阀门的作用，对于雷电流，阀门打开，使之泄放入大地；而当过电压消失，线路上为工频电压时，阀门关闭，关断工频电流。

普通阀型(FS、FZ 型)避雷器的通流能力不大，因此，不宜像管型避雷器那样装在雷电活动频繁的地方，而只宜装在变电站内。

④ 氧化锌避雷器。由具有较好的非线性“伏安”特性的氧化锌电阻片组装而成。在正常工作电压下，具有极高的电阻而呈绝缘状态，在雷电过电压作用下，则呈现低电阻状态，泄放雷电流，使与避雷器并联的电气设备的残压被抑制在设备绝缘安全值以下，待有害的过电压消失后，迅速恢复高电阻而呈绝缘状态，从而有效地保护了被保护电气设备的绝缘免受过电压的损害。

氧化锌避雷器按结构性能可分为无间隙(W)、带串联间隙(C)、带并联间隙(B)三类。

它与阀型避雷器相比具有动作迅速、通流容量大、残压低、无续流、对大气过电压和操作过电压都起保护作用、结构简单、可靠性高、寿命长、维护简便等优点。

在 10 kV 系统中，氧化锌避雷器较多地并联在真空开关上，以便限制截流过电压。

由于氧化锌避雷器长期并联在带电的母线上，内部会长期通过泄漏电流，使其发热，甚至导致爆炸。因此，有些工厂已经开始生产带间隙的氧化锌避雷器，这样可以有效地消除泄漏电流。其中 Y3W 型氧化锌避雷器用于保护相应额定电压的旋转电机等弱绝缘的电气设备。Y5W 型氧化锌避雷器用于输变电设备、变压器、电缆、开关、互感器等的大气过电压保护，以及限制真空断路器在切、合电容器组、电炉变压器及电机时而产生的操作过电压等。

3. 引下线

防雷装置的引下线应满足机械强度、耐腐蚀和热稳定的要求，一般采用圆钢或扁钢，其尺寸和腐蚀要求与避雷带相同。如用钢绞线，其截面不应小于 25 mm^2；若用铜导线，其截面不小于 16 mm^2。

引下线应沿建筑物外墙敷设，并经最短途径接地；建筑物有特殊要求时，可以暗设，但截面应加大一级。建筑物的金属构件(如消防梯等)可用做引下线，但所有金属构件之间均应连成电气通路。采用多根引下线时，为了便于测量接地电阻和检验引下线、接地线的连接情况，应在各引下线距地高约 1.8 m 处设置断接卡。在易受机械损坏的地方，地面 1.7 m 至地面下 0.3 m 的一段引下线和接地线应加竹管、角钢或钢管保护。采用角钢或钢管保护时，应与引下线连接起来，以减少通过雷电流量的阻抗。互相连接的接闪杆、接闪网、接闪带或金属屋面的接地引下线，一般不应少于两根。

4. 接地装置

接地装置是防雷装置的重要组成部分，作用是向大地泄放雷电流，限制防雷装置的对地电压，使之不致过高。

防雷接地装置与一般接地装置的要求基本相同，但所用材料的最小尺寸应稍大于其他接地装置的最小尺寸。采用圆钢时最小直径为 10 mm；扁钢的最小厚度为 4 mm，最小截面为 100 mm^2；角钢的最小厚度为 4 mm；钢管最小壁厚为 3.5 mm。除独立接闪杆外，在接地电阻满足要求的前提下，防雷接地装置可以和其他接地装置共用。

为了防止跨步电压伤人，防直击雷接地装置距建筑物出入口和人行道边的距离不应小于 3 m，距电气设备接地装置要求在 5 m 以上，其工频接地电阻一般不大于 10 Ω。如果防雷接地与保护接地合用接地装置时，接地电阻不应大于 1 Ω。

5. 防雷装置检查

为了保持防雷装置有良好的保护性能，应对其进行经常性检查和定期试验。

对于各种避雷器，应检查其瓷套或绝缘子是否完好，有无裂纹或破损，表面是否脏污；检查其外部和引下线有无闪络或烧损痕迹；检查引下线各部分连接是否良好；检查固定避雷器的各种金属是否牢固；检查各部分腐蚀和锈蚀情况。

对于阀型避雷器，每年雷雨季前应进行一次预防性试验；测定绝缘电阻，测量时应用 2 500 V 的摇表，测量数值与前次测量数值比较，应无明显变化，运行中的 FS 型避雷器的绝缘电阻不应低于 2 000 MΩ。泄漏电流、工频放电电压也应定期测定，10 kV 及以下者每两年测定一次，10 kV 以上者每年测定一次，测量数值与历年测量数值比较，应无明显变化。

对防雷接地装置应和其他接地装置一样，定期检查和测定。

四、人身防雷措施

由于雷电可能对人造成致命的电击，根据雷电触电事故分析，《电业安全工作规程》规定：电气运行人员必须注意雷电触电的防护问题，以保护人身安全。

(1) 雷暴时，发电厂变电所的工作人员应尽量避免接近容易遭到雷击的户外配电装置。在进行巡回检查时，应按规定的线路进行。在巡视高压屋外配电装置时，应穿绝缘鞋，并不得靠近接闪杆和防雷器。

(2) 雷电时，禁止在室外和室内的架空引入线上进行检修和试验工作，若正在做此类工作时，应立即停止，并撤离现场。

(3) 雷电时，应禁止屋外高空检修、试验工作，禁止户外高空带电作业及等电位工作。

(4) 对输配电线路的运行和维护人员，雷电时，禁止进行倒闸操作和更换熔断器的工作。

（5）雷暴时，非工作人员应尽量减少外出。如果外出工作遇到雷暴时，应停止高压线路上的工作。

第二节 静电防护

一、静电的产生

物质是由分子组成的，分子是由原子组成的，原子是由原子核及其外围电子组成的。两种物质紧密接触再分离时，一种物质把电子传给另一种物质而带正电，另一种物质得到电子而带负电，这样就产生了静电。物质呈现的电性受材料和所含杂质成分、温度和湿度影响。产生静电电荷的多少还与生产物料的性质、料量、摩擦力大小和摩擦长度、液体和气体的分离或喷射强度、粉体粒度等因素有关。

以下生产工艺过程都比较容易产生静电：

（1）固体物质大面积的摩擦，如纸张与辊轴摩擦，橡胶或塑料碾制，传动皮带与皮带轮或辊轴摩擦等；固体物质在压力下接触然后分离，如塑料压制、上光等；固体物质在挤出、过滤时，与管道、过滤器等发生摩擦，如塑料的挤出、赛璐珞的过滤等。

（2）高电阻液体在管道中流动且流速超过 1 m/s 时，液体喷出管口时或液体注入容器发生冲击、冲刷和飞溅时等。

（3）液化气体或压缩气体在管道中流动和由管口喷出时，如从气瓶放出压缩气体、喷漆等。

（4）固体物质的粉碎、研磨过程，悬浮粉尘的高速运动等。

（5）在混合器中搅拌各种高电阻物质，如纺织品的涂胶过程等。

二、静电的危害

静电电压很高，有时可达数千伏甚至上万伏，但静电能量不大，发生电击时，触电电流往往瞬间即逝，所以由此引起的电击不至于直接使人致命，但人体可能因电击使人从高处坠落而造成二次事故。在易燃易爆场所，静电的放电火花可能引起火灾和爆炸事故。生产过程中静电将会妨碍生产或降低产品质量。例如，静电使粉体吸附在设备上，影响粉体的过滤和输送；在纺织行业，静电使纤维缠结，吸附尘土，降低纺织品质量；此外在印刷、橡胶、电子等行业都可能造成不同程度的危害。

三、防静电措施

消除静电危害的途径，一是加速工艺过程中所产生的静电泄漏或中和，限制静电的积累，使其不超过安全限度；二是控制工艺过程，限制静电的产生。

1. 接地法

接地法主要用来消除导电体上的静电，不宜用来消除绝缘体上的静电。消除导电体上的静电，接地电阻可不大于 100 Ω；绝缘体上的静电荷采用一般的接地是很难消除的，将绝缘体直接接地反而容易发生火花放电，这时宜在绝缘体与大地之间保持 $10^6 \sim 10^9$ Ω 的电阻。

在有火灾和爆炸危险的场所，为了避免静电火花造成事故，应采取下列接地措施：

① 凡用来加工、储存、运输各种易燃液体、气体、粉尘材料的设备均需妥善接地。如果袋形过滤器由纺织器类似物品制成，可以用金属丝穿缝予以接地。

② 氧气、乙炔管道以及其他能产生静电的管道必须连接成一个连续的整体，并予以接地。

③ 承载燃油的槽车行驶时，由于轮胎与路面摩擦可能产生静电。为了导走静电电荷，槽车底盘应用金属链条或导电橡胶条使之与大地接触。

静电接地装置应当连接牢靠，并有足够的机械强度，可以与其他接地装置共用，但各设备应有自己的接地线同接地体或接地干线相连。接地装置的连接，一般应采用焊接；在焊接十分困难或需要拆卸的地方可采用螺栓连接，但应有防松措施，对于需移动者，可采用软连接。

2. 泄漏法

用增湿措施和抗静电添加剂，促使静电电荷从绝缘体上自行消散泄漏也是消除静电危害的方法。

① 增湿。静电危害往往发生在干燥的季节，湿度对于静电泄漏的影响很大。当空气相对湿度在70%以上时，可以防止静电的大量积累。用增湿来提高空气的湿度是应用比较普遍的方法。增湿的主要作用是降低带静电绝缘体的绝缘性。湿度增加，绝缘体表面电阻大大降低，导电性增强，加速静电泄漏。

② 加抗静电添加剂。抗静电添加剂是特制的辅助剂，有的添加剂加入产生静电的绝缘材料以后，能增加材料的吸湿性，从而增强导电性能，加速静电泄漏；有些添加剂本身就具有较好的导电性。

③ 采用导电材料或低绝缘材料。对于易产生静电的机械零件尽可能采用导电材料制作。在绝缘材料制成的容器内层衬以导电层或金属网络并予以接地，采用导电橡胶代替普通橡胶等，都会加速静电电荷泄漏。

3. 中和法

中和法是消除静电危害的重要措施。静电中和法是在静电电荷密集的地方设法产生带电离子，将该处静电电荷中和掉。静电中和法可用来消除绝缘体上的静电。可运用感应中和器、高压中和器、放射线中和器、离子风中和器等装置消除静电危害。

4. 工艺控制法

前面阐述的增湿就是一种从工艺上消除静电危险的措施，不过，增湿不是控制静电的产生，而是加速静电电荷的泄漏，避免静电电荷积累到危险程度。在工艺上，还可以采用适当措施，限制静电的产生，控制静电电荷的积累。例如：用齿轮传动代替皮带传动，减少摩擦；保持传动带的正常拉力防止打滑；降低液体、气体或粉尘物质的流速，限制静电的产生；灌注液体的管道通到容器底部或紧贴侧壁，避免液体冲击和飞溅等。

还有其他措施，例如为了防止人体带上静电造成的危害，工作人员可以穿抗静电工作服和工作鞋，采取通风、除尘等措施也有利于防止静电的危害。

习题九

一、判断题

1. 雷电可通过其他带电体或直接对人体放电，使人的身体遭受巨大的伤害直至死亡。

2. 静电现象是很普遍的电现象，其危害不小，固体静电可达 200 kV 以上，人体静电也可达 10 kV 以上。

3. 雷电时，应禁止在屋外高空检修、试验和屋内验电等作业。

4. 用避雷针、避雷带是防止雷电破坏电力设备的主要措施。

5. 防雷装置的引下线应满足足够的机械强度、耐腐蚀和热稳定的要求，如用钢绞线，其截面不得小于 35 mm^2。

6. 除独立避雷针之外，在接地电阻满足要求的前提下，防雷接地装置可以和其他接地装置共用。

7. 雷电按其传播方式可分为直击雷和感应雷两种。

8. 雷电后造成架空线路产生高电压冲击波，这种雷电称为直击雷。

9. 10 kV 以下运行的阀型避雷器的绝缘电阻应每年测量一次。

10. 当静电的放电火花能量足够大时，能引起火灾和爆炸事故，在生产过程中静电还会妨碍生产和降低产品质量等。

11. 为了避免静电火花造成爆炸事故，凡在加工运输、储存等各种易燃液体、气体时，设备都要分别隔离。

12. 接闪杆可以用镀锌钢管焊成，其长度应在 1 m 以上，钢管直径不得小于 20 mm，管壁厚度不得小于 2. 75 mm。

二、填空题

13. 静电现象是十分普遍的电现象，__________是它的最大危害。

14. 雷电流产生的__________电压和跨步电压可直接使人触电死亡。

15. 为避免高压变配电站遭受直击雷，引发大面积停电事故，一般可用__________来防雷。

三、单选题

16. 运输液化气、石油等的槽车在行驶时，在槽车底部应采用金属链条或导电橡胶使之与大地接触，其目的是(　)。

A. 中和槽车行驶中产生的静电荷

B. 泄漏槽车行驶中产生的静电荷

C. 使槽车与大地等电位

17. 静电防护的措施比较多，下面常用又行之有效的可消除设备外壳静电的方法是(　)。

A. 接地　　B. 接零　　C. 串接

18. 防静电的接地电阻要求不大于(　)Ω。

A. 10　　B. 40　　C. 100

19. 变压器和高压开关柜，防止雷电侵入产生破坏的主要措施是(　)。

A. 安装避雷器　　B. 安装避雷线　　C. 安装避雷网

20. 在雷暴雨天气，应将门和窗户等关闭，其目的是为了防止(　)侵入屋内，造成火灾、爆炸或人员伤亡。

A. 球形雷　　B. 感应雷　　C. 直接雷

21. 静电引起爆炸和火灾的条件之一是(　)。

A. 有爆炸性混合物存在　　B. 静电能量要足够大　　C. 有足够的温度

22. 在生产过程中，静电对人体、设备、产品都是有害的，要消除或减弱静电，可使用喷雾增湿剂，这样做的目的是(　)。

A. 使静电荷通过空气泄漏　　B. 使静电荷向四周散发泄漏

C. 使静电沿绝缘体表面泄露

23. 为了防止跨步电压对人造成伤害，要求防雷接地装置距离建筑物出入口、人行道最小距离不应小于(　)m。

A. 2.5　　B. 3　　C. 4

24. 避雷针是常用的避雷装置，安装时，避雷针宜设独立的接地装置。如果在非高电阻率地区，其接地电阻不宜超过(　)Ω。

A. 2　　B. 4　　C. 10

25. 接闪线属于避雷装置中的一种，它主要用来保护(　)。

A. 变配电设备　　B. 房顶较大面积的建筑物　　C. 高压输电线路

26. 在建筑物、电气设备和构筑物上能产生电效应、热效应和机械效应，具有较大的破坏作用的雷属于(　)。

A. 球形雷　　B. 感应雷　　C. 直击雷

27. 在低压供电线路保护接地和建筑物防雷接地网，需要共用时，其接地网电阻要求(　)Ω。

A. ≤2.5　　B. ≤1　　C. ≤10

28. 下列说法中，不正确的是(　)。

A. 雷雨天气，即使在室内也不要修理家中的电气线路、开关、插座等。如果一定要修要把家中电源总开关拉开

B. 防雷装置应沿建筑物的外墙敷设，并经最短途径接地，如有特殊要求可以暗设

C. 雷击产生的高电压可对电气装置和建筑物及其他设施造成毁坏，电力设施或电力线路遭破坏可能导致大规模停电

D. 对于容易产生静电的场所，应保持地面潮湿，或者铺设导电性能较好的地板

四、多项选择题

29. 静电产生的方式有(　)。

A. 固体物体大面积摩擦　　B. 混合物搅拌各种高阻物体

C. 物体粉碎研磨过程　　D. 化纤物料衣服摩擦

30. 防雷直击的主要措施主要是装设(　)。

A. 避雷线　　B. 避雷网和避雷带　　C. 避雷器　　D. 避雷针

31.《电业安全工作规程》规定：电气运行人员在有雷电时必须(　)等。

A. 尽量避免屋外高空检修　　B. 禁止倒闸操作

C. 不得靠近接闪杆　　D. 禁止户外等电位作业

32. ( )是静电防护的有效措施。

A. 环境危险程度控制　　B. 接地

C. 工业容器尽量用塑料制品　　D. 增湿

33. 每年的初夏雨水季节，是雷电多且事故频繁发生的季节。在雷暴雨天气时，为了避免被雷击伤害，以下是可减少被雷击概率的方法有( )。

A. 不要到屋面、高处作业　　B. 不要在野地逗留

C. 不要进入宽大的金属构架内　　D. 不要到小山、小丘等隆起处

34. 对建筑物、雷电可能引起火灾或爆炸伤及人身伤亡事故，为了防止雷电冲击波沿低压线进入室内，可采用以下( )措施。

A. 全长电缆埋地供电，入户处电缆金属外皮接地

B. 架空线供电时，入户处装设阀型避雷器，铁脚金属接地

C. 变压器采用隔离变压器

D. 架空线转电缆供电时，在转接处装设阀型避雷器

五、简答题

35. 一套完整的避雷装置包括哪些部分?

36. 雷电的危害主要有哪些?

第十章　电气防火防爆

火灾和爆炸是事故的两大重要类别，可以造成重大的人员伤亡和巨额经济损失。而电气火灾和爆炸事故又占有很大的比例。据统计表明，电气原因引起的火灾和爆炸事故，在整个火灾爆炸事故中仅次于明火，必须认真对待。因此从安全生产角度来讲，电气防火防爆具有十分重要的意义。

一般来说，各种电气设备在一定的环境条件下都有引发火灾和爆炸危险的可能。所以我们不但要学习电气设备的工作原理、安装和维修技术，同时还要了解产生火灾和爆炸事故的原因和条件，并掌握预防措施，才能确保安全。

第一节　燃烧和爆炸的原理

一、燃烧

燃烧，俗称着火，是可燃物与助燃物(氧化剂)作用发生的一种化学反应，通常伴有大量的光和热产生。

燃烧必须同时具备以下三个基本条件。

1. 有可燃物质存在

凡能与空气中的氧或其他氧化剂起燃烧化学反应的物质都称为可燃物质。如木材、纸张、钠、镁、汽油、酒精、乙炔、氢等都属于可燃物质。而可燃气体、可燃蒸气、粉尘与空气形成的混合物，各物质占有适当的比例才会发生燃烧。

2. 有助燃物质存在

凡能帮助和支持燃烧的物质称为助燃物质。燃烧过程中的助燃物质，主要是空气中游离的氧；另外如氟、氯等也可以作为燃烧反应的助燃物。助燃物质数量不足时不会发生燃烧。

3. 有着火源存在

凡能引起可燃物质燃烧的能量来源称为着火源。如明火，电火花等都属于着火源。着火源须具备足够的温度和足够的热量才能引起可燃物质燃烧。

二、爆炸过程

在极短时间内释放大量的热和气体，并以巨大压力向四周扩散的现象，称为爆炸。爆炸过程中产生了大量的热，时常伴随或引发燃烧现象，从而导致火灾。按爆炸的性质不同，可分为化学性爆炸、物理性爆炸和核爆炸。

1. 化学性爆炸

由于物质发生极迅速的化学反应，产生高温、高压而引起的爆炸称为化学性爆炸。如乙炔酮、碘化氮、氯化氮受轻微震动即会引起的爆炸，硝化甘油、黑色火药、可燃气体、可燃蒸汽、粉尘与空气形成混合物的爆炸都属于化学性爆炸。化学性爆炸往往会直接引发火灾，是防火防爆工作中的重点。

2. 物理性爆炸

物质因状态或压力发生突变而形成爆炸的现象称为物理性爆炸。例如容器内液体过热汽化引起的爆炸，锅炉的爆炸，压缩气体、液化气体超压引起的爆炸等。物理性爆炸前后物质的性质及化学成分均不改变。物理性爆炸能间接引起火灾。

3. 核爆炸

某些物质的原子核发生裂变或聚变的连锁反应，在瞬时释放出巨大能量，形成高温高压并辐射多种射线，这种反应称为核爆炸。核爆炸会造成灾难性的后果，在日常生活中并不常见。

第二节　危险环境

不同危险环境应选用不同类型的防爆电气设备，并采用不同的防爆措施。因此，首先必须正确划分所在环境危险区域的大小和级别。

一、爆炸性气体危险环境

根据爆炸性气体混合物出现的频率程度和持续时间，将此类危险环境分为 0 区、1 区和 2 区三个等级区域。危险区域的大小受通风条件、释放源特征和危险物品性能参数等因素的影响。爆炸危险区域的级别主要受释放源特征和通风条件的影响。连续释放比周期性释放的级别高；周期性释放比偶然短时间释放的级别高。良好的通风(包括局部通风)可降低爆炸危险区域的范围和等级。

1. 0 区

指正常运行时连续出现或长时间出现爆炸性气体、蒸气或薄雾的区域。除有危险物质的封闭空间(如密闭容器内部空间、固定顶液体储罐内部空间等)以外，很少存在 0 区。

2. 1 区

指正常运行时可能偶然性出现或预计频率较低的周期性出现爆炸性气体、蒸气或薄雾的区域。

3. 2 区

指正常运行时不出现，即使出现也只是短时间偶然出现爆炸性气体、蒸气或薄雾的区域。

上述正常运行是指正常的开车、运转、停车，易燃物质的装卸，密闭容器盖的开闭，安全阀、排放阀，以及工厂所有设备的参数均符合设计要求，在其限制范围内工作的状态。

爆炸危险区域的范围和等级还与危险蒸气密度等因素有关。例如，当蒸气密度大于空气密度时，四周障碍物以内应划为爆炸危险区域，地坑或地沟内应划为高一级的爆炸危险区域；当蒸气密度小于空气密度时，室内上方封闭空间应划为高一级的爆炸危险区域等。

二、可燃性粉尘危险环境

根据可燃性粉尘、可燃性粉尘与空气混合物出现的频率和持续时间，以及粉尘层厚度，将可燃性粉尘环境可分为20区、21区和22区三个区域等级。

1. 20区

在正常运行过程中，可燃性粉尘连续出现或经常出现，而且可燃性粉尘、可燃性粉尘与空气混合物其数量足以形成无法控制的极厚粉尘层的场所及容器内部。

2. 21区

在正常运行过程中，可能出现的粉尘数量足以形成可燃性粉尘与空气混合物但未划入20区的场所。该区域包括：与充入或排放粉尘点直接相邻的场所、出现粉尘层和正常操作情况下可能产生可燃浓度的可燃性粉尘与空气混合物的场所。

3. 22区

在异常条件下，可燃性粉尘云偶尔出现并且只是短时间存在，或可燃性粉尘偶尔出现堆积，或可能存在粉尘层并且产生可燃性粉尘空气混合物的场所。如果不能保证排除可燃性粉尘堆积或粉尘层时，则应划分为21区。

第三节　电气火灾和爆炸的原因

为了防止电气火灾和爆炸，首先应当了解电气火灾和爆炸的原因。电气线路、电动机、油浸电力变压器、开关设备、电灯、电热设备等不同电气设备，由于其结构、运行各有其特点，引发火灾和爆炸的危险性和原因也各不相同。但总的来看，除设备缺陷、安装不当等设计和施工方面的原因外，在运行中，电流的热量和电流的火花或电弧是引发火灾和爆炸的直接原因。

一、危险温度

危险温度是电气设备过热造成的，而电气设备过热主要是由电流的热量造成的。导体的电阻虽然很小，但其电阻总是客观存在的。因此，电流通过导体时要消耗一定的电能。

电气设备运行时总要发热的。但是，正确设计、正确施工、正确运行的电气设备，稳定运行时，即发热与散热平衡时，其最高温度和最高温升(即最高温度与周围环境温度之差)都不会超过某一允许范围。

这就是说，电气设备正常的发热是允许的。但当电气设备的正常运行遭到破坏时，发热量增加，温度升高，在一定条件下可以引起火灾。

引起电气设备过度发热的不正常运行大体包括以下几种情况。

1. 短路

发生短路时，线路中的电流增加为正常时的几倍甚至几十倍，而产生的热量与电流的平方成正比，使得温度急剧上升。当温度达到可燃物的自燃点，即引起燃烧，从而可以导致火灾。

由于电气设备的绝缘老化变质，或受到高温、潮湿或腐蚀的作用而失去绝缘能力，即可能引起短路事故。例如把绝缘导线直接缠绕、钩挂在铁钉或其他金属导体物件上时，因为长时间的磨损腐蚀，很容易破坏导线的绝缘层从而造成短路。

由于在设备的安装检修过程中，操作不当或工作疏忽，可能使电气设备的绝缘受到机械损伤、接线和操作错误而形成短路。相线与零线直接或通过机械设备金属部分短路时，会产生更大的短路电流而加大危险性。

由于雷击等过电压的作用，电气设备的绝缘可能被击穿而造成短路。小动物、生长的植物侵入电气设备内部，导电性粉尘、纤维进入电气设备内部沉积，或电气设备受潮等都可能造成短路。

2. 过载

过载也会引起电气设备过热。造成过载大体上有如下三种情况：

一是设计选用线路设备不合理，或没有考虑适当的裕量，以致在正常负载下出现过热。

二是使用不合理。即管理不严、乱拉乱接造成线路或设备超负荷工作，或连续使用时间过长导致线路或设备的运行时间超出设计承受极限，或设备的工作电流、电压或功率超过设备的额定值等都会造成过热。

三是设备故障运行会造成设备和线路过负载。如三相电动机缺一相运行或三相变压器不对称运行均可能造成过载。

3. 接触不良

接触部位是电路中的薄弱环节，是发生过热的一个重点部位。

不可拆卸的接头连接不牢、焊接不良或接头处混有杂质，都会增加接触电阻而导致接头过热。可拆卸的接头连接不紧密或由于震动而松动也会导致接头发热，这种发热在大功率电路中，表现得尤为严重。

至于电气设备的活动触头，如刀开关的触头、接触器的触头、插式熔断器(插保险)的触头、插销的触头、滑线变阻器的滑动接触处等，如果没有足够的接触压力或接触表面粗糙不平，均可能增大接触电阻，导致过热而产生危险温度。由于各种导体间的物理、化学性质差异，不同种类的导体连接处极容易产生危险温度，如铜和铝电性不同，铜铝接头易因电解作用而腐蚀从而导致接头处过热。

由于电气设备接地线接触不良或未接地，导致漏电电流集中在某一点引起严重的局部过热，产生危险温度。

4. 铁芯发热

变压器、电动机等设备的铁芯，如因为铁芯绝缘损坏或长时间超电压，涡流损耗和磁滞损耗增加而过热，产生危险温度。

带有电动机的电气设备，如果轴承损坏或被卡住，造成停转或堵转，都会产生危险温度。

5. 散热不良

各种电气设备在设计和安装时都考虑有一定的散热或通风措施，如果这些措施受到破坏，即造成设备过热。如油管堵塞、通风道堵塞或安装位置不好，都会使散热不良，造成过热。

日常生活的家用电器，如电磁炉、白炽灯泡外壳、电熨斗灯表面都有很高温度，若安装或使用不当，均可能引起火灾。

二、火花和电弧

电火花是电极间的击穿放电，电弧是大量的电火花汇集成的。

一般电火花的温度很高，特别是电弧，温度可高达3 000~6 000 ℃，因此，电火花和电弧不仅能引起可燃物燃烧，还能使金属熔化、飞溅，构成危险的火源。在有爆炸危险的场所，电火花和电弧是十分危险的因素。在日常生产和生活中，电火花很常见。电火花大体包括工作火花和事故火花两类。

工作火花是指电气设备正常工作时或正常操作过程中产生的火花，如直流电机电刷与整流子滑动接触处、交流电机电刷与滑环滑动接触处电刷后方的微小火花，开关或接触器开合时的火花，插销拔出或插入时的火花等。

事故火花包括线路或设备发生故障时出现的火花。如电路发生故障，保险丝熔断时产生的火花；又如导线过松导致短路或接地时产生的火花。事故火花还包括由外来原因产生的火花，如雷电火花、静电火花、高频感应电火花等。

灯泡破碎时瞬时温度达2 000~3 000 ℃的灯丝有类似火花的危险作用。电动机转子和定子发生摩擦(扫膛)或风扇与其他部件碰撞产生的火花，属于机械性质火花，同样可以引起火灾爆炸事故，也应加以防范。

电气设备本身，除断路器可能爆炸，电力变压器、电力电容器、充油套管等充油设备可能爆裂外，一般不会出现爆炸事故。但电气设备的周边环境在以下情况，可能由于电弧、电火花引发空间爆炸：

(1) 周围空间有爆炸性混合物，在危险温度或火花作用下引发空间爆炸；

(2) 充油设备的绝缘油在电弧作用下分解和汽化，喷出大量油雾和可燃气体，引发空间爆炸；

(3) 发电机氢冷装置漏气、酸性蓄电池排出氢气等，形成爆炸性混合物，由电弧、火花引发空间爆炸。

第四节　防爆电气设备的选型及线路敷设

爆炸危险场所使用的电气设备，结构上应能防止由于在使用中产生火花、电弧或高温而成为引燃安装地点爆炸性混合物的引燃源。

一、防爆电气设备的类型

按照使用环境，防爆型电气设备分成三类：Ⅰ类电气设备用于煤矿瓦斯气体环境；Ⅱ类电气设备用于除煤矿甲烷气体以外的其他爆炸性气体环境；Ⅲ类电气设备用于除煤矿以外的爆炸性粉尘环境。按防爆结构型式，防爆电气设备分为以下类型。

1. 隔爆型

这类设备是能够承受内部爆炸性混合物爆炸而不致受损，而且通过外壳任何结构面或结构孔洞，不致使内部爆炸引起外部爆炸性混合物爆炸的电气设备。

隔爆型设备的外壳用钢板、铸钢、铝合金、灰铸铁等材料制成。对于正常运行时可能产生火花或电弧的隔爆型电气设备，必须设有连锁装置，保证打开壳盖时无法同时接通电源，接通电源时也无法同时打开壳盖。

2. 增安型

这类设备是在正常运行时不产生火花、电弧或危险温度的设备上提高设计标准，以提高其安全程度的电气设备。

增安型设备的绝缘带电部件的外壳防护不得低于 IP44，裸露带电部件的外壳防护不应低于 IP54，引入电缆或导线的连接件与电缆或导线应保证连接牢固、接线方便，防止电缆或导线松动、自行脱落、扭转，并能保持良好的接触压力。

3. 本质安全型

这类设备是在正常运行或发生故障情况下产生的火花或热效应，均不能点燃爆炸性混合物的电气设备。

本质安全型设备按其安全程度分成 ia 级和 ib 级。前者是在正常工作和一个故障或两个故障时不能点燃爆炸性气体混合物的电气设备，主要用于 0 区；后者是在正常工作和一个故障时不能点燃爆炸性气体混合物的电气设备，主要用于 1 区。

该型设备及其关联设备外壳防护等级不得低于 IP20，其外部连接可以采用接线端子与接线盒，或采用插接件；接线端子之间、接线端子与外壳之间均应有足够的距离；插接件应有防止拉脱的措施。

本质安全电路与设备金属机架之间的绝缘应能承受两倍电路电压，并能承受不低于 500 V 的耐压试验。本质安全电路与非本质安全电路之间的绝缘应能承受 $2U+1\,000$ V（U 为二电路电压之和），且不低于 1 500 V 的耐压试验。本质安全电路与非本质安全电路的绝缘导线应分开布置。在正常工作状态时，本质安全型设备各元件（除变压器外）的电流、电压、功率均不得大于其额定值的 2/3。

4. 正压外壳型

这类设备是向外壳内充入正压的清洁空气、惰性气体或连续通入清洁空气，使得设备外壳能保持内部气体的压力高于外部环境大气压力，以阻止爆炸性混合物进入外壳内部的电气设备。

正压外壳型设备分为通风、充气、气密等三种型式。保护气体可以是空气、氮气或其他非可燃性气体。外壳防护等级不得低于 IP44。

其外壳内不得有影响安全的通风死角。正常时，其出风口处风压或充气气压均不得低于 196 Pa；当压力低于 98 Pa 或压力最小处的压力低于 49 Pa 时，必须发出报警信号或切断电源。

5. 油浸型

这类设备是将可能产生火花、电弧或高温的电气设备或其带电零部件整个浸在绝缘油或其他保护液中，使之不能点燃油面上爆炸性混合物的电气设备。

油浸型设备外壳上应有排气孔，气孔不得有杂物堵塞；油量必须足够，最低油面以下深度不得小于 25 mm，油面指示必须清晰；油浸型电气设备的安装，应垂直，其倾斜度不应大于 5°。

6. 充砂型

这类设备是将沙砾或其他细粒状物料充入外壳，壳内出现的电弧、火焰传播或壳壁和颗粒表面的温度均不能点燃爆炸性混合物的电气设备。

充砂型设备的外壳应有足够的机械强度，防护等级不得低于IP44。细粒填充材料应填满外壳内所有空隙；颗粒直径为0.25~1.6 mm。填充时，颗粒材料含水量不得超过0.15%。

7. 浇封型

一种将整台设备或部分浇封在浇封剂中，在正常运行和认可的过载或认可的故障下不能点燃周围的爆炸性混合物的电气设备。

8. 无火花型

这类设备是在防止产生危险温度、外壳防护、防冲击、防机械摩擦火花、防电缆事故等方面采取措施，保证在正常运行时或标准制造厂规定的异常条件下，不会产生引起点燃的火花或超过温度组别限制的最高表面温度的电气设备。

9. 特殊型

这类设备是上述类型未包括的防爆类型，或由上述两种以上型式组合而成的电气设备。

二、防爆型电气设备的标志

设备外壳的明显处需设置可靠固定的铭牌，铭牌的右上方应有明显的“Ex”标志，表明该电气设备具有防爆性质。防爆电气设备的类型和标志见表10-1。

表10-1　　防爆电气设备的类型和标志

类型	隔爆型	增安型	本质安全型	正压外壳型	油浸型	充砂型	浇封型	无火花型	特殊型
标志	d	e	ia和ib	p	o	q	m	n	s

完整的防爆标志依次标明防爆型式、类别、级别和组别。例如：dⅡBT3为Ⅱ类B级T3组的隔爆型电气设备，iaⅡAT5为Ⅱ类A级T5组的ia级本质安全型电气设备。如epⅡBT4为主体增安型，并有正压外壳型部件的防爆型电气设备。对于只允许用于某一种可燃性气体或蒸气环境的电气设备，可直接用该气体或蒸气的分子或名称标志，而不必注明级别和组别，如dⅡ(NH_3)为用于氨气环境的隔爆型电气设备。对于Ⅱ类电气设备，可以标温度组别，可以标最高表面温度，亦可二者都标出，如最高表面温度125 ℃的工厂增安型电气设备标志为eⅡT4、eⅡ或eⅡ(125 ℃)T4。

三、爆炸危险环境中电气设备选择

1. 一般要求

选择电气设备前，应掌握所在爆炸危险场所有关资料，包括场所等级和区域范围划分以及所在场所内爆炸性混合物的级别、组别等有关资料。

应根据电气设备使用场所等级、电气设备的种类和使用条件选择电气设备，见表10-2。

所选用的防爆电气设备的级别和组别不应低于该场所内爆炸性混合物的级别和组别。当存在两种以上爆炸性物质时，应按混合后的爆炸性混合物的级别和组别选用；如无据可查又不可能进行试验时，可按危险程度较高的级别和组别选用。

表 10-2　　气体爆炸危险场所电气设备防爆类型选型

爆炸危险区域	适用的防护型式	
	电气设备类型	防爆标志
0 区	1. 本质安全型(ia 级)	Exia
	2. 浇封型	Exma
	3. 其他特别为 0 区设计的电气设备(特殊型)	Exs
1 区	1. 适用于 0 区的防护类型	
	2. 隔爆型	Exd
	3. 增安型	Exe
	4. 本质安全型(ib 级)	Exib
	5. 正压外壳型	Expx、Expy
	6. 油浸型	Exo
	7. 充砂型	Exq
	8. 浇封型	Exmb
	9. 其他特别为 1 区设计的电气设备(特殊型)	Exs
2 区	1. 适用于 0 区或 1 区的防护类型	
	2. 正压外壳型	Expz
	3. 无火花型	Exn
	4. 其他特别为 2 区设计的电气设备(特殊型)	Exs

爆炸危险场所的电气设备必须是符合现行国家标准制造并有国家检验部门防爆合格证的产品。爆炸危险场所内电气设备应能防止周围环境内化学、机械、热和生物因素的危害，应与环境温度、空气湿度、海拔高度、日光辐射、风沙、地震等环境条件的要求相适应。其结构应满足电气设备在规定的运行条件下不会降低防爆性能的要求。

工厂气体、蒸气危险场所用防爆电气设备的最高表面温度不得超过表 10-3 的规定。

表 10-3　　气体、蒸气危险场所电气设备最高表面温度

组　别	T1	T2	T3	T4	T5	T6
最高表面温度/℃	450	300	200	135	100	85

在爆炸危险场所，应尽量少用或不用携带式电气设备，尽量少安装插销座。将危险的电气设备安装在场所外；必须安装在危险场所内的，应安装在危险性相对较小的位置。采用防爆型设备隔墙机械传动时，隔墙必须是非燃烧材料的实体墙，穿轴孔洞必须密封，安装电气设备的房间出口只能通向非爆炸危险场所，否则，必须保持正压。并定期清扫电气设备油污、灰尘等脏物，以免由于过多脏物引发火灾等事故。

2. 爆炸性气体危险场所电气设备选型

① 旋转电机防爆结构选型见表 10-4。表中符号意义如下：○——选用，△——慎用，×——不适用。下同。

表 10-4　　旋转电机防爆结构的选型

电气设备＼防爆结构＼爆炸危险区域	1区			2区			
	隔爆型 d	正压外壳型 p	增安型 e	隔爆型 d	正压外壳型 p	增安型 e	无火花型 n
鼠笼式感应电动机	○	○	△	○	○	○	○
绕线式感应电动机	△	△		○	○	○	×
同步电动机	○	○	×	○	○	○	
直流电动机	△	△		○	○		
电磁滑差离合器（无电制）	○	△	×	○	○	○	△

② 变压器防爆结构选型见 10-5。

表 10-5　　低压变压器类防爆结构的选型

电气设备＼防爆结构＼爆炸危险区域	1区			2区			
	隔爆型 d	正压外壳型 p	增安型 e	隔爆型 d	正压外壳型 p	增安型 e	无火花型 n
变压器（包括启动用）	△	△	×	○	○	○	○
电抗线圈（包括启动用）	△	△	×	○	○	○	○
仪表用互感器	△		×	○		○	○

③ 低压开关和控制器防爆结构选型见表 10-6。

表 10-6　　低压变压器类防爆结构的选型

电气设备＼防爆结构＼爆炸危险区域	0区	1区					2区				
	本质安全型 ia	本质安全型 ia，ib	隔爆型 d	正压外壳型 p	油浸型 o	增安型 e	本质安全型 ia，ib，ic	隔爆型 d	正压外壳型 p	油浸型 o	增安型 e
刀开关、断路器			○					○			
熔断器			△					○			
控制开关按钮	○	○	○		○		○	○		○	
电抗启动器和启动补偿器			△				○				
启动用金属电阻器			△	△		×		○	○		○
电磁阀用电磁铁			○			×		○			○
电磁摩擦制动器			△			×		○			○
操作箱、柱			○	○				○	○		△
控制盘			△	△				○	○		
配电盘			△					○			

注：电抗启动器和启动补偿器采用增安型时，是指将隔爆结构的启动运转开关操作部件与增安型防爆结构的电抗线圈或单绕组变压器组成一种的结构。

④ 灯具防爆结构选型见表 10-7。

表 10-7　　灯具类防爆结构的选型

电气设备 \ 防爆结构 \ 爆炸危险区域	1区		2区	
	隔爆型 d	增安型 e	隔爆型 p	增安型
固定式灯	○	×	○	○
移动式灯	△		○	
携带式电池灯	○		○	
指示灯类	○	×	○	○
镇流器	○	△	○	○

⑤ 信号报警装置、防爆结构选型见表 10-8。

表 10-8　　信号、报警装置等电气设备防爆结构选型

电气设备 \ 防爆结构 \ 爆炸危险区域	0区			1区			2区		
	本质安全型 ia	本质安全型 ia，ib	隔爆型 d	正压外壳型 p	增安型 e	本质安全型 ia，ib，ic	隔爆型 d	正压外壳型 p	增安型 e
信号、报警装置	○	○	○	○	×	○	○	○	○
插接装置			○				○		
接线箱（盒）			○		△		○		○
电气测量表计			○	○	×		○	○	○

四、防爆场所电气线路敷设

在爆炸危险场所中，电气线路位置的选择、敷设方式的选择、导体材质的选择、绝缘保护方式的选择、连接方式的选择等均应根据场所危险等级进行。

1. 爆炸性气体危险场所的电气线路

① 电气线路位置选择

电气线路应在爆炸危险性较低的环境或远离释放源的地方敷设。当易燃物质比空气重时，电气线路应在较高处敷设或直接埋地；架空敷设时宜采用电缆桥架；电缆沟敷设时沟内应充沙。

当易燃物质比空气轻时，电气线路宜在较低处敷设或电缆沟敷设。电气线路在有爆炸性危险的建、构筑物的墙外敷设。敷设电气线路的沟道、电缆或钢管，所穿过的不同区域之间墙或楼板处的孔洞，应采用非燃性材料严密堵塞。

当电气线路沿输送易燃气体或液体的管道栈桥敷设时，应符合下列要求：

沿危险程度较低的管道一侧，当易燃物质比空气重时，在管道上方；比空气轻时，在管道的下方。

敷设电气线路时宜避开可能受到机械损伤、振动、腐蚀以及可能受热的地方，不能避开时，应采取预防措施。

② 线路敷设

在爆炸危险场所严禁绝缘导线明敷，电气线路采用三相五线制和单相三线制、穿钢管配线或电缆线路，其敷设方法见表10-9、表10-10、表10-11。

表10-9　　爆炸性气体环境电缆配线技术要求

	电缆明设或在沟内敷设时的最小截面			接线盒	移动电缆
	电力	照明	控制		
1区	铜芯2.5 mm^2 及以上	铜芯2.5 mm^2 及以上	铜芯2.5 mm^2 及以上	隔爆型	重型
2区	铜芯1.5 mm^2 及以上，铝芯4 mm^2 及以上	铜芯1.5 mm^2 及以上，铝芯2.5 mm^2 及以上	铜芯1.5 mm^2 及以上	隔爆、增安型	中型

表10-10　　爆炸危险环境钢管配线技术要求

项目 技术要求 / 爆炸危险区域	钢管明配线路用绝缘导线的最小截面			接线盒分支盒挠性连接管	管子连接要求
	电力	照明	控制		
1区	铜芯2.5 mm^2 及以上	铜芯2.5 mm^2 及以上	铜芯2.5 mm^2 及以上	隔爆型	对DG25mm及以下的钢管螺纹旋合不应少于5扣，对DG32mm及以上的不应少于6扣并有锁紧螺母
2区	铜芯1.5 mm^2 及以上，铝芯4 mm^2 及以上	铜芯1.5 mm^2 及以上，铝芯2.5 mm^2 及以上	铜芯1.5 mm^2 及以上	隔爆、增安型	对DG25mm及以下的钢管螺纹旋合不应少于5扣，对DG32mm及以上的不应少于6扣

表10-11　　爆炸危险场所配线方式适用区

配线种类	配线方式	区域等级	
		1区	2区
防爆钢管配线	明设	○	○
	暗设	■	■
电　缆	直接埋设	■	○
	电缆沟(充沙)	■	○
	电缆隧道	■	■
	电缆桥架	○	○

注：○——适用；■——尽量避免。

固定敷设的电力电缆应采用铠装电缆。固定敷设的照明、通信、信号的控制电缆可采用铠装电缆或塑料护套电缆。非固定敷设的电缆应采用非燃性胶护套电缆。

固定敷设的非铠装电缆应穿钢管或用钢板制电缆槽保护。

不同用途的电缆应分开敷设。

钢管配线应使用专用镀锌钢管或使用处理过风壁毛刺，且进行过内、外壁防腐处理的水管或煤气管。

两段配线应使用专用镀锌管附件连接，钢管电气设备之间应用螺纹连接，螺纹啮合不得少于 6 扣，并应采取防松和防腐蚀措施。

钢管与电气设备直接有困难的，以及管道通过建筑物的伸缩、沉降缝处应装挠性连接管。

③ 隔离密封

敷设电气线路的沟道、保护管、电缆或钢管穿过爆炸危险环境等级不同或爆炸性气体或蒸气的介质不同区域之间的隔墙或楼板处的孔洞时，应用非燃性材料严密堵塞。

④ 导线材料选择

由于铝芯的机械强度差，易于折断，需要过渡连接而加大接线盒，且连接技术上难于控制和保证质量，铝芯导线或电缆的安全性能较差。如有条件，爆炸危险环境应优先采用铜线。但在爆炸危险环境等级为 2 区的范围内，配电线路的导线连接，以及电缆的封端采用压接、熔焊或钎焊时，电力线路也可选用 4 mm^2 及以上的铝芯导线或电缆；照明线路可选用 2. 5 mm^2 及以上的铝芯导线或电缆。

在爆炸危险环境等级为 1 区的范围内，配电线路应采用铜芯导线或电缆。

有剧烈振动处应选用多股铜芯软线或多股铜芯电缆。煤矿井下不得使用铝芯电力电缆。

爆炸危险环境内的配电线路一般选用有交联聚乙烯、聚乙烯、聚氯乙烯或合成橡胶绝缘护套的电线、电缆。电缆宜采用耐热阻燃、耐腐蚀、采用油浸的绝缘电缆。

在爆炸危险环境内，低压电力、照明线路用的绝缘导线和电缆的额定电压不得低于工作电压，并不应低于 500 V。工作零线的绝缘应与相线有同样的绝缘能力，并应在同一绝缘护套内。

⑤ 允许载流量

为避免可能的危险温度，爆炸危险场所导线的允许载流量应低于非爆炸危险场所的载流量。在 1 区、2 区内的绝缘导线和电缆截面的选择，导体允许载流量不应小于熔断器熔体额定电流的 1. 25 倍和断路器长延时过电流脱扣器整定电流的 1. 25 倍，引向低压鼠笼形感应电动机支线的允许载流量不应小于电动机额定电流的 1. 25 倍。

⑥ 电气线路的连接

1 区及 2 区的电气线路不允许有中间接头。但若电气线路的连接是在与该危险环境等级相适应的防爆类型的接线盒或接头盒的内部，则不属于此种情况。1 区宜采用隔爆型接线盒，2 区可采用增安型接线盒。

2 区的电气线路若选用铝芯电缆或导线时，必须有可靠的铜铝过渡接头；导线的连接或封端应采用压接、熔焊或钎焊，而不允许使用简单的机械扎或螺旋缠绕的连接方式。

2. 粉尘爆炸危险场所的电气线路

粉尘爆炸危险场所的电气线路的各项要求与相应等级危险区域爆炸性气体危险场所中

的要求基本一致，即 10 区、11 区的电气线路可分别按 1 区、2 区的考虑。电缆配线和钢管配线的技术要求见表 10-12 和表 10-13。

表 10-12　粉尘爆炸危险环境电缆配线技术要求

类别	电缆最小截面	接线盒	移动电缆
10 区	铠装，铜芯 2.5 mm^2 及以上	隔爆型	重型
11 区	铠装，铜芯 1.5 mm^2 及以上，或铠装，铝芯 2.5 mm^2 及以上	隔爆型，也可用防尘型	中型

注：1. 在 11 区内电缆明设时可采用非铠装电缆。敷设方式应能防止机械损伤。
2. 在封闭电缆沟内，可采用非铠装电缆。
3. 铝芯绝缘线或电缆的连接与封端应采用压接。

表 10-13　爆炸性粉尘环境钢管配线技术要求

类别	绝缘导线的最小截面	接线盒、分支盒	管子连接要求
20 区	铜芯 2.5 mm^2 及以上	尘线盒、分支盒	螺纹旋合应不少于 5 扣
21 区	铜芯 1.5 mm^2 及以上 铝芯 2.5 mm^2 及以上	尘密型，也可采用防尘型	螺纹旋合应不少于 5 扣
22 区			

第五节　防火防爆措施

从根本上说，所有防火防爆措施都是控制燃烧和爆炸的三个基本条件，使之不能同时出现。因此，防火防爆措施必须是综合性的措施，除了选用合理的电气设备外，还包括保持必要的防火间距、保持电气设备正常运行、保持通风良好、采用耐火设施、装设良好的保护装置等技术措施。

一、保持防火间距

选择合理的安装位置，保持必要的安全间距也是防火防爆的一项重要措施。

为了防止电火花或危险温度引起火灾，开关、插销、熔断器、电热器具、照明器具、电焊设备、电动机等均应根据需要，适当避开易燃物或易燃建筑构件。天车滑触线的下方，不应堆放易燃物品。

10 kV 及以下的变、配电室不应设在爆炸危险场所的正上方或正下方；变、配电室与爆炸危险场所或火灾危险场所毗邻时，隔墙应是非燃材料制成的。

二、保持电气设备正常运行

电气设备运行中产生的火花和危险温度是引起火灾的重要原因。因此，防止过大的工作火花，防止出现事故火花和危险温度，即保持电气设备的正常运行对于防火防爆也有重要的意义。保持电气设备的正常运行包括保持电气设备的电压、电流、温升等参数不超过允许值，包括保持电气设备足够的绝缘能力、保持电气连接良好等。

在爆炸危险场所，所用导线允许载流量不应低于线路熔断器额定电流的 1.25 倍和自动开关长延时过电流脱扣器整定电流的1.25倍。

三、接地

爆炸危险场所的接地(或接零)较一般场所要求高，应注意以下几点：

(1) 除生产上有特殊要求的以外，一般场所不要求接地(或接零)的部分仍应接地(或接零)。例如，在不良导电地面处，交流电压380 V及以下、直流电压440 V及以下的电气设备正常时不带电的金属外壳，还有直流电压110 V及以下、交流电压127 V及以下的电气设备，以及敷设有金属包皮且两端已接地的电缆用的金属构架均应接地(或接零)。

(2) 在爆炸危险场所，6 V电压所产生的微弱火花即可能引起爆炸，为此，在爆炸危险场所，必须将所有设备的金属部分、金属管道以及建筑物的金属结构全部接地(或接零)，并连接成连续整体以保持电流途径不中断；接地(或接零)干线宜在爆炸危险场所不同方向不少于两处与接地体相连，连接要牢靠，以提高可靠性。

(3) 单相设备的工作零线应与保护零线分开，相线和工作零线均应装设短路保护装置，并装设双极开关同时操作相线和工作零线。

(4) 在爆炸危险场所，如由不接地系统供电，必须装设能发出信号的绝缘监视装置，使有一相接地或严重漏电时能自动报警。

第六节 电气灭火常识

与一般火灾相比，电气火灾有两个显著特点：其一是着火的电气设备可能带电，扑灭时若不注意就会发生触电事故；其二是有些电气设备充有大量的油(如电力变压器、多油断路器等)，一旦着火，可能发生喷油甚至爆炸事故，造成火焰蔓延，扩大火灾范围。因此，根据现场情况，可以断电的应断电灭火，无法断电的则带电灭火。

一、断电安全要求

发现起火后，首先要设法切断电源。切断电源要注意以下几点：

(1) 火灾发生后，由于受潮或烟熏，开关设备绝缘能力降低，因此，拉闸时最好用绝缘工具操作。

(2) 高压应先操作断路器而不应该先操作隔离开关切断电源，低压应先操作磁力启动器后操作闸刀开关切断电源，以免引起电弧。

(3) 切断电源时要选择适当的范围，防止切断电源后影响灭火工作。

(4) 剪断电线时，不同相电线应在不同部位剪断，以免造成短路；剪断空中电线时，剪断位置应选择在电源方向的支持物附近，以防止电线切断后断落下来造成接地短路和触电事故。

二、带电灭火安全要求

有时为了争取灭火时间，防止火灾扩大，来不及断电，或因生产需要或其他原因，不能断电，则需要带电灭火。带电灭火需注意以下几点：

（1）应按灭火器和电气起火的特点，正确选择和使用适当的灭火器。

二氧化碳灭火器可用于600 V以下的带电灭火。灭火时，先将灭火器提到起火地点放好，再拔出保险销，一手握住喇叭筒根部的手柄，一手紧握启闭阀的压把。如果二氧化碳灭火器没有喷射软管，应把喇叭筒上扳70°~90°。使用时，不能直接用手抓住喇叭筒外壁或金属连接管，防止手被冻伤。在室外使用的，灭火时应选择上风方向喷射。在室内窄小空间使用时，灭火后灭火人员应迅速离开，防止窒息。

干粉灭火器可用于50 kV以下的带电灭火。干粉灭火器最常用的开启方法为压把法：将灭火器提到距火源适当位置后，先上下颠倒几次，使筒内的干粉松动，然后让喷嘴对准燃烧最猛烈处，拔去保险销，压下压把，灭火剂便会喷出灭火。开启干粉灭火棒时，左手握住其中部，将喷嘴对准火焰根部，右手拔掉保险卡，旋转开启旋钮，打开储气瓶，干粉便会喷出灭火。

泡沫灭火器喷出的灭火剂泡沫中含有大量水分，有导电性导致使用触电，因此不宜用于带电灭火。

（2）用水枪灭火时宜采用喷雾水枪，带电灭火为防止通过水柱的泄漏电流通过人体，可以将水枪喷嘴接地，让灭火人员穿戴绝缘手套和绝缘靴或穿戴均压服操作。

（3）人体与带电体之间保持必要的安全距离。用水灭火时，水枪喷嘴至带电体的距离：电压110 kV及以下者不应小于3 m，220 kV及以上者不应小于5 m。用二氧化碳等有不导电灭火剂的灭火器灭火时，机体、喷嘴至带电体的最小距离：10 kV者不应小于0.4 m，35 kV者不应小于0.6 m等。

（4）对架空线路等空中设备进行灭火时，人体位置与带电体之间的仰角不应超过45°，以防导线断落危及灭火人员的安全。

（5）如遇带电导线断落地面，应在周围设立警戒区，防止跨步电压伤人。

三、充油设备灭火要求

充油设备的油，闪点多在130~140 ℃之间，有较大的危险性。如果只在设备外部起火，可用二氧化碳（600 V以下）、干粉灭火器带电灭火。灭火时，灭火人员应站在上风侧，避免灭火人员被火焰烧伤烫伤，或者受烟雾、风向影响降低灭火效果。如火势较大，应切断电源，方可用水灭火。如油箱破坏、喷油燃烧，火势很大时，除切除电源外，有事故贮油坑的应设法将油放进贮油坑，坑内和地上的油火可用泡沫灭火器扑灭；要防止燃烧着的油流入电缆沟而顺沟蔓延，电缆沟内的油火只能用泡沫覆盖扑灭。

发电机和电动机等旋转电机起火时，为防止轴和轴承变形，可令其慢慢转动，用喷雾水灭火，并使其均匀冷却；也可用二氧化碳、蒸气、干粉灭火，但使用干粉会有残留，灭火后难清理。

习题十

一、判断题

1. 电气设备缺陷、设计不合理、安装不当等都是引发火灾的重要原因。

2. 使用电气设备时，由于导线截面选择过小，当电流较大时也会因发热过大而引发火灾。

3. 在有爆炸和火灾危险的场所，应尽量少用或不用携带式、移动式的电气设备。

4. 在爆炸危险场所，应采用三相四线制、单相三线制方式供电。

5. 对于在易燃、易爆、易灼烧及有静电发生的场所作业的工作人员，不可以发放和使用化纤防护用品。

6. 日常生活中，在与易燃、易爆物接触时要引起注意：有些介质是比较容易产生静电乃至引发火灾爆炸的。如在加油站不可用金属桶等盛油。

7. 在设备运行中，发生起火的原因，电流热量是间接原因，而火花或电弧则是直接原因。

8. 为了防止电气火花、电弧等引燃爆炸物，应选用防爆电气级别和温度组别与环境相适应的防爆电气设备。

9. 在高压线路发生火灾时，应迅速撤离现场，并拨打火警电话 119 报警。

10. 在高压线路发生火灾时，应采用有相应绝缘等级的绝缘工具，迅速拉开隔离开关切断电源，选择二氧化碳或者干粉灭火器进行灭火。

11. 二氧化碳灭火器带电灭火只适用于 600 V 以下的线路，如果是 10 kV 或者 35 kV 线路，如要带电灭火只能选择干粉灭火器。

二、填空题

12. 在易燃、易爆危险场所，电气设备应安装__________电气设备。

13. 当低压电气火灾发生时，首先应做的是__________。

14. 电气火灾发生时，应先切断电源再扑救，但不知或不清楚开关在何处时，应剪断电线，剪切时要不同相线在__________位置剪断。

15. 干粉灭火器可适用于__________kV 以下线路带电灭火。

三、单选题

16. 电气火灾的引发是由于危险温度的存在，危险温度的引发主要是由于(　)。

A. 设备负载轻　　B. 电压波动　　C. 电流过大

17. 在电气线路安装时，导线与导线或导线与电气螺栓之间的连接最易引发火灾的连接工艺是(　)。

A. 铜线与铝线铰接　　B. 铝线与铝线铰接　　C. 铜铝过渡接头压接

18. 在易燃、易爆危险场所，供电线路应采用(　)方式供电。

A. 单相三线制，三相四线制

B. 单相三线制，三相五线制

C. 单相两线制，三相五线制

19. 当电气火灾发生时，应首先切断电源再灭火，但当电源无法切断时，只能带电灭火，500 V 低压配电柜灭火可选用的灭火器是(　)。

A. 二氧化碳灭火器　　B. 泡沫灭火器　　C. 水基式灭火器

20. 电气火灾的引发是由于危险温度的存在，其中短路、设备故障、设备非正常运行及(　)都可能是引发危险温度的因素。

A. 导线截面选择不当　　B. 电压波动　　C. 设备运行时间长

21. 在易燃、易爆危险场所，电气线路应采用(　)或者铠装电缆敷设。

A. 穿金属蛇皮管再沿铺沙电缆沟　　B. 穿水煤气管　　C. 穿钢管

22. 当车间发生电气火灾时，应首先切断电源，切断电源的方法是(　)。

A. 拉开刀开关

B. 拉开断路器或者磁力开关

C. 报告负责人请求断总电源

23. 用喷雾水枪可带电灭火，但为安全起见，灭火人员要戴绝缘手套，穿绝缘靴还要求水枪头(　)。

A. 接地　　B. 必须是塑料制成的　　C. 不能是金属制成的

24. 带电灭火时，如用二氧化碳灭火器的机体和喷嘴距 10 kV 以下高压带电体不得小于(　)m。

A. 0.4　　B. 0.7　　C. 1.0

25. 导线接头、控制器触点等接触不良是诱发电气火灾的重要原因。所谓接触不良，其本质原因是(　)。

A. 触头、接触点电阻变化引发过电压

B. 触头接触点电阻变小

C. 触头、接触点电阻变大引起功耗增大

26. 当架空线路与爆炸性气体环境邻近时，其间距不得小于杆塔高度的(　)倍。

A. 3　　B. 2.5　　C. 1.5

27. 当 10 kV 高压控制系统发生电气火灾时，如果电源无法切断，必须带电灭火，则可选用的灭火器是(　)。

A. 干粉灭火器，喷嘴和机体距带电体应不小于 0.4 m

B. 雾化水枪，戴绝缘手套，穿绝缘靴，水枪头接地，水枪头距带电体 4.5 m 以上

C. 二氧化碳灭火器，喷嘴距带电体不小于 0.6 m

28. 下列说法中，不正确的是(　)。

A. 旋转电器设备着火时不宜用干粉灭火器灭火

B. 当电气火灾发生时，如果无法切断电源，就只能带电灭火，并选择干粉或者二氧化碳灭火器，尽量少用水基式灭火器

C. 在带电灭火时，如果用喷雾水枪应将水枪喷嘴接地，并穿上绝缘靴和戴上绝缘手套，才可进行灭火操作

D. 当电气火灾发生时首先应迅速切断电源，在无法切断电源的情况下，应迅速选择干粉、二氧化碳等不导电的灭火器材进行灭火

四、多项选择题

29. 爆炸性气体危险环境分为(　)三个等级区域。

A. 0 区　　B. 1 区　　C. 2 区　　D. 3 区

30. 在当前我国的供电系统电压等级中，可用于 10 kV 以下(不含 10 kV)线路带电灭火的灭火器材是(　)。

A. 二氧化碳灭火器　　B. 干粉灭火器

C. 水基式泡沫灭火器　　D. 高压雾化水枪

31. 在爆炸危险场所，对使用电气设备有较一般场所更高的要求。主要采取的措施有(　)等，这是爆炸危险场所对电气设备、设施的一些基本要求。

A. 电气设备、金属管道等成等电位接地

B. 选用相应环境等级的防爆电气设备

C. 接地主干线不同方向两点以上接地

D. 单相电气设备供电相线、零线都要装短路保护装置

32. 电气火灾发生时，作为当班电工，应先切断电源再扑救，但为了不影响扑救，避免火灾范围进一步扩大，应采取的措施是(　)。

A. 选择性地断开引起火灾的电源支路开关　　B. 为了安全应立即切断总电源

C. 选择适当的灭火器材迅速灭火　　D. 立即打电话给主管报告情况

33. 燃烧必须同时具备的要素有(　)。

A. 可燃物　　B. 操作人员　　C. 助燃物　　D. 着火源

34. 下列属于防爆电气设备类型的有(　)。

A. 隔爆型　　B. 增安型　　C. 全密封型　　D. 正压外壳型

五、简答题

35. 在易燃、易爆危险场所，使用电气设备选型的依据是什么？

第十一章　接触电击防护

第一节　直接接触电击防护

安全用电的基本方针应是“安全第一，预防为主”。只有本着这一方针，在制度上、技术上采取防止触电的措施，才是安全用电的治本良策。在各种触电事故中，最常见的是人体误触带电体或触及正常情况下不带电而故障情况下变为带电的导体而引起的触电。前者可谓直接接触电击，后者可谓间接接触电击。针对这两种情况可分别采用安全电压、屏护、标志、安全距离、绝缘防护、保护接地、保护接零、漏电保护及其他防护技术。

一、特低电压

特低电压问题是电气安全的一项基础性课题，是为了保障人身及设备安全而提出的。特低电压的最大特征是电压值很低。但在实际应用中，仅靠很低的电压值并不能保证对电击危险的防护。所以特低电压的安全防护应包括电压值、提供这个电压的电源和采用这个电压的系统三个方面。具备上述三方面的要求，采用了规定的特低电压限值的电气系统称之为特低电压防护系统。

1. 特低电压的分类

按 IEC 的标准，将小规定限值的电压统称为特低电压，简称为 ELV。

(1) 特低电压可分为如下类别：

SELV——安全特低电压

安全防护所需 PELV——保护特低电压

设备工作所需 FELV——功能特低电压

(2) 特低电压各类别的用途如下：

① SELV 只作为不接地系统的电击防护，用于具有严重电击危险性的场所，如游泳池、娱乐场等，作为主要或唯一的电击防护措施。

② PELV 可作为保护接地系统的电压防护，用于一般危险场所，通常是在配置了其他电击防护措施的前提下，为了更安全而采用的防护。

③ FELV 是指因使用功能(而非电击防护) 的原因而采用的特低电压，使用 FELV 的设备很多，如电源外置的笔记本计算机、电焊枪等。

2. 特低电压限值

特低电压限值是指在任何条件下，任意两导体之间或任一导体与地之间允许出现的最大电压值。任何条件包括正常运行、故障和空载等所有可能的情况。

国家标准《特低电压(ELV)限值》(GB/T 3805—2008)对于安全防护的电压上限值作出如

下规定：正常环境条件下，正常工作时工频电压有效值的限值为 33 V，直流(无纹波)电压的限值为 70 V；单故障时工频电压有效值的限值为 55 V，直流(无纹波)电压的限值为 140 V。除此之外，该标准还对其他环境状况下的特低电压做了规定，见表 11-1。

表 11-1　稳态特低电压限值

环境状况		电压限值/V					
		正常(无故障)		单故障[①]		双故障[②]	
		交流	直流	交流	直流	交流	直流
1	皮肤阻抗和对地电阻降低(例如潮湿条件)	0	0	0	0	16	16
2	皮肤阻抗和对地电阻均可忽略不计(例如人体浸没条件)	16	35	33	70	不适用	不适用
3	皮肤阻抗和对地电阻均不降低(例如干燥条件)	30[③]	70[④]	55[③]	140[④]	不适用	不适用
4	特殊状况(例如电焊、电镀)，另行规定	特殊应用					

注：① 单故障：能影响两个可同时触及的可导电部分间电压的单一故障。

②双故障：能影响两个可同时触及的可导电部分间电压的同时存在的两个故障；若其中任何一个故障单独出现时，即已影响到可同时触及的可导电部分间的电压，则应先按"单故障"处置。

③对接触面积小于 1 mm^2 的不可紧握部件，电压限值分别为 66 V 和 80 V。

④在电池充电时，电压限值分别为 75 V 和 150 V。

3. 特低电压的选用

在正常环境中作间接电击防护时，应用限值以下的安全电压；当采用安全特低电压作直接电击防护时，应选用 25 V 及以下的安全电压。例如：有电击危险环境中的手持照明灯具和局部照明灯应采用 24 V；医用电气设备应采用 24 V 及以下电压，但插入人体的医用电气设备应更低；浴室、游泳池的电气设备应采用 12 V；金属容器、隧道、矿井内等工作地点狭窄，工作人员活动困难，周围有大面积接地导体或金属物件，有高度触地危险的环境以及特别潮湿的场所均应采用 12 V 的安全特低电压。

4. 安全电源的选用

所谓安全电源，首先要满足的条件是正常工作时电压值在安全特低电压范围内，同时还要满足在发生各种可能的故障时不会引入更高的电压。满足上述条件的电源有以下几种：

(1) 采用安全隔离变压器的电源或具有多个安全隔离绕组的电动发电机组。

(2) 电化学电源(如蓄电池等)或与较高电压回路无关的其他独立电源(如柴油发电机组)。

(3) 即使在故障时仍能确保输出端子上的电压不超过 SELV 限值的电子装置电源(如 UPS)。

二、屏护和间距

1. 屏护

所谓屏护，就是使用围墙、栅栏、遮栏、护罩、箱盒等将带电体与外界隔离。

(1) 屏护的作用

身处安全距离之外的电工人员，难于直观认知设备是否带电及电压的高低，再加上有时注意力分散，工作人员有偶然碰触或过分接近带电体而触电的危险。采用屏护措施将带电体间隔起来，可以有效地防止上述危险情况的发生。

① 防止工作人员意外触及或过分接近带电体，如围墙、栅栏、遮栏、护罩、箱盒等。

② 作为检修部位与带电体的距离小于安全距离时的隔离措施，如绝缘隔板。

③ 保护电气设备不受机械损伤，如低压电器的护罩、箱盒和挡板等。

(2) 屏护的设置场所

配电线路和电气设备的带电部分如果不便于包以绝缘或者单靠绝缘不足以保证安全的场合，可采用屏护保护。

① 对于高压电气设备，无论是否有绝缘，均应采取屏护或其他防止接近的措施。

② 开关电器的可动部分一般不能包以绝缘，因而需要加以屏护。其中防护式开关电器本身带有屏护装置，如胶盖闸刀开关的胶盖、铁壳开关的铁壳、磁力启动器的铁盒等。而开启式石板闸刀开关则要另加屏护装置。对于用电设备的电气部分，按设备的具体情况常备有电气箱、控制柜，或装于设备的壁龛内作为屏护装置。

③ 变配电设备应有完善的屏护装置。安装在室外地上的变压器，以及安装在车间或公共场所的变配电装置，均需装设遮栏以做屏护。

(3) 常用屏护的规格及安全要求

屏护装置有永久性的，如配电装置的遮栏和开关的罩盖等；临时性的，如抢险维修中临时装设的栅栏等；固定的，如母线的护网；移动性的，如跟随天车移动的天车滑线屏护装置。

由于屏护装置不直接与带电体接触，因此对制作屏护装置所用材料的导电性能没有严格的规定。但各种屏护装置都应根据环境条件符合防火、防风要求并有足够的机械强度和稳定性。此外，还应满足以下要求。

① 用金属材料制成的屏护装置，为了防止屏护装置意外带电造成触电事故，必须将屏护装置接地或接零。

② 屏护装置一般不宜随便打开、拆卸或挪移，有时其上还应装有连锁装置(只有断开电源才能打开)。

③ 屏护装置还应与以下安全措施配合使用：

a. 屏护装置应有足够的尺寸，并应与带电体之间保持必要的安全距离。

b. 网状屏护装置的网孔应不大于 40 mm×40 mm。

c. 遮栏高度应不低于 1.7 m，底部离地应不超过 0.7 m；对于低压设备，网眼遮栏与裸导体之间的距离不宜小于 0.15 m，10 kV 设备不宜小于 0.35 m，25~35 kV 设备不宜低于 0.6 m。户内栅栏高度应不低于 1.2 m，户外不低于 1.5 m；对于低压设备，栅栏与裸导体之间的距离不宜小于 0.8 m，栏条间距应不超过 0.2 m。户外变电装置的围墙高度一般应不低于 2.5 m。

④ 被屏护的带电部分应有明显的标志，标明规定的符号或涂上规定的颜色和遮栏、栅栏等屏护标志。装置上应根据被屏护对象挂上“当心触电!”等警告牌。

2. 电气安全距离

(1) 安全距离的含义

裸带电体之间、带电体与地面及其他设施之间是靠空气绝缘的，带电体的工作电压越高，要求其间的空气距离越大。当此距离不足时，将于其间发生电弧放电现象。带电体之间的放电将引起弧光短路；带电体与地之间的放电将引起弧光接地；当人体过分接近带电体时，放电将引起电击或电伤事故。为防止人体触及或过分接近带电体，或防止车辆和其他物体碰撞带电体以及避免发生各种短路、火灾和爆炸事故，在人体与带电体之间、带电体与地面之间、带电体相互之间及与其他物体和设施之间，都必须保持的最小距离，称之为电气安全距离，简称间距。

（2）架空线路的安全距离

架空线路所用的导线可以是裸线，也可以是绝缘线，但即使是绝缘线，露天架设导线的绝缘也极易损坏。因此，架空线路的导线与地面，与各种工程设施、建筑物、树木，以及与其他线路之间，还有同杆架设的多回线路横担之间，均应保持一定的安全距离，其具体要求如下(表中数据应考虑风偏、气温、覆冰等自然因素，以导线最大尺度为准)。

① 架空线路的导线与地面的距离，应不小于表11-2所列数值。

表11-2　　导线与地面的最小距离单位

线路经过区	导线与地面的最小距离单位	
	6~10 kV	<1 kV
居民区	6.5 m	6 m
非居民区	5.5 m	5 m
交通困难地区	4.5 m	4 m

② 架空线路的导线与建筑物之间的距离，应不小于表11-3所列数值。

表11-3　　导线与建筑物间的最小距离

线路电压/kV	<1	6~10	35
垂直距离/m	2.5	3.0	4.0
垂直距离/m	1.0	1.5	3.0

③ 架空线路导线与街道或厂区树木的距离不应低于表11-4所列数值。

表11-4　　导线与树木的最小距离

线路电压/kV	<1	6~10	35~110
垂直距离/m	1.0	1.5	4.0
垂直距离/m	1.0	2.0	3.5

④ 架空线路导线间的最小距离，可参考表11-5所列数值，并考虑登杆的需要，靠电杆的两根导线间的距离不应小于0.5 m。

表11-5　　架空线路导线间最小距离与线路挡距

线路挡距/m	≤25	30	40	50	60	70	80	90	100	110
高压(10 kV) 线路导线间最小距离/m	0.6	0.6	0.6	0.65	0.7	0.76	0.8	0.9	1.0	1.06
低压(0.4 kV) 线路导线间最小距离/m (横担水平距离)	0.3	0.35	0.35	0.4	0.45	0.70	—	—	—	—

⑤ 同杆线路的最小距离。几种线路同杆架设时，必须保证电力线路在通信线路上方，而高压线路在低压线路上方。线路间距应满足表 11-6 的要求。

表 11-6　　同杆线路的最小距离

导线排列方式	直线杆	分支（转角）杆	导线排列方式	直线杆	分支（转角）杆
高压与高压线路的最小距离/m	0.8	0.45/0.6①	高压与高压线路的最小距离/m	0.6	0.3
高压与低压线路的最小距离/m	1.2	1.0	高压与低压线路的最小距离/m	1.5	1.2

注：① 角或分支线如为单回线，则分支线横担距主干线横担为 0.6 m；如为双回线，则分支线横担距上排主干线横担取 0.45 m，距下排主干线横担取 0.6 m。

（3）配电装置的安全通道

配电装置室内各种通道的最小安全距离，应不小于表 11-7 所列数值。

表 11-7　　配电装置室内各种通道的最小安全距离

布置方式	配电装置室内各种通道的最小安全距离/m		
	维护通道	操作通道	通往防爆间隔的通道
一面有开关设备时	0.8	1.5	1.2
两面有开关设备时	1.0	2.0	1.2

高压配电装置与低压配电装置应分室装设。如在同一室内单列布置时，高压开关柜与低压配电屏之间的距离应不小于 2 m。配电装置的长度超过 6 m 时，屏后应有两个通向本室或其他房间的出口，其距离不宜大于 15 m。

（4）常用开关的安装高度

常用开关设备安装高度为 1.3~1.5 m。为了便于操作，开关手柄与建筑物之间应保持 150 mm 的距离。开关手柄离地面高度可取 1.4 m。拉线开关离地面高度可取 2~3 m。明装插座离地面高度 1.3~1.5 m；暗装的可取 0.15~0.3 m。

（5）检修安全距离

为防止人体接近带电体，必须保证足够的检修间距。低压操作中，人体或其所携带的工具与带电体之间的距离应不小于 0.1 m；在高压操作中，无遮拦作业人体或其所携带工具与带电体之间的距离应不小于 0.7 m。

三、绝缘防护

1. 绝缘的作用

所谓绝缘防护，是指用绝缘材料把带电体封闭或隔离起来，借以隔离带电体或不同电位的导体，使电气设备及线路能正常工作，防止人身触电。良好的绝缘是保证设备和线路正常运行的必要条件，也是防止触电事故的重要措施。

显然，绝缘防护的前提是电气设备的绝缘必须与其工作的电压等级、环境条件和使用条件相符。

2. 常用绝缘材料

电工技术上将电阻率等于和大于 10^8 Ω/m 的材料称绝缘材料（又称电介质）。它在直流电压的作用下，只有极小的电流通过。绝缘材料按形态可分为气体、液体和固体三大类，按化学性质可分为无机、有机和混合绝缘材料。

常用的气体绝缘材料有空气、氮、氢、二氧化碳和六氟化硫等；常用的液体绝缘材料有矿物油(如变压器油、开关油、电容器油和电缆油等)、硅油和蓖麻油等；常用的固体绝缘材料有绝缘纤维制品(如纸、纸板)、绝缘浸渍纤维制品(如漆布、漆管和扎带等)、绝缘漆、胶和熔敷粉末、绝缘云母制品、电工用薄膜、复合制品和黏带，以及电工用塑料和橡胶等。

电气设备的绝缘应能长时间耐受电气、机械、化学、热力以及生物等有害因素的作用而不失效。电工产品的质量和使用寿命，在很大程度上取决于绝缘材料的电、热、机械和理化性质。绝缘材料在外电场的作用下会发生极化、损耗和击穿等过程，在长期使用的条件下绝缘材料还会老化。

3. 绝缘破坏

(1) 绝缘击穿

击穿是电气绝缘遭受破坏的一种基本形式，绝缘物在强电场等因素作用下完全失去绝缘性能的现象称为绝缘的击穿。电介质发生击穿时的电压称为击穿电压，击穿时的电场强度简称击穿强度。

(2) 绝缘老化

电气设备的绝缘材料在运行过程中，受到热、电、光、氧、机械力、微生物等因素的长期作用，会发生一系列化学物理变化，从而导致其电气性能和机械性能的逐渐劣化，这一现象称为绝缘老化。

每一种绝缘材料都有一个极限的耐热温度，当设备运行超过这一极限温度，绝缘材料的老化就加剧，即电气设备的使用寿命就缩短。绝缘材料按耐热程度的不同，可分为Y、A、E、B、F、H和C级，其分类见表11-8。

表 11-8　　绝缘材料的耐热等级

耐热等级	绝缘材料	极限温度/℃
Y	木材、棉花、纸、纤维等天然纺织品，醋酸纤维和聚酰胺为基础的纺织品，以及易于热分解和熔点较低的塑料(脲醛制品)	90
A	浸渍过的Y级材料，漆包线，漆布、漆丝的绝缘，以及油性漆、沥青漆等	105
E	聚酯薄膜和A级材料复合，玻璃布，油性树脂漆，聚乙烯醇缩醛高强度漆包线，乙酸、乙烯耐热漆包线	120
B	聚酯薄膜、经合适树脂浸渍涂覆的云母、玻璃纤维、石棉等制品，聚酯漆、聚酯漆包线	130
F	以有机纤维材料补强和石棉带补强的云母片制品，玻璃丝和石棉、玻璃漆布，以玻璃丝布和石棉纤维为基础的层压制品，以无机材料作补强和石棉带补强的云母粉制品，化学热稳定性较好的聚酯和醇酸类材料、复合硅有机聚酯漆	155
H	无补强或以无机材料为补强的云母制品、加厚的F级材料、复合云母、有机硅云母制品、硅有机漆、硅有机橡胶聚酰亚胺复合玻璃布、复合薄膜、聚酚亚胺漆等	180
C	耐高温有机胶黏剂和浸渍剂及无机物，如石英、石棉、云母、玻璃和电瓷材料	>180

在高压电气设备中，绝缘老化主要是电老化。它是由绝缘材料的局部放电所引起的。

(3) 绝缘损坏

损坏是指绝缘材料受到外界腐蚀性液体、气体、蒸汽、潮气、粉尘的污染和侵蚀，以及受到外界热源或机械因素的作用，在较短或很短的时间内失去电气性能或机械性能的现象。

4. 绝缘性能指标和测定

绝缘性能用绝缘电阻、击穿强度、泄漏电流、介质损耗、吸收比等指标来衡量。

(1) 绝缘电阻

绝缘材料的绝缘电阻，是加于绝缘的直流电压与流经绝缘的电流(泄漏电流)之比。绝缘电阻是最基本的绝缘性能指标。足够的绝缘电阻能把泄漏电流限制在很小的范围内，有效地防止漏电造成的触电事故。

绝缘电阻通常用兆欧表(摇表)测定，摇表测量实际上是给被测物加上直流电压，测量通过其上的泄漏电流，表面上的刻度是经过换算得到的绝缘电阻值。

不同线路或设备对绝缘电阻有不同的要求，一般来说，高压较低压要求高，新设备较老设备要求高，室外的较室内的要求高，移动的比固定的要求高。下面列出几种主要线路和设备应达到的绝缘电阻值：

① 新装和大修后的低压线路和设备，要求绝缘电阻不低于0.5 MΩ。

② 运行中的线路和设备，绝缘电阻可降低为每伏工作电压1 000 Ω。

③ Ⅰ类携带式电气设备的绝缘电阻不应低于2 MΩ。

④ 控制线路的绝缘电阻不应低于1 MΩ，但在潮湿环境中可降低为0.5 MΩ。

⑤ 高压线路和设备的绝缘电阻一般应不低于1 000 MΩ。

⑥ 架空线路每个悬式绝缘子的绝缘电阻应不低于300 MΩ。

⑦ 电力变压器投入运行前，绝缘电阻应不低于出厂时的70%，绝缘电阻可适当降低。

(2) 吸收比

吸收比是从开始测量起第60 s的绝缘电阻 R_{60} 与第15 s的绝缘电阻 R_{15} 的比值，用兆欧表进行测定。

吸收比是为了判断绝缘的受潮情况。直流电压作用在电介质上，有三部分电流通过，即介质的泄漏电流、吸收电流和瞬时充电电流。吸收电流和充电电流在一定时间后都趋近于零，而泄漏电流与时间无关。如介质材料干燥，其泄漏电流很小，在电压开始作用的15 s内，充电电流和吸收电流较大，此时电压与电流的比值较低，经较长时间(60 s)后，充电电流和吸收电流衰减趋向于零，总电流稳定在较小的泄漏电流值上，R_{60} 数值较大，吸收比(R_{60}/R_{15})就较大。如介质材料受潮，泄漏电流较大，相对而言介质充电电流和吸收电流较小，15 s时测出的 R_{15} 与60 s时测出的 R_{60}/R_{15} 相差很小，吸收比就小，所以可以用吸收比来反映绝缘的受潮程度。一般没有受潮的绝缘，吸收比应大于1.3，受潮或有局部缺陷的绝缘，吸收比接近于1。

第二节　间接接触电击防护

电气设备裸露的导电部分接导电导体(保护接地、保护接零等)、加强绝缘、采用特低电压、实行电气隔离、装置剩余电流动作、保护设备等都是防止间接接触电击的安全措施。而其中的保护接地、保护接零是工程中用以防止间接接触电击最基本的安全措施。长期以来，为数不少的电气工作人员和安全技术人员对这一问题概念模糊，缺乏判断和评估能力，在当前我国电气标准从传统标准向国际标准过渡的情况下掌握保护接地和保护接零的原理、特点、应用和安全条件有着十分重要的意义。

一、保护接地与保护接零

保护接地是指为了人身安全，将电气装置中平时不带电但可能因绝缘损坏而带上危险的对地电压的外露导电部分(设备的金属外壳或金属构件) 与大地电气连接。采用保护接地后，可使人体触及漏电设备外壳时的接触电压明显降低，因而大大地减轻了触电带来的危险性。

保护接地适用于各种不接地的配电系统中，包括低压不接地配电网(如井下配电网)和高压不接地配电网及其不接地的直流配电网中。

保护接零是指为了人身安全，将电气装置中平时不带电，但可能因绝缘损坏而带上危险电压的外露导电部分(设备的金属外壳或金属构件) 与电源的中性线(零线)连接起来。采用保护接零后，人体触摸设备外壳时相当于触摸系统的零线，并无触电危险。当设备发生漏电故障使外壳带电时，由于零线的电阻值很小，故漏电电流几乎等于短路电流，从而迫使保安系统(保险丝、过流脱扣器等) 迅速动作而切断电源，起到保护作用。

保护接零适用于中性点直接接地的配电系统中。在工程当中，采用了保护接零方式后，通常还会把中性线(零线) 在一处或多处通过接地装置与大地再次连接，组成已配电网中的重复接地系统。重复接地在配电系统的接零保护系统中有着极其重要的作用，在第四节中将作较详细的分析。接地保护系统型式的文字代号说明见表 11-9。

表 11-9　　接地保护系统型式的文字代号说明

文字代号位置	文字代号	表示电力系统对地关系
第一个字母	T	直接接地
	I	所有带电部分与地绝缘
第二个字母	T	外露可接近导体对地直接做电气连接，此接地点与电力系统的接地点无直接关联
	V	外露可接近导体通过保护线与电力系统的接地点直接做电气连接
如果后面还有字母	S	中性线和保护线是分开的
	C	中性线和保护线是合一的

二、IT 系统

IT 系统就是保护接地系统。第一个大写字母“I”表示配电网不接地或经高阻抗接地，第二个大写字母“T”表示电气设备金属外壳接地。显然，IT 系统是配电网不接地或经高阻抗接地，电气设备金属外壳接地的系统。

1. IT 系统安全原理

(1) 不接地配电网电击的危险性

如图 11-1(a)所示，在不接地配电网中，如电气设备金属外壳未采取任何安全措施，则当外壳故障带电时，通过人体的电流经线路对地绝缘阻抗构成回路。绝缘阻抗是绝缘电阻和分布电容的并联组合。当各相对地绝缘阻抗相等，运用电工学的方法可求得漏电设备对地电压(人体承受的电压)和流过人体的电流分别为：

$$U_E = \frac{3UR_P}{|3R_P + Z|} \text{ 和 } I_P = \frac{U_E}{R_p} = \frac{3U}{|3R_P + Z|}$$

式中 U_E，I_P——漏电设备对地电压和流过人体的电流；

U——电网相电压；

R_P——人体电阻；

Z——电网每相对地绝缘复数阻抗。

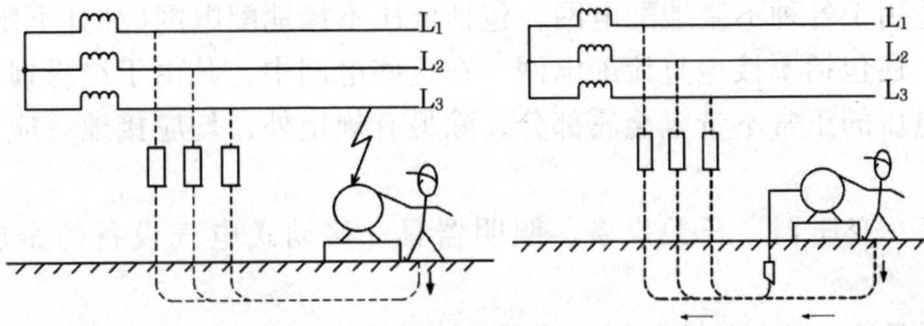

图 11-1　不接地配电网示意图

(a) 无保护接地；(b) 有保护接地

如电网对地绝缘良好，可将对地绝缘电阻看作无限大，则以上两式可简化为：

$$U_E = \frac{3UR_P\omega C}{\sqrt{9R_P{}^2\omega^2C^2 + 1}} \text{ 和 } I_P = \frac{3U\omega C}{\sqrt{9R_P{}^2\omega^2C^2 + 1}}$$

尽管故障电流必须经过高值的绝缘阻抗才能构成回路，但在线路较长、绝缘水平较低的情况下，即使是低压配电网，电击的危险性仍然是很大的。例如，当配电网相电压为 230 V、频率为 50 Hz、各相对地绝缘电阻均可看作无限大、各相对地电容均为 0.5 μF、人体电阻为 2 000 Ω 时，可求得漏电设备对地电压为 135.4 V，流过人体的电流为 67.7 mA。这一电流远远超过人的心室颤动电流，足以使人致命。

在配电网各相对地绝缘阻抗不对称的情况下，定量分析略为烦琐，但电击的危险与上述结论基本一致。

(2) 对地电压限制

上述分析表明，即使在低压不接地配电网中，也必须采取防止间接接触电击的措施。这种情况下最常用的安全措施是保护接地，即将设备金属外壳经接地线、接地体与大地紧密连接起来。

图 11-1(b)表示设备上装有保护接地，构成 IT 系统。在这种情况下，当外壳故障带电时，保护接地电阻与人体电阻处在并联状态。由于 R_A 比 R_P 小得多，并联后的阻值与 R_A 近似相等。应用同样方法可求得设备金属外壳对地电压(即人体可能承受的电压)和流过人体的电流为：

$$U_E = \frac{3UR_A}{|3R_A + Z|} \text{ 和 } I_P = \frac{U_E}{R_P} = \frac{3UR_A}{|3R_P + Z|R_P}$$

如对地绝缘电阻可看作无限大，则以上两式可简化为：

$$U_E = 3UR_A\omega C \text{ 和 } I_P = \frac{3UR_A\omega C}{R_P}$$

对于前面列举的例子，如有保护接地，且 $R_A = 4\ \Omega$，其他条件不变，可求得漏电设备对地电压为 0.44 V、流过人体的电流为 0.22 mA。显然，这一电流不会对人身构成危险。这就是说，保护接地的作用是当设备金属外壳意外带电时，将其对地电压限制在规定的安全范围以内，消除或减小电击的危险。保护接地还能等化导体间电位，防止导体间产生危险的电位差，保护接地还能消除感应电压的危险。

2. 保护接地应用范围

保护接地适用于各种不接地配电网，包括低压不接地配电网(如井下配电网)和高压不接地配电网，还包括不接地直流配电网。在这些电网中，凡由于绝缘损坏或其他原因而可能带危险电压的正常不带电金属部分，除另有规定外，均应接地。应当接地具体部位是：

(1) 电动机、变压器、开关设备、照明器具、移动式电气设备的金属外壳或金属构架。

(2) Ⅰ类和Ⅱ类电动工具或民用电器的金属外壳。

(3) 配电装置的金属构架、控制台的金属框架及靠近带电部分的金属遮栏和金属门。

(4) 配线的金属管。

(5) 电气设备的传动装置。

(6) 电缆金属接头盒、金属外皮和金属支架。

(7) 架空线路的金属杆塔。

(8) 电压互感器和电流互感器的二次线圈。

直接安装在已接地金属底座、框架、支架等设施上的电气设备的金属外壳一般不必另行接地；有木质、沥青等高阻导电地面，无裸露接地导体，而且干燥的房间，额定电压交流 380 V 和直流 440 V 及以下的电气设备的金属外壳一般也不必接地；安装在木结构或木杆塔上的电气设备的金属外壳一般也不必接地。

3. 接地电阻允许值

因为故障对地电压等于故障接地电流与接地电阻的乘积，所以，各种保护接地电阻不得超过规定的限值。对于低压配电网，由于分布电容很小，单相故障接地电流也很小，限制电气设备的保护接地电阻不超过 4 Ω 即能将其故障时对地电压限制在安全范围以内；如配电容量在 100 kW 以下，由于配电网分布范围很小，单相故障接地电流更小，限制电气设备的保护接地电阻不超过 10 Ω 即可满足安全要求。在高压配电网中，由于接地故障电流比低压配电网的大得多，将故障电压限制在安全范围以内是难以实现的。因此，对高压电气设备规定了较高的保护接地电阻允许值，并限制故障持续时间。各种保护接地电阻允许值见表 11-10。在高土壤电阻率地区，接地电阻允许适当提高，但必须符合专业标准。

表 11-10　　保护接地电阻允许值

设备类别		接地电阻/Ω	备注
低压电气设备		4	电源容量≥100 kV·A
		10	电源容量<100 kV·A
高压电气设备	小接地短路电流系统	$120/I_E$	与低压共用接地装置
		$250/I_E$	高压单独接地
	大接地短路电流系统	$2\,000/I_E$	$I_E \leqslant 4\,000$ A
		0.5	$I_E > 4\,000$ A

注：I_E 为接地电流或接地短路电流。

在高土壤电阻率地区，可采用外引接地法、接地体延长法、深埋法、换土法、土壤化学处理法以及网络接地法降低接地电阻。外引接地法是引出接地线与埋在水井内、湖边或大树下等低土壤电阻率处的接地体相连。深埋法是避开地表高电阻层，将接地体埋在更深的地下。换土法是用大量低电阻率的土壤替换高电阻率的沙砾或土石。化学处理法是应用氯化钙、氯化钠、氧化锌渣、木炭、黏土等或专门配制的化学减阻剂填入接地体周围以降低接地电阻；采用固体减阻材料时，可根据需要预先做好加水设施。网络接地法是采用网络状接地体等降低故障时地面各点之间的电位，以减小电击的危险性。

在不接地配电网中，即使每一用电设备都有合格的保护接地，但各自的接地装置是互相独立的，情况又如何呢？如图 11-2 所示，当发生双重故障，两台设备不同相漏电时，两台设备之间的电压为线电压。两台设备对地电压分别为：

$$U_{E1} = \frac{\sqrt{3}\,UR_{A1}}{R_{A1} + R_{A2}} \text{ 和 } U_{E2} = \frac{\sqrt{3}\,UR_{A2}}{R_{A1} + R_{A2}}$$

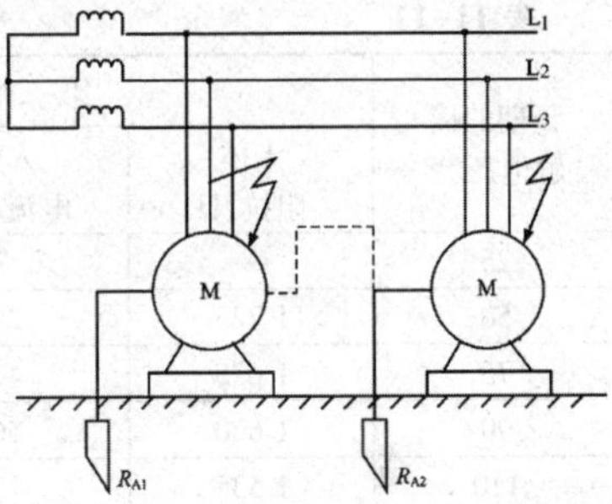

图 11-2　IT 系统的等电位连接

式中，U 为相电压；R_{A1} 和 R_{A2} 分别为两台设备的保护接地电阻。这两个电压都能给人以致命的电击。这种状态是十分危险的。如果像图中虚线那样，进行等电位连接，即将两台设备接在一起（或将其接地装置连成整体），则在双重故障的情况下，相间短路电流将促使短路保护装置动作，迅速切断两台设备或其中一台设备的电源，以保证安全。如确有困难，不能实现等电位连接，则应安装剩余电流动作保护装置。

在 IT 系统中，为了减轻过电压的危险，应当将配电网的低压中性点经击穿保险器接地。为了减轻一相故障接地的危险，不接地配电网应装设能发出声、光双重信号绝缘监视装置。

三、TT 系统

图 11-3 所示的配电网俗称三相四线配电网。这种配电网引出三条相线（L_1、L_2、L_3 线）和一条中性线（N 线，工作零线）。在这种低压中性点直接接地的配电网中，如电气设备金属外壳未采取任何安全措施，则当外壳故障带电时，故障电流将沿低阻值的低压工作接地（配电系统接地）构成回路。由于工作接地的接地电阻很小，设备外壳将带有接近相电压的故障对地电压，电击的危险性很大。因此，必须采取间接接触电击防护措施。

1. TT 系统限压原理

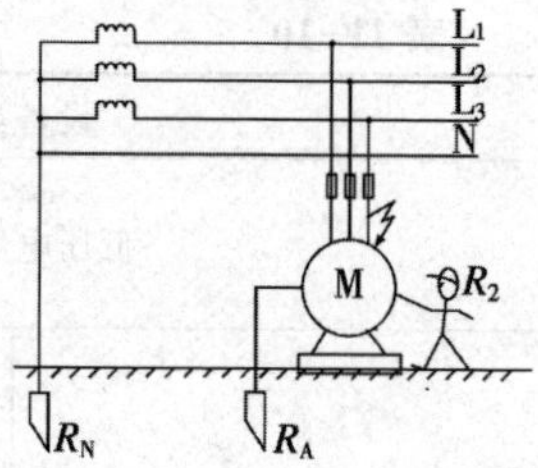

图 11-3　TT 系统

TT 系统是配电网中性点直接接地，用电设备外壳也采取接地措施的系统。前后两个字母“T”分别表示配电网中性点和电气设备金属外壳接地。典型 TT 系统见图 11-3。在这种系统中，当某一相线直接连接设备金属外壳时，其对地电压为：

$$U_{E}=\frac{R_{A}}{R_{N}+R_{A}}U$$

式中，R_N 为工作接地的接地电阻。该电压低于相电压，但由于 R_A 与 R_N 同在一个数量级，而几乎不可能被限制在安全范围内。对于一般的过电流保护，实现速断是不可能的。因此，一般情况下不能采用 TT 系统。如确有困难，不得不采用 TT 系统，则必须将故障持续时间限制在允许范围内。

2. TT 系统速断条件

在 TT 系统中，可装设剩余电流保护装置或其他装置限制故障持续时间。TT 系统允许故障持续时间见表 11-11 和图 11-4。表中第一种状态和图中 L_1、I_1、Z_1 曲线相应于环境干燥或略微潮湿、皮肤干燥、地面电阻率高的状态；表中第二种状态和图中 L_2、I_2、Z_2 曲线相应于环境潮湿、皮肤潮湿、地面电阻率低的状态。故障最大持续时间原则上不得超过 5 s。

表 11-11　允许故障持续时间

预期的接触电压/V	第一种状态			第二种状态		
	人体阻抗/Ω	人体电流/mA	持续时间/s	人体阻抗/Ω	人体电流/mA	持续时间/s
25	—	—	—	1 075	23	>5
50	1 725	29	>5	925	54	0.47
75	1 625	46	0.60	825	91	0.30
90	1 600	56	0.45	780	115	0.25
110	1 535	72	0.36	730	151	0.18
150	1 475	102	0.27	660	227	0.10
220	1 375	160	0.17	575	383	0.035
280	1 370	204	0.12	570	491	0.020
350	1 365	256	0.08	565	620	—
500	1 360	368	0.04	560	893	—

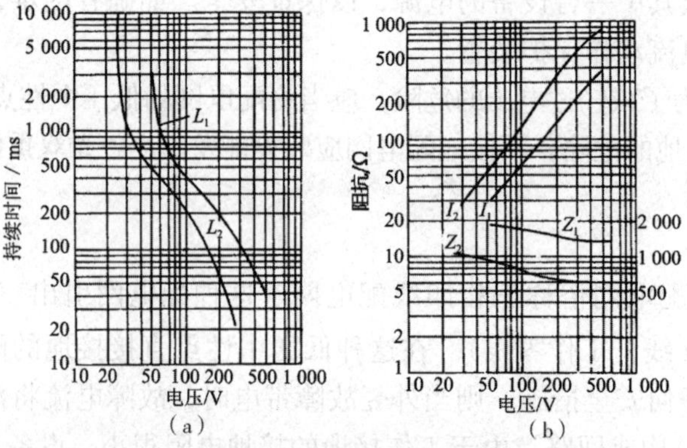

图 11-4　允许故障持续时间

（a）持续时间；（b）人体电流和人体阻抗

3. TT 系统应用范围

TT 系统主要用于低压共用用户，即用于未装备配电变压器，从外面引进低压电源的小型用户。

例 11-1：某相电压 220 V 的三相四线系统中，工作接地电阻 $R_N=2.8\ \Omega$，系统中用电设备采取接地保护方式，接地电阻为 $R_A=3.6\ \Omega$，如有用电设备漏电，试问故障排除前漏电设备和中性线各带有多高的对地电压(导线阻抗可忽略不计)？

解：接地的设备漏电时，故障电流经接地电阻 R_A 和 R_N 构成回路，故障电流为：

$$I=\frac{U_E}{R_N+R_A}=\frac{220}{2.8+3.6}=34.375(\mathrm{A})$$

漏电设备和中性线对地电压分别为：

$$U_E=IR_A=34.375\times3.6=123.75(\mathrm{V})$$

$$U_N=IR_N=34.375\times2.8=96.25(\mathrm{V})$$

四、TN 系统

目前，我国地面上低压配电网绝大多数都采用中性点直接接地的三相四线配电网。在这种配电网中，TN 系统是应用最多的配电及防护方式。

1. TN 系统安全原理和基本安全条件

(1) TN 系统安全原理

TN 系统是三相四线配电网低压中性点直接接地，电气设备金属外壳采取接零措施的系统。字母“T”和“N”分别表示配电网中性点直接接地和电气设备金属外壳接零。设备金属外壳与保护零线连接的方式称为保护接零。典型的 TN 系统见图 11-5。在这种系统中，当某一相线直接连接设备金属外壳时，即形成单相短路。短路电流促使线路上的短路保护装置迅速动作，在规定时间内将故障设备断开电源，消除电击危险。

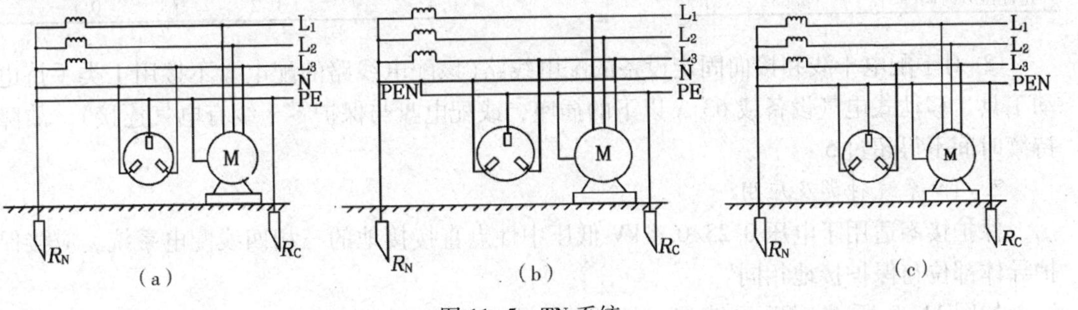

图 11-5　TN 系统

(a) TN—S 系统；(b) TN—C—S 系统；(c) TN—C 系统

设备断开电源前，其上对地电压决定于相—零线回路(L—PE 线回路)的特征，其大小为：

$$U_E=\frac{U_{PE}}{Z_T+Z_E+Z_L+Z_{PE}}U$$

式中　Z_{PE}——回路中包括 PE 线和 PEN 线的全部保护线阻抗；

Z_L——相线阻抗；

Z_E——相线上电气元件的阻抗；

Z_T——变压器计算阻抗。

如上述阻抗值难以确定，预期接触电压可按下式近似计算：

$$U_E = K\frac{m}{1+m}U$$

式中 m——保护零线电阻与相线电阻之比，即 $m=\frac{R_{PE}}{R_L}$；

K——计算系数，有总等电位连接时取 $K=0.6\sim1$。

应当指出，这样依靠回路阻抗分压，将漏电设备故障对地电压限制在安全范围以内一般是不可能的。例如，当 $U=220$ V、$m=1$ 时，$U_E=66\sim110$ V；当 $U=220$ V、$m=2$ 时，$U_E=88\sim147$ V。这些电压都远远超过安全电压。由此可知，故障时迅速切断电源是保护接零第一位的安全作用，而降低漏电设备对地电压是其第二位的安全作用。

例 11-2：某相电压 220 V 的 TN 系统保护零线电阻与相线电阻之比为 1.5∶1，试计算有主等电位连接时在漏电状态下预期的接触电压。

解：预期的接触电压为：

$$U_E = K\frac{m}{1+m}U = (0.6\sim1)\times\frac{1.5}{1+1.5}\times220\approx79\sim132(\text{V})$$

（2）TN 系统的基本安全条件

故障时对地电压的允许持续时间应符合表 11-10 和图 11-4 的要求。由于保护零线分布的复杂性和地面电位分布的复杂性，难以求得准确的对地电压，表 11-10 和图 11-4 的应用将遇到困难。因此，国际电工委员会以额定电压为依据作了以下简明规定：

① 对于Ⅰ类手持电动工具、移动式电气设备和 63 A 以下的插座，故障持续时间不得超过表 11-12 所列数值。

表 11-12　　TN 系统允许故障持续时间

额定对地电压/V	120	230	227	400	580
允许持续时间/s	0.8	0.4	0.4	0.2	0.1

② 对于配电干线和接向固定设备的配电线路（该配电线路的配电盘不接用Ⅰ类手持电动工具、移动式电气设备或 63 A 以下的插座，或配电盘与保护零干线有电气连接），故障持续时间不得超过 5 s。

2. TN 系统种类及应用

保护接零适用于电压 0.23/0.4 kV 低压中性点直接接地的三相四线配电系统。应接保护导体部位与保护接地相同。

如图 11-5 所示，TN 系统有三种类型，即 TN—S 系统、TN—C—S 系统和 TN—C 系统。其中，TN—S 系统是有专用保护零线（PE 线），即保护零线与工作零线（N 线）完全分开的系统。爆炸危险性较大或安全要求较高的场所应采用 TN—S 系统，有独立附设变电站的车间宜采用 TN—S 系统。TN—C—S 系统是干线部分保护零线与工作零线前部共用（构成 PEN 线）、后部分开的系统。厂区设有变电站，低压进线的车间以及民用楼房可采用 TN—C—S 系统。TN—C 系统是干线部分保护零线与工作零线完全共用的系统，用于无爆炸危险和安全条件较好的场所。施工现场专用临时用电，中性点直接接地的供电系统，必须采用 TN—S 保护接零系统。PE 线应单独敷设，不作他用，如果使用电缆，必须选用五芯电缆。重复接地只能与 PE 线连接。

由同一台变压器供电的配电网中，一般不允许采用部分设备接零、部分设备仅仅接地的运行方式，即一般不允许同时采用TN系统和TT系统的混合运行方式。图11-6表示的就是这种系统。在这种情况下，当接地的设备相线碰连金属外壳时，该设备和零线(包括所有接零设备)将带有如下危险的对地电压：

$$U_E = \frac{R_A}{R_N + R_A}U \text{ 和 } U_{PE} = U - U_E = \frac{R_N}{R_N + R_A}U$$

这两个电压都可能给人以致命的电击。而且，由于故障电流是不太大的接地电流，一般的过电流保护不能实现速断，危险状态将长时间存在。因此，这种混合运行方式一般是不允许的。

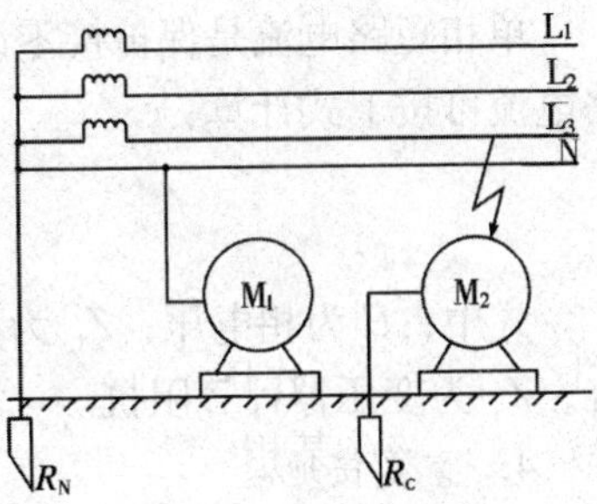

图 11-6　混合系统

如确有困难，不得不采用这种混合系统，则属于TT保护方式的设备必须装设符合表11-10和图11-4要求的自动保护装置或采取其他有效的防电击措施。

例11-3：某线电压380 V的TN系统中，1号设备采用接地保护，除1号设备外其他设备均采用接零保护。已知配电变压器工作接地电阻 $R_N = 2.5\ \Omega$、1号设备接地电阻 $R_A = 3\ \Omega$、零线上没有重复接地。试计算1号设备漏电且故障尚未排除时1号设备和其他设备各带有多高的对地电压。

解：1号设备漏电时，故障电流经接地电阻构成回路，故障电流为：

$$I = \frac{U}{R_A + R_N} = \frac{220}{3 + 2.5} = 40(\mathrm{A})$$

1号设备和其他接零设备对地电压分别为：

$$U_1 = IR_A = 40 \times 3 = 120(\mathrm{V})$$

$$U_{PE} = IR_N = 40 \times 2.5 = 100(\mathrm{V})$$

3. 过电流保护装置的特性

(1) 熔断器保护特性

在小接地短路电流系统(接地短路电流不超过500 A)中采用熔断器作短路保护时，要求：

$$I_{SS} \geqslant 4I_{FU}$$

式中，I_{SS} 为单相短路电流；I_{FU} 为熔体额定电流。

当符合上述条件时，市场上国产低压熔断器的熔断时间多在5~10 s之间。为满足发生故障后5 s以内切断电源的要求，对于一般电气设备和手持电动工具(移动式电气设备与手持电动工具要求相同)，建议按表11-13选取 I_{SS} 与 I_{FU} 的比值。

表 11-13　　TN系统对熔断器的要求

比值	熔体额定电流/A				
	4~10	16~32	40~63	80~200	250~500
一般电气设备	4.5	5	5	6	7
手持电动工具	8	9	10	11	—

(2) 断路器保护特性

在小接地短路电流系统中采用低压断路器作短路保护时，要求：

$$I_{SS} \geq 1.5 I_{QF}$$

式中，I_{QF} 为低压断路器瞬时动作或短延时动作过电流脱扣器的整定电流。由于继电保护装置动作很快，故障持续时间一般不超过 0.1~0.4 s。

（3）单相短路电流

单相短路电流是保护接零设计和安全评价的基本要素，如有充分的资料，稳态单相短路电流可按下式计算：

$$I_{SS} = \frac{U}{Z_L + Z_{PE} + Z_E + Z_T}$$

式中，U 为相电压；Z_L 为相线阻抗；Z_{PE} 为保护零线阻抗；Z_E 为回路中电气元件阻抗；Z_T 为变压器计算阻抗。

4. 重复接地

TN 系统中，PE 线或 PEN 线上除工作接地外其他点的再次接地称为重复接地。图 11-5 中的 R_C 即为重复接地。

（1）重复接地的作用

① 减轻 PE 线或 PEN 线意外断线或接触不良时接零设备上电击的危险性。当 PE 线或 PEN 线断开时，如像图 11-7(a)所示的那样，断线后方某接零设备漏电但断线后方无重复接地，则断线后方的零线及其上所有接零设备都带有将近相电压的对地电压，电击危险性极大。如像图 11-7(b)那样，断线后方某接零设备漏电但断线后方有重复接地，则断线后方的零线及接零设备和断线前方的零线及接零设备分别带有如下的对地电压：

$$U_N = U - U_E = \frac{R_N}{R_N + R_C} U \text{ 和 } U_E = \frac{R_C}{R_N + R_C} U$$

这两个电压虽然都可能是危险电压，但毕竟都远低于相电压，总的危险程度得以降低。

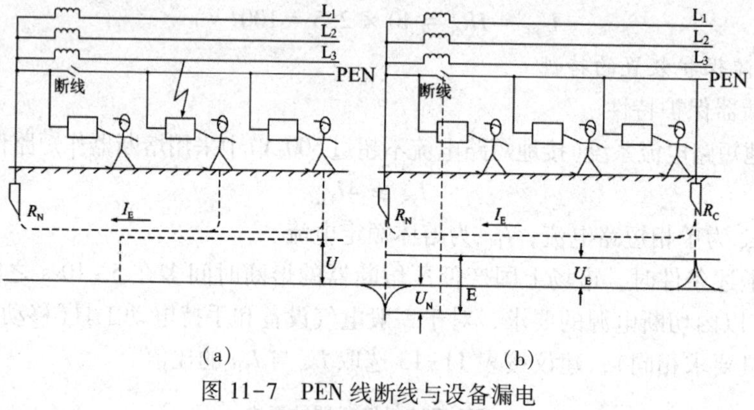

图 11-7 PEN 线断线与设备漏电

（a）无重复接地；（b）有重复接地

再讨论保护线断开、没有设备漏电，但断线后方有不平衡负荷的情况。为简明起见，设第 1、2 两相未带负荷，仅第 3 相带有负荷。在没有重复接地的情况下，如图 11-8(a)所示，断开处的后方零线及其上所有接零设备对地电压为：

$$U_E = \frac{R_P}{R_N + R_P + R_L} U$$

式中，R_N、R_P 和 R_L 分别为工作接地电阻、人体电阻和负载电阻；U 为相电压。如已

知 $U=220$ V、$R_N=4$ Ω、$R_P=1\ 500$ Ω、$R_L=484$ Ω(相应的额定功率为 400 W)，可按上式求得 $U_E=166$ V。显然，电击危险性很大。而且不平衡负荷越大，这一故障电压越高，电击的危险性越大。在有重复接地的情况下，如图 11-8(b)所示，断开处后方的零线及其上所有接零设备对地电压为：

$$U_E=\frac{R_C}{R_N+R_C+R_L}U$$

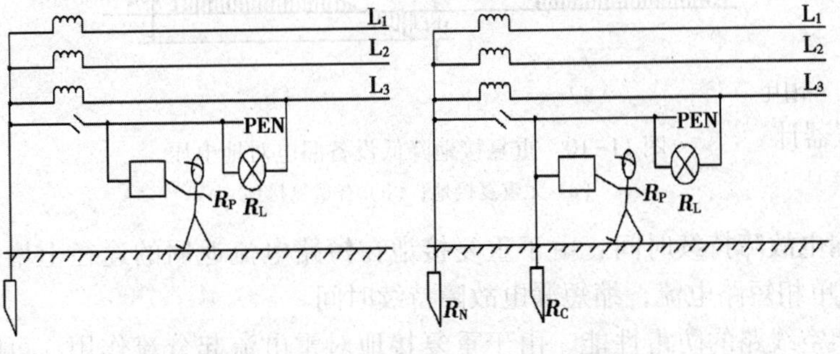

(a)　　　(b)

图 11-8　PEN 线断线与不平衡负荷

(a) 无重复接地；(b) 有重复接地

式中，R_C 为重复接地电阻。如已知 $R_C=10$ Ω，其他条件不变按上式可求得故障对地电压降低为 $U_E=4.4$ V。显然，故障电压将大幅度降低。电击的危险性大大减小或消除。

② 减轻 PEN 线断线时负载中性点"漂移"。TN—C 系统的 PEN 线断开后，如断线后方有不平衡负荷，则负载中性点发生电位"漂移"，使三相电压失去平衡，可能导致接在一相或两相上的用电器具烧坏。这里分析一个如图 11-9 所示的 PEN 线断线、第 1 相未用电、第 2 相和第 3 相分别接有 $P_2=4$ kW 和 $P_3=1$ kW(设功率因数相同)的负荷的例子。这时，第 2、3 两相负载串联在线电压上，如线电压为 380 V，则第 2、3 两相负载上的电压分别为：

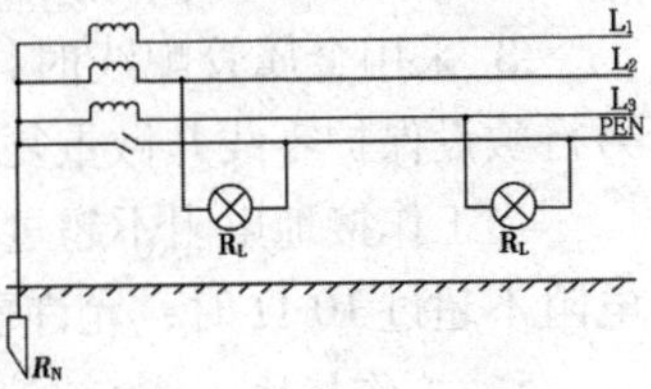

图 11-9　TN—C 系统的 PEN 线断线

$$U_2=\frac{\sqrt{3}UP_3}{P_2+P_3}=\frac{380\times 1}{4+1}=76(\text{V})\quad 和\quad U_3=\frac{\sqrt{3}UP_2}{P_2+P_3}=\frac{380\times 4}{4+1}=304(\text{V})$$

显然，所有用电器具都不能正常工作，而且接在第 3 相上的用电器具很快被烧坏。

③ 进一步降低故障持续时间内意外带电设备的对地电压。如图 11-10 所示，如有设备漏电，过电流保护装置尚未动作，则无重复接地时漏电设备对地电压为：

$$U_E=\left|\frac{Z_{PE}}{Z_L+Z_{PE}}\right|U$$

而有重复接地时，漏电设备对地电压降低为：

$$U_E=\frac{R_C}{R_N+R_C}\left|\frac{Z_{PE}}{Z_L+Z_{PE}}\right|U$$

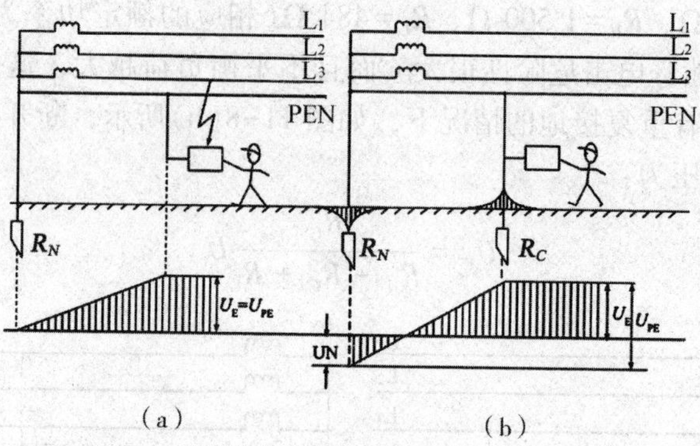

图 11-10 重复接地降低设备漏电对地电压

(a) 无重复接地；(b) 有重复接地

④ 缩短漏电故障持续时间。由于重复接地在短路电流返回的途径上增加了一条并联支路，可增大单相短路电流，缩短漏电故障持续时间。

⑤ 改善架空线路的防雷性能。由于重复接地对雷电流起分流作用，可降低冲击过电压，改善架空线路的防雷性能。

（2）重复接地的要求

以下处所应装设重复接地：

① 架空线路干线和分支线的终端、沿线路每 1 km 处、分支线长度超过 200 m 分支处；

② 线路引入车间及大型建筑物的第 1 面配电装置处(进户处)；

③ 采用金属管配线时，金属管与保护零线连接后做重复接地；采用塑料管配线时，另行敷设保护零线并做重复接地。

当工作接地电阻不超过 4 Ω 时，每处重复接地电阻不得超过 10 Ω；当允许工作接地电阻不超过 10 Ω 时，允许重复接地电阻不超过 30 Ω，但不得少于 3 处。

5. 工作接地

在 TN—C 系统和 TN—C—S 系统中，变压器低压绕组中性点的接地有时流过一定量的不平衡电流。该接地称为工作接地或配电系统接地。

工作接地的作用是保持系统电位的稳定性，即减轻低压系统由高压窜入低压等原因所产生过电压的危险性。如没用工作接地，则当 10 kV 的高压窜入低压时，低压系统的对地电压上升为 5 800 V 左右。

当配电网一相故障接地时，工作接地也有抑制电压升高的作用。如没有工作接地，发生一相接地故障时，中性线对地电压可上升到接近相电压，另两相对地电压可上升到接近线电压(在特殊情况下可达到更高的数值)。如有工作接地，由于接地故障电流经工作接地构成回路，对地电压的“漂移”受到抑制。在线电压 0.4 kV 的配电网中，中性线对地电压一般不超过 50 V，另两相对地电压一般不超过 250 V。

工作接地与变压器外壳的接地、避雷器的接地是共用的，并称为“三位一体”接地。其接地电阻应根据三者中要求最高的确定。仅就工作接地的要求而言，工作接地应能保证当发生高压窜入低压时，低压中性点对地电压升高不得超过 120 V。10 kV 配电网一般为不接地系统，其单相接地电流一般不超过 30 A。工作接地的接地电阻不超过 4 Ω 是能够满足要求的。在高土壤电阻率地区，允许放宽至不超过 10 Ω。

五、剩余电流动作保护装置

剩余电流动作保护装置也称剩余电流动作保护器(RCD)，它主要用于防止由于间接接触和由于直接接触引起的单相触电事故。它还可以用于防止因电气设备漏电而造成的电气火灾爆炸事故，以及监测或切除各种一相接地故障。剩余电流动作保护装置主要用于1 000 V 以下的低压系统。

1. 剩余电流动作保护的意义

一是电气设备(或线路)发生漏电或接地故障时，能在人尚未触及时，就把电源切断；二是当人体触及带电体时，能在0.1 s 内切断电源，从而减轻电流对人体的伤害程度。由于其具有可靠的电击保护和防接地故障引起着火危险的功能而获得广泛的应用。

2. 剩余电流动作保护装置的类型和主要技术参数

目前我国市场上出售 RCD 产品的型号、规格多种多样，称谓也不尽相同。如触电保护器、触电保安器、漏电开关、漏电断路器、漏电保护插座、触电保护继电器及漏电继电器等。它们之间的主要区别在于：凡名称为“保安器”“开关”“断路器”“插座”者均指本身已具有脱扣装置，能直接接通和切断电路的产品；而名为“继电器”者，其本身只能反映故障，需与交流接触器、自动空气开关等配套使用。

(1) RCD 的类型

① 按检测电流分，可分为零序电流型和泄漏电流型。检测信号为零序电流的即为零序电流型；检测信号为泄漏电流的即为泄漏电流型。

② 按放大机构分，可分为电子式和电磁式。有电子放大机构的即为电子式，无放大机构或放大机构是机械式的即为电磁式。

③ 按极数分，可分为单极、二极、三极、四极。极数决定于触头对数，即可通断的线数。RCD 有几对触头或者说控制几根线，即为几极。

④ 按相数分，可分为单相和三相。用于保护单相设备或单相电路的，即为单相剩余电流动作保护器；用于保护三相设备或三相电路的，即为三相剩余电流动作保护器。

(2) 主要技术参数

① 额定剩余电流动作值。RCD 的额定动作电流是能使 RCD 动作的最小电流。剩余动作电流分为0.006 A、0.01 A、(0.015 A)、0.03 A、(0.075 A)、0.1 A、(0.2 A)、0.3 A、0.5 A、1 A、3 A、5 A、10 A、20 A 十几个等级，其中带括号者不推荐优先使用。剩余动作电流小于或等于0.03A 为高灵敏度，大于0.03 A 且小于或等于1 A 的为中灵敏度，大于1 A 属低灵敏度。

为避免误动作，要求 RCD 的不动作电流不低于额定剩余动作电流的1/2。

② RCD 动作时间。RCD 的动作时间指动作时最大分断时间。直接接触保护用的剩余电流保护装置的最大分断时间与电流的关系见表 11-14。

表 11-14　　　　直接接触保护用的剩余电流保护装置的最大分断时间

$I_{\Delta n}$/A	I_n/A	最大分断时间/s		
		$I_{\Delta n}$	$2I_{\Delta n}$	0.25 A
0.006	任何值	5	1	0.04
0.010		5	0.5	0.04
0.030		0.5	0.2	0.04

间接接触保护用的剩余电流保护装置的最大分断时间与电流的关系见表 11-15。

表 11-15　　　　间接接触保护用的剩余电流保护装置的最大分断时间

$I_{\Delta n}$/A	I_n/A	最大分断时间/s		
		$I_{\Delta n}$	$2I_{\Delta n}$	0.25 A
≥0.03	任何值	2	0.2	0.4
	只适用于≥40①	5	0.3	0.15

注：① 适用于由独立元件组装起来的组合式剩余电流保护装置。

（3）其他参数。如脱扣器额定电流（RCD 正常工作所允许长期通过的最大电流值）、额定不动作电流（制造厂规定必须不动作的电流值）等。表 11-16 为常见的 RCD 的性能参数。

表 11-16　　　　部分国产 RCD 性能参数

型号	名称	极数	额定电压/V	额定电流/A	额定漏电动作电流/mA	漏电动作时间/s	保护功能
DZ5L—20L	漏电开关	3	380	3、4、5	30、50	<0.1	过载、短路、漏电保护
DZ15L—40	漏电断路器	3、4	380	6、16、20、25、32、40	30、50、75、100	<0.1	过载、短路、漏电保护
DZ15L—63	漏电断路器	3、4	380	10、16、20、25、32、40、50、63	30、50、75、100	<0.1	过载、短路、漏电保护
DZL18—20	漏电开关	2、3、4	220	<20	10、15、30	≤0.1	漏电保护
JC	漏电开关	2、3、4	220	6、10、16、25、40	30	<0.1	漏电保护
JD1—100	漏电断路器	贯穿孔 Φ30	380(500)	100	100、200、300、500	<0.1	漏电保护
JD1—200	漏电断路器	贯穿孔 Φ40	380(500)	200	200、300、500	<0.1	漏电保护
20A 集成电路漏电开关	2	220	6、10、15、20	15、30	<0.1	过载保护	
20A 集成电路漏电继电器	贯穿孔 Φ40	380	200	30、50、100、200、300、500	延时 0.2~1	漏电保护	

3. 剩余电流动作保护装置的工作原理及基本结构

电气设备在正常工作的情况下，从电网流入的电流和流回电网的电流总是相等的。当有人触电或设备漏电时，一般会出现漏电流和漏电压。发生漏电事故时，流入电气设备的电流就有一部分直接流入大地或经过人体流入大地，这部分流入大地并且经过大地回到变压器中性点的电流就是漏电电流；另外，电气设备正常工作时，壳体对地电压是为零的，在电气设备漏电时，壳体对地电压就不为零了，而出现的对地电压就叫漏电电压。

RCD 就是通过检测机构对漏电时出现的异常信号，经过中间机构的传递和转换放大等，送给执行机构动作而断电，从而达到保护用电安全的目的。

图 11-11 为常见的 RCD 的原理图，其中图(a)为电磁式剩余电流动作保护器，图(b)为电子式剩余电流动作保护器。它们都具有一个检测剩余电流的零序电流互感器，将检测到的剩余电流与一个预定的基准值相比较，从而作出是否脱扣的判断。

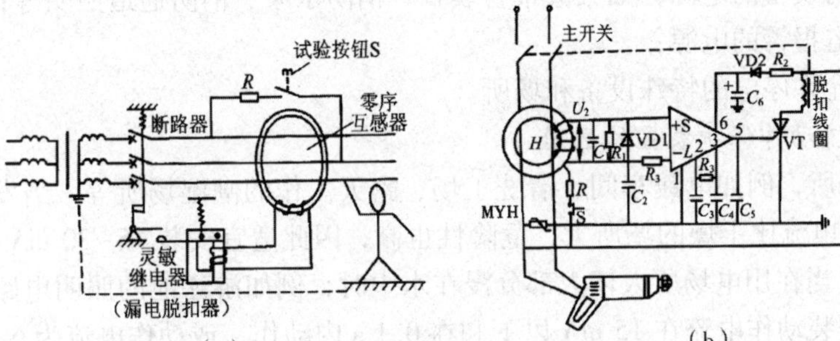

(a)　　　　　　　　(b)

图 11-11　常见 RCD 原理图

(a) 电磁式剩余电流动作保护器；(b) 电子式剩余电流保护器

RCD 的基本结构由三部分组成，即检测机构、判断机构和执行机构。

检测机构的任务就是将剩余电流信号检测出来，然后送给判断机构。判断机构的任务就是判断检测机构送来的信号大小，如果达到 RCD 动作电流或动作电压，它就会把信号传给执行机构。执行机构的任务就是按判断机构传来的信号迅速动作，实现断电。

在检测机构和判断机构之间，一般有放大机构，这是因为检测机构检测到的信号都非常微弱，有时必须经放大机构放大后才能送给判断机构，实现判断动作。另外，为了增加漏电保护器的可靠性，有时还加有检查机构。即人为输入一个漏电信号，检查漏电保护器是否动作。如果动作，说明漏电保护器工作正常；如果不动作，则应及时检查。

检测机构一般采用电流互感器或灵敏继电器；判断机构一般采用自动开关或接触器；放大机构大多采用电子元件，也有的采用机械元件；检查机构一般采用按钮开关和限流电阻。

4. 剩余电流动作保护装置的设置场所

(1) 下列用电设备应安装漏电保护装置：

① 属于Ⅰ类的移动式电气设备及手持式电动工具；

② 生产用的电气设备；

③ 安装在潮湿、强腐蚀性等环境恶劣场所的电气设备；

④ 建筑施工工地的电气机械设备及电动工具；

⑤ 暂设临时用电的电气设备；

⑥ 宾馆、饭店及招待所的客房内插座回路；

⑦ 机关、学校、企业、住宅等建筑物内的插座回路；

⑧ 游泳池、喷水池、浴室的水中照明设备；

⑨ 安装在水中的供电线路和设备；

⑩ 医院里直接接触人体的电气医用设备；

⑪ 其他需要安装漏电保护器的场所。

（2）对一旦发生漏电切断电源会造成事故或重大经济损失的下列电气装置或场所，应安装报警式漏电保护器而不自动切断电源：

① 公共场所的通道照明、应急照明；

② 消防用电梯及确保公共场所安全的设备；

③ 用于消防设备的电源，如火灾报警装置、消防水泵、消防通道照明等；

④ 用于防盗报警的电源；

⑤ 其他不允许停电的特殊设备和场所。

5. 剩余电流动作保护装置的选用

在潮湿的场所，例如电镀车间、清洗工场、露天工作的潮湿场所等，当发生触电事故时，通过人体的电流比干燥的场所大，危险性也高，因此适宜安装 15~30 mA 并能在 0.1 s 内动作的 RCD。当在用电场所人体大部分浸在水中时，例如游泳池的照明电路，也宜安装 RCD，并且应安装动作电流在 15 mA 以下和在 0.1 s 内动作，或动作电流为 6~10 mA 的反时限特性的 RCD。

在触电后可能导致严重二次事故的场所，应选用动作电流 6 mA 的快速型 RCD。为了保护儿童或病人，也应采用动作电流 10 mA 以下的快速型 RCD。对于 Ⅰ 类手持电动工具，应视工作场所危险性的大小，安装动作电流 10~30 mA 的快速型 RCD。

在建筑工地、金属构架上等触电危险性大的场合，Ⅰ 类携带式设备或移动式设备应配用高灵敏度漏电保护装置。

剩余电流动作保护装置的选择，必须考虑用电设备和电路正常泄漏电流的影响。在选择漏电保护装置的灵敏度时，要避免由于正常泄漏电流所引起的不必要的动作而影响正常供电。

例如，厨房等潮湿场所，正常泄漏电流可能超过 15 mA，选用额定动作电流为 30 mA 的 RCD，可能发生 RCD 不能合闸或频繁动作，此时，可采取下列措施：

（1）增加插头回路的数量，以减少每一回路的泄漏电流；

（2）可采用动作电流大于 30 mA 的 RCD，如 50 mA、75 mA、100 mA 的 RCD。

单相 220 V 电源供电的电气设备，应选用二极二线式或单极二线式漏电保护装置。三相三线式 380 V 电源供电的电气设备，应选用三极式漏电保护装置。三相四线式 380 V 电源供电的电气设备，或单相设备与三相设备共用的电路，应选择三极四线式或四极四线式剩余电流动作保护装置。

6. 剩余电流动作保护装置的安装

RCD 的安装接线应遵循以下原则：

(1) 检查额定电压、工作电流是否符合实际使用要求。检查漏电动作电流和动作时间，是否和电路要求安装设备的动作电流和时间符合。

(2) 安装接线时注意 RCD 安装的接线必须正确，避免因接线错误或接地不当引起的误动作。对于 TN—S 系统，中性线要和相线一起穿过 RCD 的电流互感器。TN—C 系统装设 RCD 时，由于 PEN 线不能穿过 RCD 的电流互感器，所以，要按图 11-12 的方式接线，中性线穿入 RCD 的电流互感器，增加一段 PE 线直接接电气设备的外露导电部分，相当于将系统改装成 TN—C—S 系统。特别要注意 RCD 后的中性线不允许接地，如果将中性线接地，则电流在 RCD 后面的负载电流一部分流向中性线接地处，另一部分经 PE 线，分别返回电源成为剩余电流而使 RCD 动作。工程中由于中性线接地而导致 RCD 动作的案例较为常见，其一是中性线绝缘损坏，导体直接接触墙体或大地；另一原因是插座中的中性线和 PE 线混淆而误接，结果是带上负载后 RCD 无法合闸。

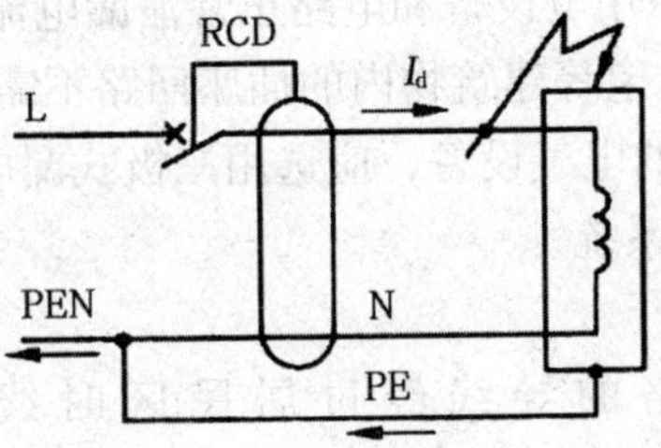

图 11-12　RCD 在 TN-C-S 系统的接线

习题十一

一、判断题

1. 在高压操作中，无遮拦作业人体或其所携带工具与带电体之间的距离应不少于0.7 m。

2. 变配电设备应有完善的屏护装置。

3. RCD的额定动作电流是指能使RCD动作的最大电流。

4. 剩余动作电流小于或等于0.3 A的RCD属于高灵敏度RCD。

5. SELV只作为接地系统的电击保护。

6. 当采用安全特低电压作直接电击防护时，应选用25 V及以下的安全电压。

7. RCD后的中性线可以接地。

8. RCD的选择，必须考虑用电设备和电路正常泄漏电流的影响。

9. 机关、学校、企业、住宅等建筑物内的插座回路不需要安装漏电保护装置。

10. 单相220 V电源供电的电气设备，应选用三极式漏电保护装置。

11. IT系统就是保护接零系统。

二、填空题

12. 6~10 kV架空线路的导线经过居民区时线路与地面的最小距离为__________ m。

13. 新装和大修后的低压线路和设备，要求绝缘电阻不低于__________ MΩ。

14. PE线或PEN线上除工作接地外其他接地点的再次接地称为__________接地。

15. TN—S俗称__________。

三、单选题

16. 带电体的工作电压越高，要求其间的空气距离(　　)。

A. 一样　　B. 越大　　C. 越小

17. 几种线路同杆架设时，必须保证高压线路在低压线路(　　)。

A. 左方　　B. 右方　　C. 上方

18. 对于低压配电网，配电容量在100 kW以下时，设备保护接地的接地电阻不应超过(　　)Ω。

A. 10　　B. 6　　C. 4

19. 在不接地系统中，如发生单相接地故障时，其他相线对地电压会(　　)。

A. 升高　　B. 降低　　C. 不变

20. 《特低电压(ELV)限值》(GB/T 3805—2008)中规定，在正常环境下，正常工作时工频电压有效值的限值为(　　)V。

A. 33　　B. 70　　C. 55

21. 特低电压限值是指在任何条件下，任意两导体之间出现的(　　)电压值。

A. 最小　　B. 最大　　C. 中间

22. 特别潮湿的场所应采用(　　)V的安全特低电压。

A. 42　　B. 24　　C. 12

23. 建筑施工工地的用电机械设备(　　)安装漏电保护装置。

A. 不应　　　B. 应　　　C. 没规定

24. 应装设报警式漏电保护器而不自动切断电源的是(　)。

A. 招待所插座回路　　　B. 生产用的电气设备　　　C. 消防用电梯

25. 在选择漏电保护装置的灵敏度时，要避免由于正常(　)引起的不必要的动作而影响正常供电。

A. 泄漏电流　　　B. 泄漏电压　　　C. 泄漏功率

26. 某相电压 220 V 的三相四线系统中，工作接地电阻 $R_N = 2.8\ \Omega$，系统中用电设备采取接地保护方式，接地电阻为 $R_A = 3.6\ \Omega$，如有设备漏电，故障排除前漏电设备对地电压为(　)V。

A. 34.375　　　B. 123.75　　　C. 96.25

四、多项选择题

27. 防止直接接触电击的方法有(　)。

A. 保护接地　　　B. 绝缘防护

C. 采用屏护和安全距离　　　D. 采用特低电压

28. 所谓屏护，就是使用(　)等将带电体与外界隔离。

A. 栅栏　　　B. 导体　　　C. 遮栏　　　D. 护罩

29. TN 系统的类型有(　)。

A. TN—S 系统　B. TN—C—S 系统　C. TN—C—X 系统　D. TN—C 系统

30. 特低电压可分为(　)类型。

A. SELV　　　B. PELV　　　C. HELV　　　D. FELV

31. FELV 是指使用功能(非电击防护)的原因而采用的特低电压，如(　)。

A. 220 V 电机　B. 电焊枪　　　C. 380 V 电机　　　D. 电源外置的笔记本

32. 下列属于 RCD 类型的是(　)。

A. 保险丝　　　B. 触电保安器　　　C. 漏电断路器　　　D. 漏电开关

33. 单相 220 V 电源供电的电气设备，应选用(　)漏电保护装置。

A. 三极式　　　B. 二极二线式　　　C. 四极式　　　D. 单极二线式

34. 应安装漏电开关的场所有(　)。

A. 临时用电的电气设备　　　B. 生产用的电气设备

C. 公共场所通道照明　　　D. 学校的插座

五、简答题

35. 工程中用以防止间接接触电击的安全措施有哪些？

第十二章　电气安全管理

引发电气事故的原因有多种，如：电气设备不合格，设备安装不合格，绝缘保护损坏，违章操作或错误操作，缺少安全技术措施，用电安全制度不健全，用电安全管理混乱等。一般来说，触电事故的共同原因是安全组织措施不健全和安全技术措施不完善。组织措施与技术措施是互相联系、互相配合的，它们是做好安全工作的两个方面。没有组织措施，技术措施得不到可靠的保证；没有技术措施，组织措施只是不能解决问题的空洞条文。为了防止电气事故的发生，必须重视和做好电气安全管理工作。

第一节　组织管理

一、管理人员和机构

电工是个特殊工种，这个工种又极具危险性，不安全的因素较多。同时，随着生产和经济的发展，电气化程度不断提高，用电量迅速增加，专业电工日益增多，而且分散在社会和企业各部门。这都反映了电气安全管理工作的重要性。为此，一方面企业和单位应有专门的机构或人员负责电气安全工作，另一方面国家要求从事电气作业的电工，必须接受国家规定的机构培训、考核，合格者方可持证上岗。同时，在作业过程中应接受国家有关部门安全生产监督。

各单位应当根据本部门电气设备的构成和状态，根据本部门电气专业人员的组成和素质，以及本部门的用电特点，建立相应的管理机构，并确定管理人员和管理方式。为了做好电气安全管理工作，安全技术或动力等部门必须安排专人负责这项工作。专职管理人员应具备必需的电气安全知识，并要根据实际情况制定安全措施，使安全管理工作有计划地进行。

二、规章制度

合理的规章制度，是保障安全生产的有效措施。安全操作规程、运行管理和维护检修制度及其他规章制度都与安全有直接的关系。

根据不同工种，建立各种安全操作规程。如配电室值班安全操作规程、内外线维护检修安全操作规程、电气设备维修安全操作规程、电气试验安全操作规程、电气试验室安全操作规程、临时接线安全规程、手持电动工具安全操作规程等。

安装电气线路和电气设备时，必须严格遵循电气设备安装规程。

根据环境的特点以及单位的实际情况建立相应的运行管理制度和维护检修制度。运行管理和维护检修要做到经常和定期相结合的原则，以及时发现电气线路或设备的缺陷和潜在的不安全因素，消除隐患，确保安全生产。

为了保证检修工作，特别是高压检修工作安全，必须坚持必要的安全工作制度，如工作票制度、工作许可制度、工作监护制度等。

三、安全检查

电气安全检查的内容包括：检查电气设备的绝缘是否老化，是否受潮或破损，绝缘电阻是否合格；电气设备裸露带电部分是否有防护，屏护装置是否符合安全要求；安全间距是否足够；保护接地或保护接零是否正确和可靠；保护装置是否符合安全要求；携带式照明灯和局部照明灯是否采用了安全电压或其他安全措施；安全用具和防火器材是否齐全；电气设备选型是否正确，安装是否合格；电气连接部分是否完好；电气设备和电气线路温度是否太高；熔断器熔体的选用及其他过流保护的整定是否正确；各项维修制度和管理制度是否健全；电工是否经过专业培训等。

对变压器等重要的电气设备应建立巡视检查制度，坚持巡视检查，并做好必要的记录。

对于使用中的电气设备，应定期测定其绝缘电阻；对于各种接地装置，应定期测定其接地电阻；对于安全用具、避雷器、变压器及其他一些保护电器，也应定期检查、测定并进行耐压试验。

四、安全教育

安全教育主要是为了使工作人员懂得电的基本知识，认识安全用电的重要性，掌握安全用电的基本方法，从而能安全地、有效地进行工作。

新入厂的工作人员要接受厂、车间、生产小组三级的安全教育。要求工作人员懂得电和安全用电的知识；对于独立工作的电气工作人员，更应懂得电气装置在安装、使用、维护、检修过程中的安全要求，应熟知电气安全操作规程，学会电气灭火的方法，掌握触电急救的技能，并经安全生产管理部门考核合格后，取得《特种作业人员操作证》。

五、安全资料

安全资料是做好安全工作的重要依据。一些技术资料对于安全工作也是十分必要的，应注意收集和保存。

为了工作方便和便于检查，应建立高压系统图、低压布线图、全厂架空线路和电缆线路布置图等其他图纸资料。

对重要设备应单独建立资料。每次检修和试验记录应作为资料保存，以便查对。

设备事故和人身事故的记录也应作为资料保存。

第二节　保证安全的组织措施

在电气设备上工作，保证安全的组织措施有工作票制度、工作许可制度、工作监护制度、工作间断转移和终结制度。

一、工作票制度

在电气设备上工作，应填用工作票或按命令执行，其方式有下列三种。

1. 工作票和工作票的填写

工作票是准许在电气设备上工作的书面命令，也是执行保证安全技术措施的书面依据。工作票一般有两种格式，见附录表1：电工作业工作票(第一种)，附录表2：电工作业工作票(第二种)。

填用第一种工作票的工作范围：高压设备上工作需全部停电或部分停电的；高压室内的二次接线和照明等回路上的工作，需要将高压设备停电或采取安全措施的。

填用第二种工作票的工作范围：带电作业和在带电设备外壳上的工作；在控制盘和低压配电盘、配电箱、电源干线上的工作；在二次接线回路上的工作；无需将高压设备停电的工作；在转动中的发电机、同期调相机的励磁回路或高压电动机转子电阻回路上的工作；非当值值班人员用绝缘棒和电压互感器定相或用钳形电流表测量高压回路的电流。

工作票填用方法和注意事项：

(1) 编号、工作负责人、工作班成员、工作地点和工作内容、计划工作时间、工作终结时间、停电范围、安全措施、工作许可人、工作票签发人、工作票审批人、送电后评语等内容必须完整填写。

(2) 工作票由发布工作命令的人员填写，一式二份；一般在开工前一天交到运行值班处，并通知施工负责人，而且一个工作班在同一时间内，只能布置一项工作任务，发给一张工作票。

(3) 工作范围以一个电气连接部分为限。若几项任务需要交给同一工作班执行时，为防止将工作的时间、地点和安全措施搞错而造成事故，只能先布置其中的一个任务，发给工作负责人一张工作票。待任务完成将工作票收回后，再布置第二个任务和发给第二张工作票。

(4) 值班人员接到工作票后，要审查工作票上所提出的安全措施是否完备。发现有错误或疑问时，应向签发人提出。施工负责人在接受工作任务后，应组织有关人员研究所提出的任务和安全措施并按照任务要求在开工前做好必要的准备工作。

(5) 第一种工作票填写的几项具体要求：

① 工作许可人填写安全措施，不准写“同左”的字样。

② 应装设的地线，要写明装设的确实地点，已装设的地线要写明确实地点和地线编号。

③ 工作地点保留带电部分，要写明工作邻近地点有触电危险的具体带电部位和带电设备名称并悬挂警告牌。

④ 在开工前，工作许可人必须按工作票“许可开始工作的命令”栏内的要求把许可的时间，许可人及通知方式等认真地填写清楚，工作终结后，工作负责人必须按“工作终结的报告”栏内规定的内容，逐项认真填写，严格履行工作票终结手续。

⑤ 工作票的填写内容，必须符合安全工作规程的规定，工作票由所统一编号，按顺序使用。填写上要做到字迹工整、清楚、正确。如有个别错、漏字，需要修改时，必须保

持清晰并在该处盖章。执行后的工作票要妥善保管，至少保存三个月，以备检查。

2. 工作票的执行

(1) 工作班组在作业前要整齐列队，清点人数，由工作负责人宣读工作票；严肃、认真、详细地交代工作任务、安全措施及注意事项。每个成员都必须集中精神，认真听取。交代后，工作负责人或安全员要向一部分成员提问，以引起注意，使每个成员确实了解清楚。

(2) 工作负责人在作业过程中要始终在现场，必须做到不间断地监护督促全班人员认真执行工作票上的各项安全措施，保证作业安全。

(3) 凡临近带电设备作业时，严格按规定签发工作票，并有熟悉电气设备的人员在现场进行监护(特别是建筑工、油漆工、大集体工人等到变电所作业时要切实地做好监护)。

(4) 检修人员凡在检修中动过的设备在检修完工后必须恢复原来状态并主动向值班人员详细交代，在送电前运行人员要做到详细检查。

(5) 执行变电第一种工作票：当工作全部完毕，人员撤离工作地点，经工作负责人和工作许可人双方到现场交代、验收，并在工作票上签字后即为工作终结，工作负责人可以带领全班人员撤离工作现场。地线拆除必须认真填写在工作票中，必要时当时不能拆除的接地线要注明原因。

3. 口头或电话命令

用于第一和第二种工作票以外的其他工作。口头或电话命令，必须清楚正确，值班员应将发令人、负责人及工作任务详细记入操作记录簿中，并向发令人复诵核对一遍。

工作票填写一式两份，一份必须经常保存在工作地点，由工作负责人收执；另一份由值班员收执，按值移交。在无人值班的设备上工作时，第二份工作票由工作许可人收执。

一个工作负责人只能发一张工作票。工作票上所列的工作地点，以一个电气连接部分为限。如施工设备属于同一电压、位于同一楼层、同时停送电，且不会触及带电体时，可允许几个电气连接部分共用一张工作票。在几个电气连接部分上，依次进行不停电的同一类型的工作，可以发给一张第二种工作票。若一个电气连接部分或一个配电装置全部停电，则所有不同地点的工作，可以发给一张工作票，但要详细填写主要工作内容。几个班同时进行工作时，工作票可以发给一个总的负责人。若至预定时间，一部分工作尚未完成，仍需继续工作而不妨碍送电者，在送电前，应按照送电后现场设备带电情况办理新的工作票，布置好安全措施后，方可继续工作。第一、二种工作票的有效时间，以批准的检修期为限。第一种工作票至预定时间，工作尚未完成，应由工作负责人办理延期手续。

二、工作查活及交底制度

工作查活及交底制度是指在工作交接的时候，相关人员按照规定的程序和要求交代、验证、记录相关工作，使工作顺利地延续和完成。

1. 工作查活及交底的组织和人员

设计图技术交底由公司工程部负责，向项目经理、技术负责人、施工队长等有关部门及人员交底。各工序、工种由项目责任工长负责向各班组长交底。

2. 工作查活及交底方法和注意事项

（1）查活交底一般在施工现场项目部实施，必须在施工作业前进行，任何项目在没有交底前不准施工作业。

（2）被交底者在执行过程中，必须接受项目部的管理、检查、监督、指导，交底人也必须深入现场，检查交底后的执行落实情况，发现有不安全因素，应马上采取有效措施，杜绝事故隐患。

（3）实行逐级安全技术查活交底制，开工前由技术负责人向全体职工进行交底，两个以上施工队或工种配合施工时，要按工程进度交叉作业的交底，班组长每天要向工人进行节能型施工要求、作业环境的安全交底，在下达施工任务时，必须填写安全技术交底卡。

3. 交底方法

技术交底可以采用会议口头形式、文字图表形式，甚至示范操作形式，视工程施工复杂程度和具体交底内容而定。各级技术交底应有文字记录，关键项目、新技术项目应作文字交底。

三、工作许可制度

工作票签发人由熟悉人员技术水平、设备情况、安全工作规程的生产领导人或技术人员担任。工作票签发人的职责范围为：工作必要性，工作票上所填安全措施是否正确完备，所派工作负责人和工作班人员是否适当和足够。工作票签发人不得兼任该项工作的工作负责人。

工作负责人（监护人）可以填写工作票。工作负责人的安全责任是：正确安全地组织工作，监督、监护工作人员遵守规程，负责检查工作票所载安全措施是否正确完备和值班员所做的安全措施是否符合现场实际条件，工作前对工作人员交代安全事项。

工作许可人（值班员）不得签发工作票。工作许可人的职责范围为：负责审查工作票所列安全措施是否正确完备，是否符合现场条件；负责检查停电设备有无突然来电的危险；对工作票所列内容即使发生很小疑问，也必须向工作票签发人询问清楚，必要时应要求作详细补充。

工作许可人在完成施工现场的安全措施后，还应会同工作负责人到现场检查所做的安全措施，以手触试，证明检修设备确无电压，对工作负责人指明带电设备的位置和注意事项，同工作负责人分别在工作票上签名。完成上述手续后，工作人员方可开始工作。

四、工作监护制度

工作监护制度是保障检修工作人员人身安全和正确操作的基本措施。监护人应由技术级别较高的人员，一般由工作负责人担任。

监护人应始终留在现场，对工作人员认真监护。监护所有工作人员的活动范围和实际操作：工作人员及所携带工具与带电体之间是否保持足够的安全距离，工作人员站立是否合理、操作是否正确。监护人如发现工作人员的操作违反规程，应予及时纠正，必要时令其停止工作。

若监护人不得不暂时离开现场，应指定合适的人代表监护工作。

五、工作间断、转移和终结制度

工作间断时，工作班人员应从工作现场撤出，所有安全措施保持不动，工作票仍由工作负责人执存。每日收工，将工作票交回值班员。次日复工时，应征得值班员许可，取回工作票，工作负责人必须首先重新检查安全措施，确定符合工作票的要求后方可工作。

全部工作完毕后，工作班人员应清扫、整理现场。工作负责人应先周密检查，待全体工作人员撤离工作地点后，再向值班人员讲清所修项目、发现的问题、试验结果和存在的问题等，并与值班人员共同检查设备状态、有无遗留物件、是否清洁等，然后在工作票上填明工作终结时间，经双方签字后，工作方告终结。

只有在同一停电系统的所有工作票结束，拆除所有接地线、临时遮栏和标示牌，恢复常设遮栏，并得到值班调度员或值班负责人的许可命令后，方可合闸送电。已执行完毕工作票，应保存 3 个月。

第三节　保证安全的技术措施

保证检修安全的技术措施主要是指停电、验电、挂临时接地线、设置遮栏和标示牌等安全技术措施。应当按照工作票和操作票完成各项技术措施，完成过程中应有人监护，操作时，工作人员应配用相应电压等级的安全用具。

一、停电

工作地点必须停电的设备如下：

(1) 待检修的设备。

(2) 工作人员在进行工作中正常活动范围与带电设备的距离小于表 12-1 规定的设备。

表 12-1　工作人员工作中正常活动范围与带电设备的安全距离

电压等级/kV	安全距离/m
10 及以下(13.8)	0.35
20~35	0.60
44	0.90
60~110	1.50
154	2.00
220	3.00
330	4.00

(3) 在 44 kV 以下的设备上进行工作，上述安全距离虽大于表 12-1 的规定，但小于表 12-2 的规定，同时又无安全遮栏设备。

表 12-2　　设备不停电时的安全距离

电压等级/kV	安全距离/m
10 及以下	0.7
20~35	1.00
44	1.20
60~110	1.50
154	2.00
220	3.00
330	4.00

(4) 带电部分在工作人员后面或两侧无可靠安全措施的设备。

将检修设备停电，必须把各方面的电源完全断开(任何运行中的星形接线设备的中性点，必须视为带电设备)，必须拉开刀闸，停电后使各方面至少有一个明显的断开点，与停电设备有关的变压器和电压互感器，必须从高、低压两侧断开，防止向停电检修设备反送电。断开开关和刀闸的操作能源。刀闸操作把手必须锁住，并采取防止误合闸的措施。

二、验电

对已停电的线路或设备，不论其经常接入的电压表或其他信号是否指示无电，均不得作为无电压的根据，应进行验电。

验电时，必须用电压等级合适而且合格的验电器。在检修设备的进出线两侧分别验电。验电前应先在有电设备上进行试验，以确认验电器良好。

高压验电必须戴绝缘手套。35 kV 以上的电气设备，在没有专用验电器的特殊情况下，可以使用绝缘棒代替验电器，根据绝缘棒端有无火花和放电声来判断有无电压。

三、装设接地线

当检验明确无电压后，应立即将检修设备接地并三相短路。这是保证工作人员在工作地点防止突然来电的可靠安全措施，同时设备断开部分的剩余电荷，亦可因接地而放尽。

对于可能送电至停电设备的各部分或可能产生感应电压的停电设备都要装设接地线，所装接地线与带电部分应符合规定的安全距离。

装设接地线必须两人进行。若为单人值班，只允许使用接地刀闸接地。装设接地线必须先接接地端，后接导体端。拆接地线的顺序相反。装拆接地线均应使用绝缘棒或戴绝缘手套。

接地线应用多股软裸铜线，其截面不得小于 25 mm^2。接地线在每次装设以前应经过检查，损坏的接地线应及时修理或更换。禁止使用不符合规定的导线作接地或短路用。接地线必须用专用线夹固定在导体上，严禁用缠绕的方法进行接地或短路。

四、悬挂标示牌和装设遮栏

遮栏属于能够防止工作人员无意识过分接近带电体，而不能防止工作人员有意识越过的一种屏护装置。在部分停电检修和不停电检修时，应将带电部分遮拦起来，以保证检修人员安全。

标示牌的作用是提醒人们注意安全，防止出现不安全行为。例如，室外高压设备的围栏上应悬挂“止步，高压危险！”警告类标示牌，一经合闸即送电到被检修设备的开关操作手柄上应悬挂“禁止合闸，有人工作！”禁止类标示牌，在检修地点应悬挂“在此工作！”提示类标示牌。

工作人员在工作中不得拆除或移动遮栏及标示牌，更不能越过遮栏工作。

习题十二

一、填空题

1. 工作许可制度是保证电气作业安全的____________措施。

2. 验电是保证电气作业安全的____________措施之一。

3. 用于电气作业书面依据的工作票应一式____________份。

二、多项选择题

4. 保证电气作业安全的组织措施有(　)。

A. 工作票制度　　B. 工作许可制度　　C. 工作监护制度

D. 工作间断转移和终结制度

5. 保证电气作业安全的技术措施有(　)。

A. 停电　　B. 验电　　C. 装设接地线　　D. 悬挂标志牌和装设遮栏

第十三章　安全用具和安全标志

电工安全用具是电工作业人员在安装、运行、检修等操作中用以防止触电、坠落、灼伤等危险，保障工作人员安全的电工专用工具和用具，包括起绝缘、验电、测量作用的绝缘安全用具，登高作业的登高安全用具，以及检修工作中应用的临时接地线、遮栏、标示牌等检修安全用具。

第一节　绝缘安全用具

绝缘安全用具包括绝缘棒、绝缘夹钳、绝缘靴、绝缘手套、绝缘垫和绝缘站台等。绝缘安全用具分为基本安全用具和辅助安全用具。前者的绝缘强度能长时间承受电气设备的工作电压，能直接用来操作电气设备；后者的绝缘强度不足以承受电气设备的工作电压，只能加强基本安全用具的作用。

一、绝缘棒

绝缘棒是基本安全用具之一。绝缘棒一般用浸过漆的木材、硬塑料、胶木、环氧玻璃布棒或环氧玻璃布管制成，在结构上可分为工作部分、绝缘部分和握手部分，如图 13-1 所示。

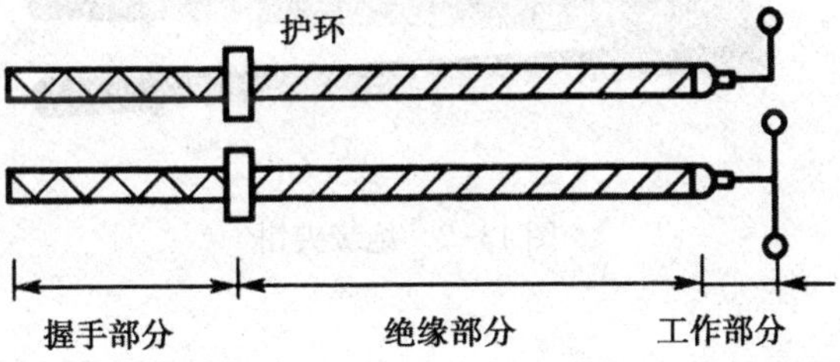

图 13-1　绝缘棒

绝缘棒用以操作高压跌落式熔断器、单极隔离开关、户外真空断路器、户外六氟化硫断路器及装卸临时接地线等，在不同工作电压的线路上使用的绝缘棒可按表 13-1 选用。使用中必须注意：

（1）绝缘棒必须具备合格的绝缘性能和机械强度，即应使用合格的绝缘工具。

（2）操作前，绝缘棒表面应用清洁的干布擦净，使棒表面干燥、清洁。

（3）操作时应戴绝缘手套、穿绝缘靴或站在绝缘垫上。

（4）操作者手握部位不得越过护环。

（5）在雨、雪或潮湿的天气，室外使用绝缘棒时，棒上应装有防雨的伞形罩，没有伞形罩的绝缘棒不宜在上述天气中使用。

（6）绝缘棒必须放在通风干燥的地方，并宜悬挂或垂直插放在特制的木架上。

（7）应按规定对绝缘棒进行定期绝缘试验。

表 13-1　　绝缘棒规格与参数

规格	棒长		工作部分长度 L_3 /mm	绝缘部分长度 L_2 /mm	手握部分长度 L_1 /mm	棒身直径 D /mm	钩子宽度 B /mm	钩子终端直径 d/mm
	全长 /mm	节数						
50 V	1 640	1	185	1 000	455	38	50	13. 5
10 kV	2 000	2		1 200	615			
35 kV	3 000	3		1 950	890			

二、绝缘夹钳

绝缘夹钳是在带电的情况下，用来安装或拆卸熔断器或执行其他类似工作的工具。在 35 kV 及以下的电力系统中，绝缘夹钳列为基本安全用具之一。

绝缘夹钳与绝缘棒一样也是用浸过绝缘漆的木材、胶木或玻璃钢制成。它的结构包括工作部分、绝缘部分与握手部分，如图 13-2 所示。

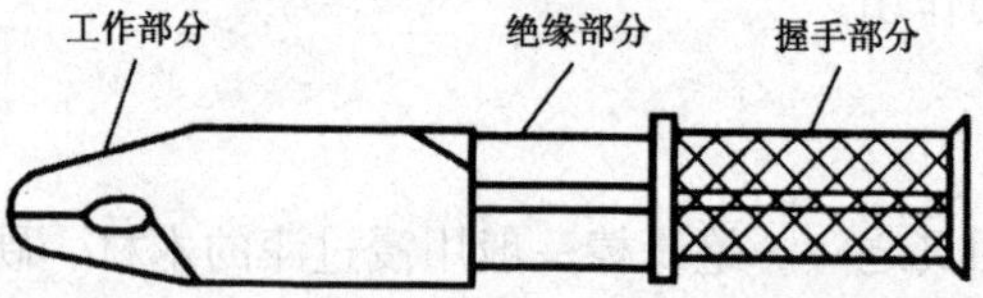

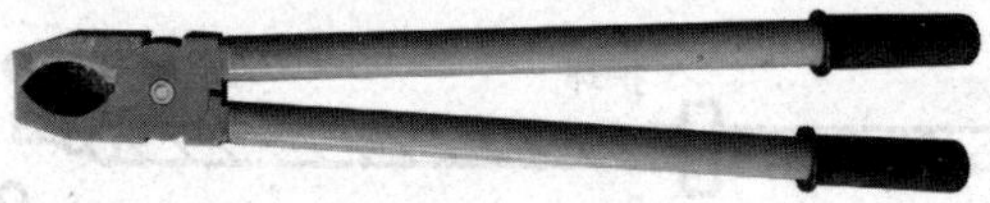

图 13-2　绝缘夹钳

使用时必须注意：

（1）绝缘夹钳必须具备合格的绝缘性能。

（2）操作时的绝缘夹钳应清洁、干燥。

（3）操作时，应戴绝缘手套、穿绝缘靴或站在绝缘垫上，戴护目眼镜，必须在切断负载的情况下进行操作。

（4）绝缘夹钳应按规定进行定期试验。

三、绝缘手套和绝缘靴

绝缘手套和绝缘靴用绝缘性能良好的橡胶制成，如图 13-3 所示。两者都作为辅助安全用具，但绝缘手套可作为低压（1 kV 以下）工作的基本安全用具，绝缘靴可作为防护跨步电压的基本安全用具。绝缘手套的长度至少应超过手腕 10 cm。

图 13-3　绝缘手套和绝缘靴

绝缘手套使用时必须注意：

（1）用户购进手套后，如发现在运输、储存过程中遭雨淋、受潮湿发生霉变，或有其他异常变化，应到法定检测机构进行电性能复核试验。

（2）在使用前必须进行充气检验，发现有任何破损则不能使用。

（3）作业时，应将衣袖口套入筒口内，以防发生意外。

（4）使用后，应将内外污物擦洗干净，待干燥后，撒上滑石粉放置平整，以防受压受损，且勿放于地上。

（5）应储存在干燥通风室温-15～+30 ℃，相对湿度 50%～80%的库房中，远离热源，离开地面和墙壁 20 cm 以上。避免受酸、碱、油等腐蚀品的影响，不要露天放置，避免阳光直射，勿放于地上。

（6）使用 6 个月必须进行预防性试验。

绝缘靴使用时必须注意：

（1）应根据作业场所电压高低正确选用绝缘鞋，低压绝缘鞋禁止在高压电气设备上作为安全辅助用具使用，高压绝缘靴可以作为高压和低压电气设备上辅助安全用具使用。但不论是穿低压或高压绝缘靴，均不得直接用手接触电气设备。

（2）布面绝缘鞋只能在干燥环境下使用，避免布面潮湿。

（3）绝缘靴的使用不可有破损。

（4）穿用绝缘靴时，应将裤管套入靴筒内。穿用绝缘鞋时，裤管不宜长及鞋底外沿条高度，更不能长及地面，保持布帮干燥。

（5）非耐酸碱油的橡胶底，不可与酸碱油类物质接触，并应防止尖锐物刺伤。低压绝缘鞋若底花纹磨光，露出内部颜色时则不能作为绝缘鞋使用。

（6）在购买绝缘靴时，应查验鞋上是否有绝缘永久标记，如红色闪电符号，鞋底有耐电压伏数等标志；鞋内有无合格证、安全鉴定证、生产许可证编号等。

四、绝缘台和绝缘垫

绝缘台和绝缘垫只作为辅助安全用具，如图 13-4 所示。一般铺在配电室的地面上，以便在带电操作断路器或隔离开关时增强操作人员对地绝缘，防止接触电压与跨步电压对人体的伤害。

绝缘垫由有一定的厚度，表面有防滑条纹的橡胶制成，其最小尺寸不宜小于 0.8 m×0.8 m。绝缘台用木板或木条制成。相邻板条之间的距离不得大于 2.5 cm；台上不得有金属零件；台面板用绝缘子支持与地面绝缘，台面板边缘不得伸出绝缘子外，绝缘台最小尺寸不宜小于 0. 8 m×0. 8 m，但为了便于移动和检查，最大尺寸也不宜大于 1. 5 m×1. 5 m。

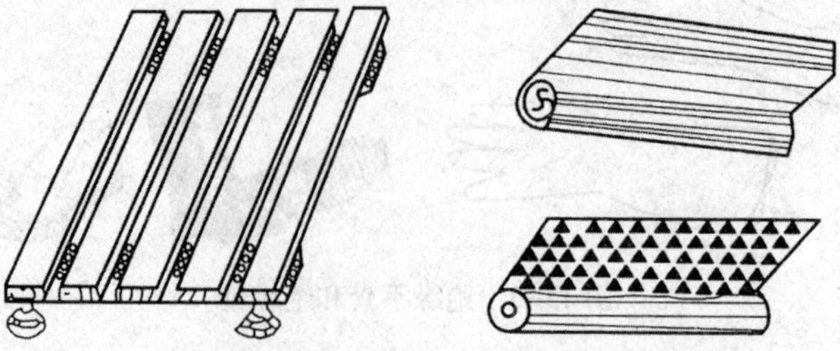

图 13-4　绝缘台和绝缘垫

五、验电器

验电器按电压分为高压验电器和低压验电器两种，用来检验设备、线路是否带电。

1. 高压验电器

旧式高压验电器都靠氖泡发光指示有电。新式高压验电器有声光、发光报警指示。还有一种风车式高压验电器，在有电时因电晕放电会驱使验电器的金属叶片旋转而显示带电。高压验电器的发光电压不应高于额定电压的 25%，最小尺寸见表 13-2。10 kV 高压验电器外形如图 13-5 所示。

表 13-2　　**高压验电器最小尺寸**

电压/kV	绝缘部分/mm	握手部分/mm	全长（不包括钩子）/mm
≤10	320	110	680
≥35	510	120	1 060

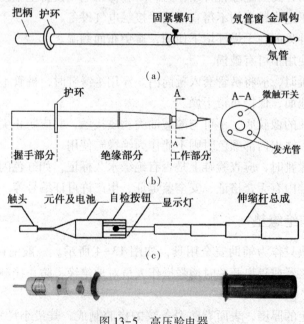

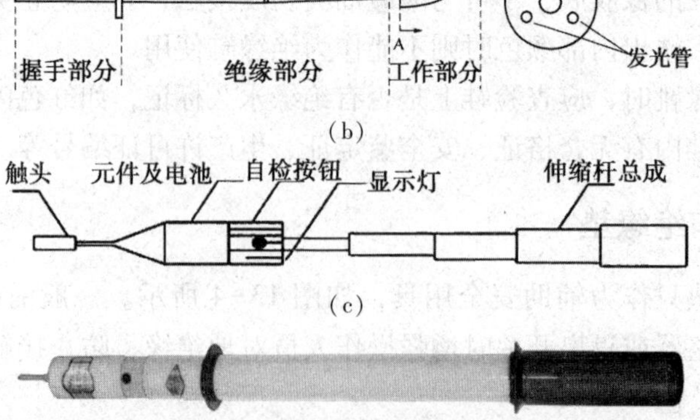

图 13-5　高压验电器

(a) 旧式；(b) 新式；(c) 伸缩式

使用高压验电器必须注意：

（1）使用前应将验电器在确认有电设备处检验，检验时应渐渐移近带电设备至发光或发声止，以验证验电器性能良好，然后再在需要进行验电的设备上检测。

（2）使用时应特别注意手握部位不得超过护环（如图13-6）。

（3）使用时，应将验电器逐渐靠近被测物体，直到氖灯亮，即说明有电；只有氖灯不亮时，才可与被测物体直接接触。目前使用的验电器已逐步过渡到图14-5（b）的新型验电器。使用时，先按动微触开关，验电器会发出响亮的"嘟嘟"声，说明验电器正常可用；如果按下微触开关时没有声光，应检查是否装好电池（A3×4）或有其他故障。

（4）用高压验电器验电时，必须戴符合耐压要求的绝缘手套；测试时身旁应有人监护；测试时要防止发生相间或对地短路事故；人体与带电体应保持足够的安全距离（10 kV 高压为 0.7 m 以上）。

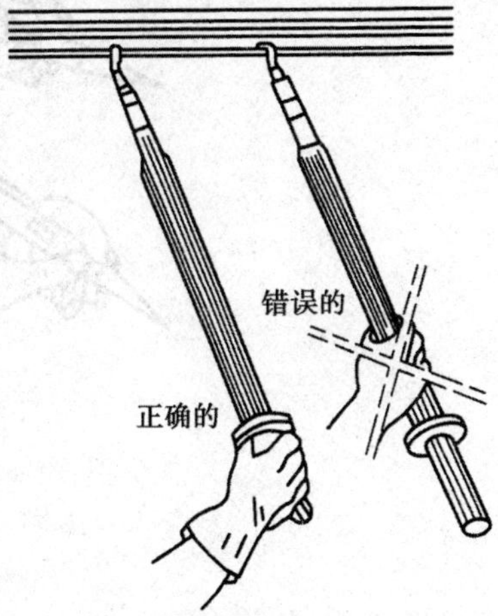

图 13-6　高压验电器握法

（5）室外使用高压验电器，必须在气候条件良好情况下进行，在雨、雪、雾及湿度较大情况下不宜使用。

2. 低压验电器

低压验电器俗称试电笔，通常有笔式和螺丝刀式两种，其结构如图13-7所示，是用来检测低压线路和电气设备是否带电的低压测试器，检测的电压范围为60~500 V。它由壳体、探头、电阻、氖管、弹簧等组成。检测时，氖管亮（新式低压验电器有的用液晶显示）表示被测物体带电。

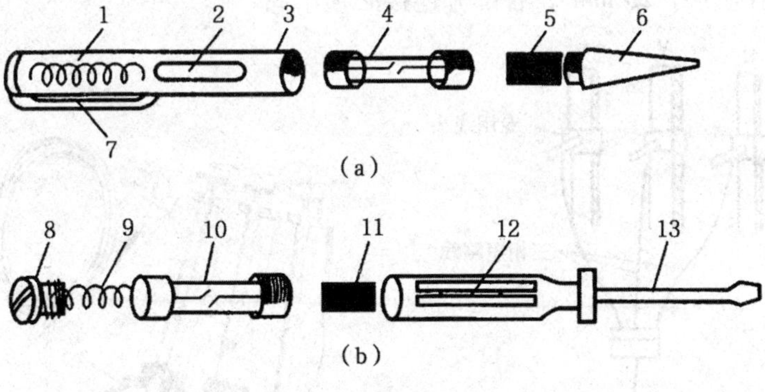

图 13-7　低压验电器

（a）笔式试电笔；（b）螺丝刀式试电笔

1，9——弹簧；2，12——观察孔；3——笔身；4，10——氖管；5，11——电阻；
6——笔尖探头；7——金属笔挂；8——金属螺钉；13——刀体探头

用试电笔验电时应让笔尾部的金属与手相接触，而且不得接触笔前端金属部分，防止触电，如图13-8所示。

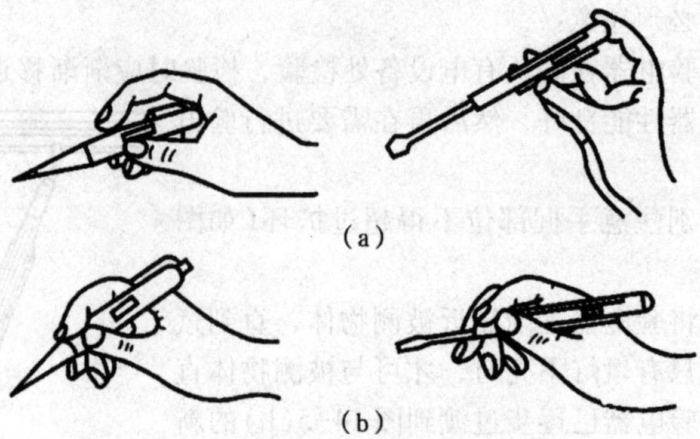

图 13-8　低压验电器握法

(a) 正确握法；(b) 错误握法

第二节　防护用具

一、携带型接地线

携带型接地线是临时接地线。当高压设备停电检修或进行其他工作时，为了防止停电设备突然来电和邻近高压带电设备对停电设备所产生的感应电压对人体的危害，需要用携带型接地线将停电设备已停电的三相电源短路并接地，同时将设备上的残余电荷对地放掉。实践证明，接地线对保证人身安全十分重要。现场工作人员常称携带型接地线为“保命线”。

携带型接地线主要由多段软铜导线和接线夹组成，三根短的软导线是接三相导体用的(图 13-9)，一根长的软导线是接接地体用的。临时接地线的接线夹必须坚固有力，软铜导线的截面积不应少于 25 mm^2，各部分连接必须牢固。

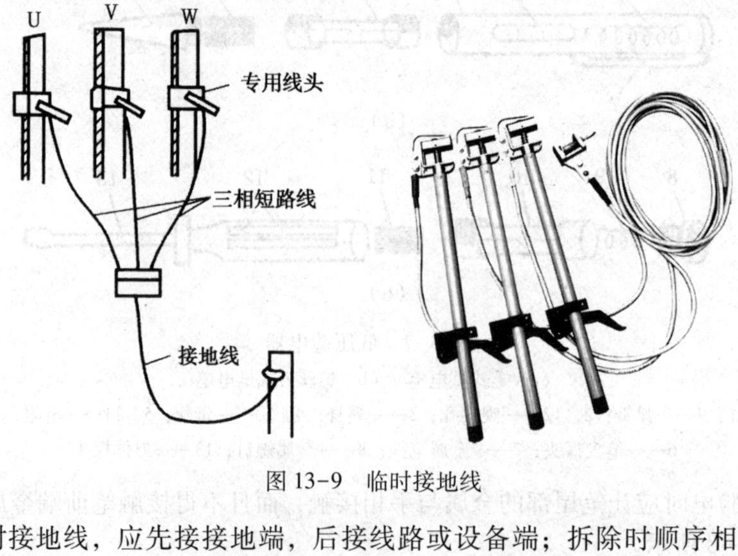

图 13-9　临时接地线

装设临时接地线，应先接接地端，后接线路或设备端；拆除时顺序相反。正常情况下，应先验明线路或设备确实无电时才可装设临时接地线。

二、遮栏

遮栏主要用来防止工作人员无意碰到或过分接近带电体，也用作检修安全距离不够时的安全隔离装置。遮栏用干燥的木材或其他绝缘材料制成，如图 13-10 所示。低压在过道和入口处可采用栅栏。遮栏和栅栏必须牢固。遮栏上必须有“止步，高压危险！”等警告标志。遮栏高度及其与带电体的距离应符合屏护的安全要求。

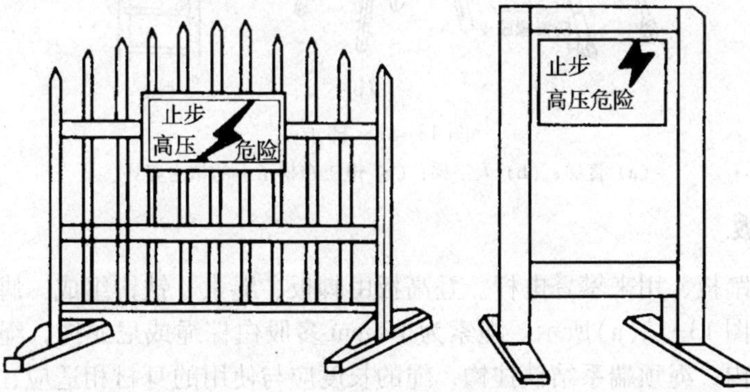

图 13-10　防护遮栏

第三节　登 高 用 具

登高用具是指电工在登高作业时所需的工具和装备。电工在登高作业时，要特别注意人身安全。而登高工具必须牢固可靠，方能保障登高作业的安全。未经现场训练过的或患有精神病、严重高血压、心脏病和癫痫病者，均不准使用登高工具登高。

一、梯子

电工常用的梯子有竹梯和人字梯(图 13-11)，梯子应牢固可靠，不能使用钉子钉成的木梯子。竹梯在使用前应检查是否有虫蛀及折裂现象。两脚应绑扎麻布或胶皮之类防滑材料或套上橡胶套。竹梯为防止梯横挡松动，梯子上、下用铁线绑扎牢固。为防撞，梯脚段涂荧光漆。竹梯放置与地面的夹角以 60°左右为宜，并要有人扶持或绑牢。人字梯使用时应将中间搭钩扣好或在中间绑扎拉绳以防自动滑开造成工伤事故。竹梯上作业时，人应勾脚站立。在人字梯上作业时，切不可采取骑马的方式站立。梯顶不得放置工具、材料。高处工作传递物件不得上下抛掷。梯顶一般不应低于工作人员的腰部，切忌在梯子的最高处或一、二级横挡上工作。不准垫高梯子使用。梯子的安放应与带电部分保持安全距离。扶梯人应戴好安全帽。

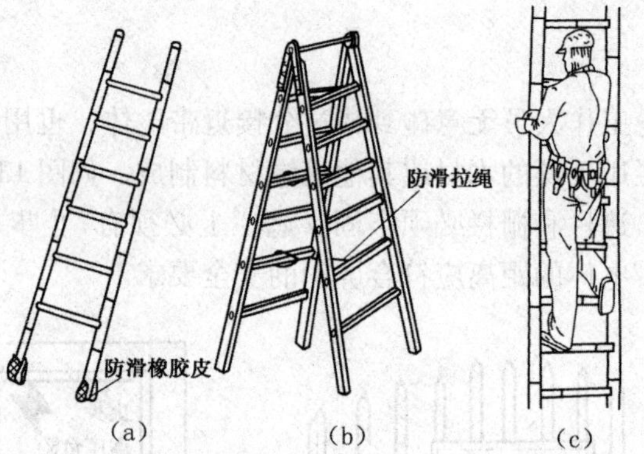

图 13-11　梯子

(a) 直梯；(b) 人字梯；(c) 电工在梯子上的站立姿势

二、登高板

登高板又称踏板，用来攀登电杆。登高板由脚板、绳索、铁钩组成。脚板由坚硬的木板制成，规格如图 13-12(a)所示。绳索为 16 mm 多股白棕绳或尼龙绳，绳两端系结在踏板两头的扎结槽内，绳顶端系结铁挂钩，绳的长度应与使用的身材相适应，一般在一人一手长左右，如图 13-12(b)所示。踏板和绳均应能承受 2 206 N 的拉力试验。

1. 使用登高板登杆时注意事项

(1) 踏板使用前，要检查踏板有无裂纹或腐朽，绳索有无断股。

(2) 踏板挂钩时必须正钩，钩口向外、向上，切勿反钩，以免造成脱钩事故，正确方法见图 13-12(c)。

(3) 登杆前，应先将踏板钩挂好踏板离地面 15~20 cm，用人体做冲击载荷试验，检查踏板有无下滑、是否可靠。

(4) 为了保证在杆上作业时人体平稳，不使踏板摇晃，站立时两脚前掌内侧应夹紧电杆，其姿势如图 13-12(d)所示。

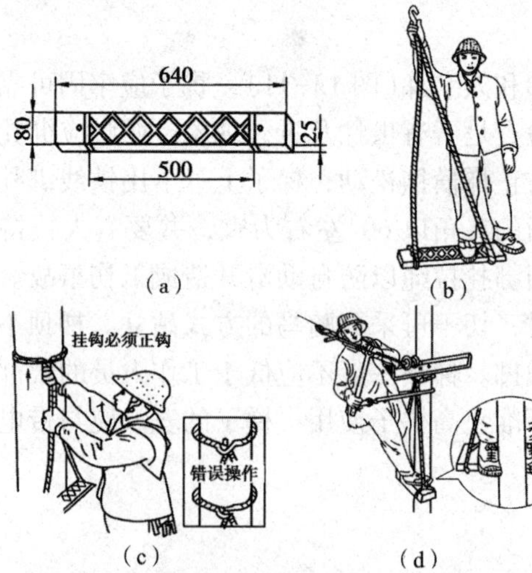

图 13-12　登高板

(a)登高板规格；(b)登高板绳长度；(c) 挂钩方法；(d) 在登高板上作业的站立姿势

2. 踏板登杆及下杆训练

（1）登杆训练：

① 先把一只踏板钩挂在电杆上，高度以操作者能跨上为准，另一只踏板反挂在肩上。

② 用右手握住挂钩端双根棕绳，并用大拇指顶住挂钩，左手握住左边贴近木板的单根棕绳，把右脚跨上踏板，然后用力使人体上升，待人体重心转到右脚，左手即向上扶住电杆，如图 13-13(a)、(b)所示。

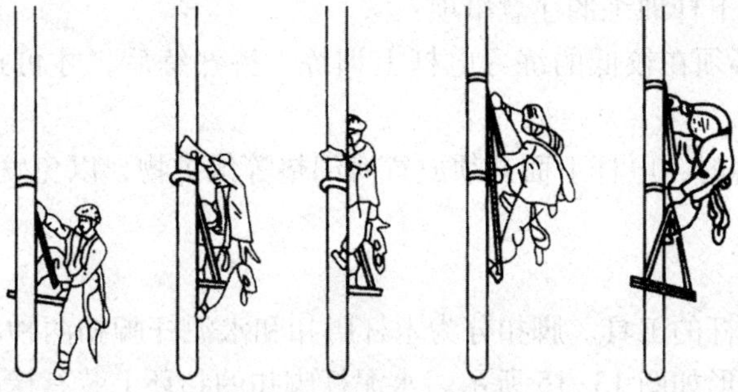

（a）（b）（c）（d）（d）

图 13-13　踏板登杆方法

③ 当人体上升到一定高度时，松开右手并向上扶住电杆使人体立直，将左脚绕过左边单根棕绳踏入木板内，如图 13-13(c)所示。

④ 待人体站稳后，在电杆上方挂上另一只踏板，然后右手紧握上一只踏板的双根棕绳，并用大拇指顶住挂钩，左手握住左边贴近木板的单根棕绳，把左脚从下踏板左边的单根棕绳内退出，改成踏在正面下踏板上，接着将右脚跨上上踏板，手脚同时用力，使人体上升，如图 13-13(d)所示。

⑤ 当人体离开下面一只踏板时，需把下面一只踏板解下，此时左脚必须抵住电杆，以免人体摇晃不稳，如图 13-13(e)所示。以后重复上述各步骤进行攀登，直至所需高度。

（2）下杆训练：

① 人体站稳在现用的一只踏板上(左脚绕过左边棕绳踏入木板内)，把另一只踏板钩挂在下方电杆上。

② 右手紧握现用踏板挂钩处双根棕绳，并用大拇指抵住挂钩，左脚抵住电杆下伸，随即用左手握住下踏板的挂钩处，人体也随左脚的下伸而下降，同时把下踏板下降到适当位置，将左脚插入下踏板二根棕绳间并抵住电杆，如图 13-14(a)所示。

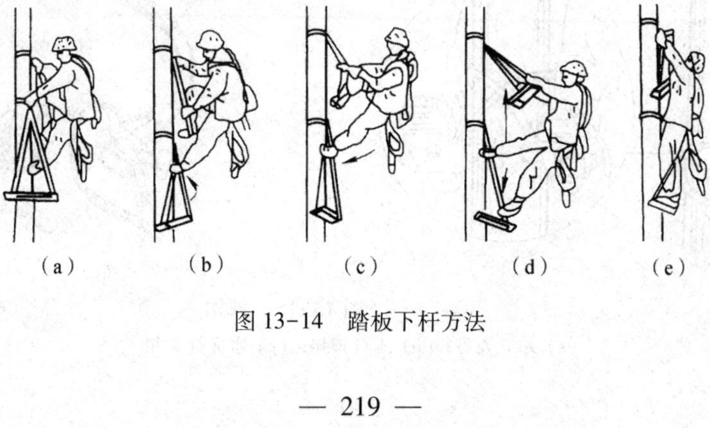

（a）（b）（c）（d）（e）

图 13-14　踏板下杆方法

③ 然后将左手握住上踏板的左端棕绳，同时左脚用力抵住电杆，以防止踏板滑下和人体摇晃，如图 13-14(b)所示。

④ 双手紧握上踏板的两端棕绳，左脚抵住电杆不动，人体逐渐下降，直到右脚踏到下踏板，如图 13-14(c)、(d)所示。

⑤ 把左脚从下踏板两根棕绳内抽出，人体贴近电杆站稳，左脚下移并绕过左边棕绳踏到下踏板上，如图 13-14(e)所示。以后步骤重复进行，直至人体着地为止。

(3) 踏板登杆和下杆训练的注意事项：

① 初学登杆时必须在较低的练习电杆上训练，待熟练后，才可正式参加登杆和杆上操作。

② 初学登杆训练时，电杆下面必须放置海绵垫等保护物，以免发生意外。

三、脚扣

脚扣也是攀登电杆的工具。脚扣分为木杆脚扣和水泥杆脚扣两种。木杆脚扣的扣环上有突出的铁齿，其外形如图 13-15 所示。水泥杆脚扣的扣环上装有橡胶套或橡胶垫起防滑作用。脚扣大小有不同规格，以适应电杆粗细不同的需要。用脚扣在杆上作业易疲劳，故只宜在杆上短时间作业使用。

1. 使用脚扣登杆时注意事项

(1) 使用前必须仔细检查脚扣各部分有无裂纹、腐朽现象，脚扣皮带是否牢固可靠；脚扣皮带若损坏，不得用绳子或电线代替。

(2) 要按电杆粗细选择大小合适的脚扣。水泥杆脚扣可用于木杆，但木杆脚扣不能用于水泥杆。

(3) 登杆前，应对脚扣进行人体载荷冲击试验。

(4) 上、下杆的每一步，必须使脚扣环完全套入并可靠地扣住电杆，才能移动身体，否则会造成事故。

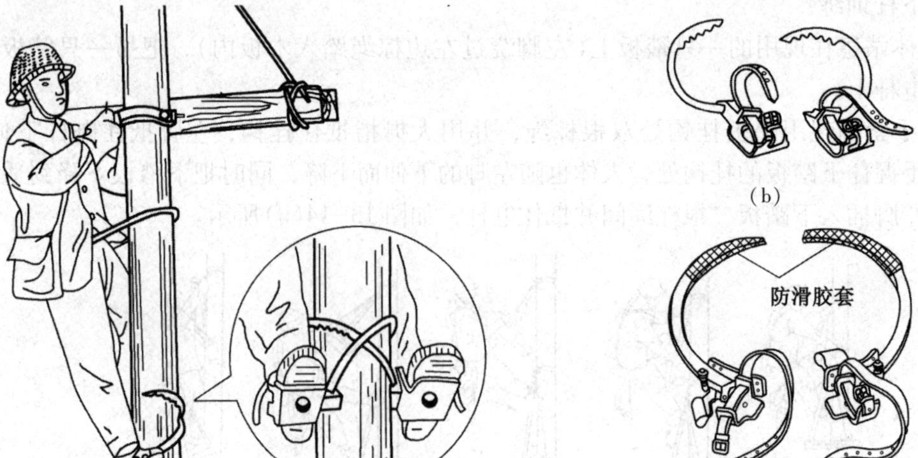

图 13-15　脚扣

(a) 站立姿势；(b) 木杆脚扣；(c) 水泥杆脚扣

2. 脚扣登杆及下杆训练

脚扣登杆的步骤如图 13-16 所示。操作时，需注意两手和两脚的协调配合，当左脚向上跨扣时，左手应同时向上扶住电杆；当右脚向上跨扣时，右手应同时向上扶住电杆。图中(a)~(c)所示是上杆姿势，图中(d)~(e)是下杆姿势。

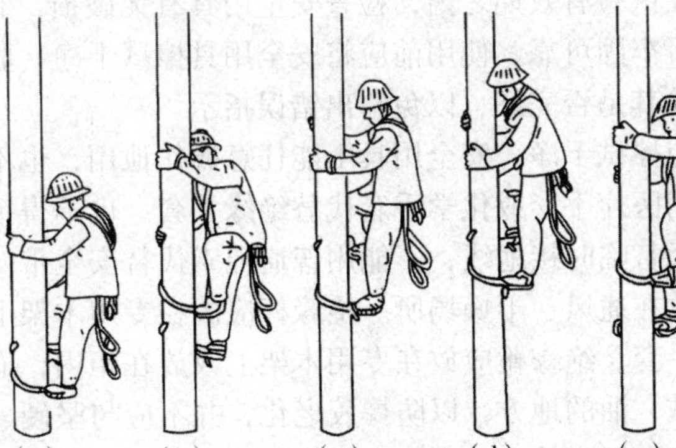

(a)　(b)　(c)　(d)　(e)

图 13-16　脚扣登杆和下杆方法

四、安全带

安全带是登杆作业时必备的保护用具，无论用登高板或脚扣都要用安全带配合使用。安全带腰带用皮革、帆布或化纤材料制成。

安全带由腰带、腰绳和保险绳组成。

腰带用来系挂腰绳、保险绳和吊物绳，使用时应系结在臀部上部而不是系结在腰间，在杆上作业也作为一支撑点，使全身重量不全落在脚上，否则操作时容易扭伤腰部且不便操作。腰绳用来固定人体腰下部，以扩大上身活动的幅度，使用时应系在电杆横担或抱箍下方，以防止腰绳窜出杆顶而造成工伤事故。

保险绳用来防止万一失足人体下落时不致坠地摔伤，一端要可靠地系结在腰带上，另一端用保险钩钩在横担、抱箍或其他固定物上，要高挂低用，如图 13-17 所示。另外安全带使用前必须仔细检查，长短要调节适中，作业时保险扣一定要扣好。

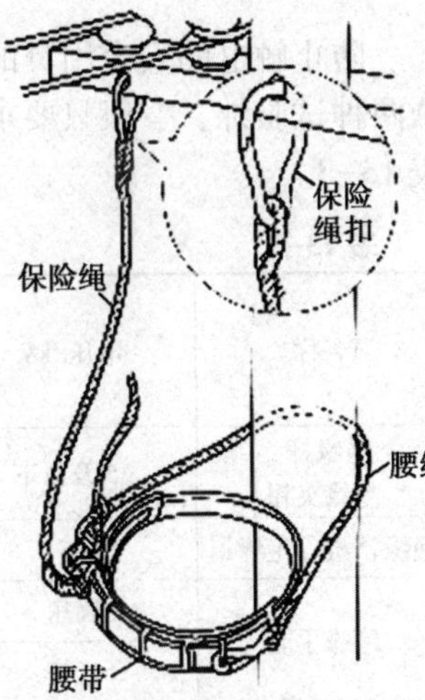

图 13-17　安全带

第四节　安全用具的使用和试验

安全用具是直接保护人身安全的，必须保持良好的性能和状态。为此必须正确使用和保管安全用具，并经常及定期地检查和试验。

一、安全用具的使用和保管

应根据工作条件选用适当的安全用具。操作高压跌落式熔断器或其他高压开关时，必须使用相应电压等级的绝缘棒，戴绝缘手套且内衬一副线手套，穿绝缘靴或站在绝缘垫上操作，无特殊防护装置的绝缘棒，遇雨雪天气不允许在户外操作。更换熔断器的熔体时，应戴护目眼镜和绝缘手套，必要时还应使用绝缘夹钳。空中作业时，应使用合格的登高用具、安全带，并戴上安全帽，不得用抛掷的方法上下传递工具或器材。

每次使用安全用具前必须认真检查。检查安全用具规格是否与线路条件相符，是否完好，检查安全用具是否在试验有效期之内，检查安全用具有无破损，有无裂纹、啮痕，是否脏污，是否受潮，是否牢固可靠。使用前应将安全用具擦拭干净。验电器每次使用前都应先在确认有电部位试验其是否完好，以免给出错误指示。

安全用具使用完毕应擦拭干净。安全用具不能任意挪作他用，也不能用其他工具代替安全用具。例如，不能用医疗手套或化学手套代替绝缘手套，也不得把绝缘手套或绝缘靴作他用；不能用短路法代替临时接地线；不能用普通绳索代替安全带。安全用具应妥善保管，应注意防止受潮，放在通风、干燥场所。绝缘杆应放在专用木架上，而不应斜靠在墙上或平放在地上。绝缘手套、绝缘靴应放在专用木架上或放在柜内，而不应放在过冷、过热、阳光曝晒或有酸、碱、油的地方，以防橡胶老化，并不应与坚硬、锋利带刺或脏污物放在一起或压以重物。验电器应放在盒内，并置于干燥之处。

二、安全用具试验

防止触电的安全用具的试验包括耐压试验和泄漏电流试验，除几种辅助安全用具要求做两种试验外，一般只要求做耐压试验。使用中安全用具的试验内容、标准、周期可参考表 13-3。

表 13-3　安全用具试验标准

名称		电压/kV	试验标准			试验周期/a
			耐压试验电压/kV	耐压试验持续时间/s	泄漏电流/mA	
绝缘杆、绝缘夹钳		35 及以下	3 倍额定电压，且≥40	300	—	1
绝缘挡板、绝缘罩		35	—	300	—	1
绝缘手套		高压	8	60	≤9	0.5
		低压	2.5	60	≤2.5	0.5
绝缘靴		高压	15	60	≤7.5	0.5
绝缘鞋		1 及以下	3.5	60	≤2	0.5
绝缘垫		1 以上	15	以 2~3 cm/s 的速度拉过	≤15	2
		1 及以下	5		≤5	2
绝缘站台		各种电压	45	120	—	3
绝缘柄工具		低压	3	60	—	0.5
高压验电器		10 及以下	40	300	—	0.5
		35 及以下	105	300	—	0.5
钳表	绝缘部分	10 及以下	40	60	—	1
	铁芯部分	10 及以下	20	60	—	1

对于新的安全用具，要求更应当严格一些。例如，新的高压绝缘手套的试验电压为12 kV、泄漏电流为12 mA；新的高压绝缘靴的试验电压为20 kV、泄漏电流为10 mA等。

登高作业安全用具的试验主要是拉力试验。其试验标准列入表13-4。试验周期均为半年。

表 13-4　　登高作业安全用具试验标准

名称	安全腰带		安全腰绳	登高板	脚扣	梯子
	大带	小带				
试验静拉力/N	2 206	1 471	2 206	2 206	1 471	1 765（荷重）

第五节　安全标志

在有触电危险的处所或容易产生误判断、误操作的地方，以及存在不安全因素的现场，设置醒目的文字或图形标志，提示人们识别、警惕危险因素，对防止人们偶然触及或过分接近带电体而触电具有重要作用。

一、标志的要求

（1）文字简明扼要、图形清晰、色彩醒目。例如用白底红边黑字制作的“止步，高压危险”的标示牌，白色背景衬托下的红边和黑字，可以收到清晰醒目的效果，也使这标示牌的警告作用更加强烈。

（2）标准统一或符合习惯，以便于管理。例如我国采用的颜色标志的含义基本上与国际安全色标准相同，见表13-5。

表 13-5　　安全色标的意义

色标	含义	举例
红色	禁止、停止、消防	停止按钮、灭火器、仪表运行极限
黄色	注意、警告	“当心触电”“注意安全”
绿色	安全、通过、允许、工作	“在此工作”“已接地”
黑色	警告	（多用于文字、图形、符号）
蓝色	强制执行	“必须戴安全帽”

二、常用标志举例

标志用文字、图形、编号、颜色等方式构成。举例如下：

（1）裸母线及电缆芯线的相序或极性标志见表13-6。

表 13-6　　　　　　导体色标

	交流电路				直流电路		接地线
	L_1	L_2	L_3	N	正极	负极	
旧	黄	绿	红	黑	红	蓝	黑
新	黄	绿	红	淡蓝	棕	蓝	黄绿双色线①

注：① 按国际标准和我国标准，在任何情况下，黄绿双色线只能用做保护接地或保护接零线。但在日本及西欧一些国家采用单一绿色线作为保护接地(零)线，我国出口转内销时也是如此。使用这类产品时，必须注意，仔细查阅使用说明书或用万用表判别之，以免接错线造成触电。

安全牌是由干燥的木材或绝缘材料制作的小牌子，其内容包括文字、图形和安全色，悬挂于规定的处所，起着重要的安全标志作用。安全牌按其用途分为允许、警告、禁止和提示等类型。电工专用的安全牌通常称为标示牌，常用的标示牌规格及其悬挂处所如表 13-7 所列。

表 13-7　　　　　　常用标示牌规格及悬挂处所

类型	名称	尺寸/mm	式样	悬挂处所
禁止类	禁止合闸，有人工作！	200×100 或 80×50	白底红字	一经合闸即可送电到施工设备的开关和刀闸的操作把手上
	禁止合闸，线路有人工作！	200×100 或 80×50	红底白字	线路开关和刀闸的把手上
	禁止攀登，高压危险！	250×200	白底红边黑字	工作人员上下的铁架，临近可能上下的另外铁架上，运行中变压器的梯子上
允许类	在此工作！	250×250	绿底，中有直径 210 mm 的白圆圈，圈内写黑字	室外和室内工作地点或施工设备上
提示类	从此上下！	250×250	绿底，中有直径 210 mm 的白圆圈，圆圈内写黑字	工作人员上下的铁架、梯子上
警告类	止步，高压危险！	250×200	白底红边，黑字，有红色箭头	施工地点邻近带电设备的遮栏上；室外工作地点的围栏上；禁止通行的过道上，工作地点邻近带电设备的横梁上

标示牌在使用过程中，严禁拆除、更换和移动。常见的电工用标示牌见图 13-18。

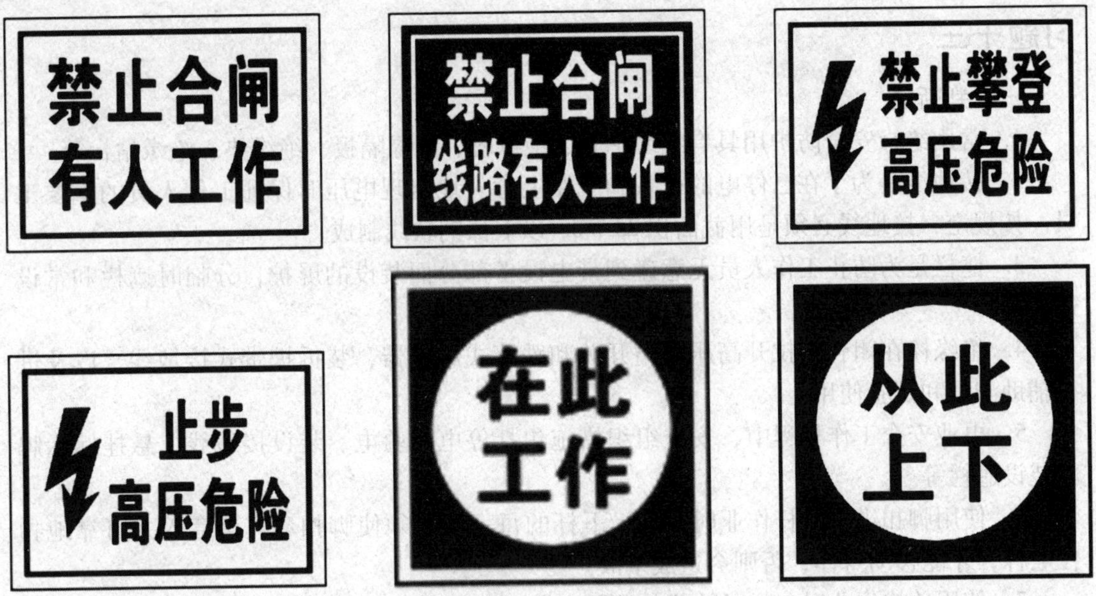

图 13-18　常用标示牌

习题十三

一、判断题

1. 常用绝缘安全防护用具有绝缘手套、绝缘靴、绝缘隔板、绝缘垫、绝缘站台等。

2. 接地线是为了在已停电的设备和线路上意外地出现电压时保证工作人员的重要工具。按规定，接地线必须是用截面积 25 mm^2 以上裸铜软线制成。

3. 遮栏是为防止工作人员无意碰到带电设备部分而装设的屏护，分临时遮栏和常设遮栏两种。

4. 绝缘棒在闭合或拉开高压隔离开关和跌落式熔断器，装拆携带式接地线，以及进行辅助测量和试验使用。

5. 电业安全工作规程中，安全组织措施包括停电、验电、装设接地线、悬挂标示牌和装设遮栏等。

6. 使用脚扣进行登杆作业时，上、下杆的每一步必须使脚扣环完全套入并可靠地扣住电杆，才能移动身体，否则会造成事故。

7. 使用竹梯作业时，梯子放置与地面夹角以 50°左右为宜。

8. 在安全色标中用红色表示禁止、停止或消防。

9. 在直流电路中，常用棕色表示正极。

10. 在安全色标中用绿色表示安全、通过、允许、工作。

11. “止步，高压危险”的标志牌的式样是白底、红边，有红色箭头。

12. 试验对地电压为 50 V 以上的带电设备时，氖泡式低压验电器就应显示有电。

二、填空题

13. 保险绳的使用应____________。

14. 高压验电器的发光电压不应高于额定电压的____________%。

15. 使用竹梯时，梯子与地面的夹角以____________为宜。

三、单选题

16. 下列说法中，不正确的是(　)。

A. 电业安全工作规程中，安全技术措施包括工作票制度、工作许可制度、工作监护制度、工作间断转移和终结制度

B. 停电作业安全措施按保安作用依据安全措施分为预见性措施和防护措施

C. 验电是保证电气作业安全的技术措施之一

D. 挂登高板时，应钩口向外并且向上

17. (　)可用于操作高压跌落式熔断器、单极隔离开关及装设临时接地线等。

A. 绝缘手套　　B. 绝缘鞋　　C. 绝缘棒

18. 绝缘安全用具分为(　)安全用具和辅助安全用具。

A. 直接　　B. 间接　　C. 基本

19. 绝缘手套属于(　)安全用具。

A. 直接　　B. 辅助　　C. 基本

20. (　)是登杆作业时必备的保护用具，无论用登高板或脚扣都要用其配合使用。

A. 安全带　　B. 梯子　　C. 手套

21. 登高板和绳应能承受(　　)N 的拉力试验。

A. 1 000　　　　B. 1 500　　　　C. 2 206

22. 登杆前，应对脚扣进行(　　)。

A. 人体静载荷试验　　B. 人体载荷冲击试验　　C. 人体载荷拉伸试验

23. “禁止合闸，有人工作”的标志牌应制作为(　　)。

A. 白底红字　　　　B. 红底白字　　　　C. 白底绿字

24. 按国际和我国标准，(　　)线只能用作保护接地或保护接零线。

A. 黑色　　　　B. 蓝色　　　　C. 黄绿双色

25. “禁止攀登，高压危险！”的标志牌应制作为(　　)。

A. 白底红字　　　　B. 红底白字　　　　C. 白底红边黑字

四、多项选择题

26. 下列(　　)属于基本安全用具。

A. 绝缘手套　　B. 绝缘棒　　C. 绝缘夹钳　　D. 绝缘垫

27. 遮栏主要用来防止(　　)等。

A. 工作人员过分接近带电体　　B. 工作人员意外碰到带电体

C. 检修时的安全隔离装置　　D. 设备不小心接地

28. 高空作业时应做到(　　)。

A. 高空作业人员应戴安全帽　　B. 高空作业人员应系好安全带

C. 地面作业人员应戴安全帽　　D. 作业人员应戴绝缘手套

29. “止步，高压危险！”标志牌用于(　　)。

A. 施工地点邻近带电设备的遮栏上　　B. 室外工作地点的围栏上

C. 禁止通行的过道上　　D. 工作地点邻近带电设备的横梁上

五、简答题

30. 安全牌按其用途分为哪些类型？

第十四章　触电事故与急救

现代生产和生活中，电力的应用日益广泛，逐渐成为人们工作和生活不可缺少的一部分。但由于不能安全地用电造成触电事故常有发生，对人们的生命安全造成伤害，甚至造成重大财产损失。本章主要介绍触电事故类型、电流对人体造成的危害、触电事故特点及紧急救护。

第一节　触电事故

触电事故是由电能以电流形式作用人体造成的事故。触电分为电击和电伤。

1. 电击

电击是指电流通过人体内部，对体内器官造成的伤害。人受到电击后，可能会出现肌肉抽搐、昏厥、呼吸停止或心跳停止等现象；严重时，甚至危及生命。大部分触电死亡事故都是电击造成的，通常说的触电事故基本上是对电击而言的。

按照发生电击时电气设备的状态，可分为直接接触电击和间接接触电击。

按照人体触及带电体的方式和电流通过人体的途径触电可分为单相触电、两相触电和跨步电压触电。

① 单相触电

当人体直接接触带电设备或线路中的一相时，电流通过人体流入大地，这种触电现象称为单相触电。在高压系统中，人体虽没有直接接触高压带电体，但由于安全距离不足而引起高压放电，造成的触电事故也属于单相触电。大部分触电属于单相触电事故。一般情况下，接地电网的单相触电危险性比不接地的电网的危险性大。

② 两相触电

人体同时接触带电设备或线路中的两相导体(或在高压系统中，人体同时接近不同相的带电导体，而发生高压放电)时，电流从一相导体通过人体流入另一相导体，这种触电现象称两相触电。两相触电危险性较单相触电大，因为当发生两相触电时，加在人体上的电压由相电压(220 V)变为线电压(380 V)，这时会加大对人体的伤害。

③ 跨步电压触电

当电气设备发生接地故障，接地电流通过接地体向大地流散，若人在接地短路点周围行走，其两脚之间的电位差，就是跨步电压。由跨步电压引起的人体触电，就是跨步电压触电。

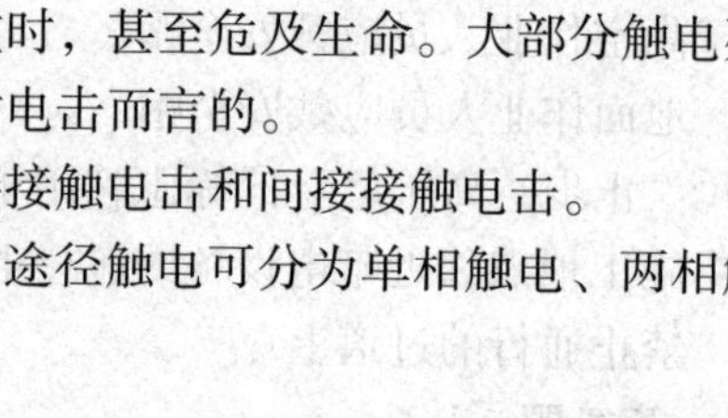

图 14-1　对低电压曲线

由对地电压分布曲线(图 14-1)可知，离接地

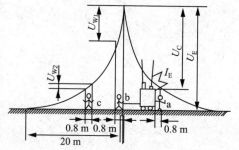

点越近，跨步电压越高，危险性越大。一般地，距接地点 20 m 以外可认为地电位为零。在对可能存在较高跨步电压(如高压故障接地处、大电流流过接地装置附近)的接地故障点进行检查时，室内不得接近故障点 4 m 以内，室外不得接近故障点 8 m 以内。若进入上述范围，工作人员必须穿绝缘靴。

2. 电伤

电伤是由电流的热效应、化学效应或者机械效应直接造成的伤害，电伤会在人体表面留下明显伤痕，有电烧伤、电烙伤、皮肤金属化、机械性损伤和电光性眼炎。造成电伤的电流通常都比较大。

① 电烧伤

是电流的热效应造成的伤害，分为电流灼伤和电弧烧伤。前者是人体触及带电体时电流通过人体的电流的热效应造成的伤害，一般发生在低压设备或低压线路上；后者是电弧放电产生的高温造成的伤害，如在高压开关柜分闸时，先拉隔离开关造成的电弧。

高压电弧的烧伤较低压电弧严重，直流电弧的烧伤较交流电弧严重。当人体与带电体之间发生电弧，对人体造成的烧伤，以电流进、出口烧伤最为严重，同时体内也会受到伤害。

② 电烙印

是在人体与带电体接触的部位留下的永久性斑痕。斑痕处皮肤失去原有弹性、色泽，表皮坏死，失去知觉。

③ 皮肤金属化

高温电弧作用下，熔化、蒸发的金属微粒渗入表皮，使皮肤粗糙而张紧的伤害。

④ 机械性损伤

由于电流对人体的作用使得中枢神经反射和肌肉强烈收缩，导致机体组织断裂、骨折等伤害。应当注意这里所说的机械伤害与电流作用引起的坠落、碰撞等伤害是不一样的，后者属于二次伤害。

⑤ 电光性眼炎

是发生弧光放电时，由红外线、可见光、紫外线对眼睛造成的伤害。对于短暂的照射，紫外线是引起电光性眼炎的主要原因。

第二节　电流对人体的危害

电流通过人体时会对人体的内部组织造成破坏。电流作用于人体，表现的症状有针刺感、压迫感、打击感、痉挛、疼痛，乃至血压升高、昏迷、心律不齐、心室颤动等。电流通过人体内部，对人体伤害的严重程度与通过人体电流的大小、电流通过人体的持续时间、电流通过人体的途径、电流的种类以及人体的状况等多种因素有关，而且各因素之间是相互关联的，伤害严重程度主要与电流大小与通电时间长短有关。

1. 通过人体电流的大小

通过人体的电流越大，人体的生理反应越明显，感觉越强烈。按照通过人体电流的大小，人体反应状态的不同，可将电流划分为感知电流、摆脱电流和室颤电流。

① 感知电流是在一定概率下，电流通过人体时能引起任何感觉的最小电流。感知电流一般不会对人体造成伤害，但当电流增大时，引起人体的反应变大，可能导致高处作业过程中的坠落等二次事故。

概率为50%时，成年男性的平均感知电流值（有效值，下同）约为1.1 mA，最小为0.5 mA；成年女性约为0.7 mA。

② 摆脱电流是手握带电体的人能自行摆脱带电体的最大电流。当通过人体的电流达到摆脱电流时，虽暂时不会有生命危险，但如超过摆脱电流时间过长，则可能导致人体昏迷、窒息甚至死亡。因此通常把摆脱电流作为发生触电事故的危险电流界限。

成人男性的平均摆脱电流约为16 mA，成年女性平均摆脱电流约为10.5 mA；摆脱概率99.5%时，成年男性和成年女性的摆脱电流约为9 mA和6 mA。

③ 室颤电流为较短时间内，能引起心室颤动的最小电流。电流引起心室颤动而造成血液循环停止，是电击致死的主要原因。因此通常把引起心室颤动的最小电流值则作为致命电流界限。

由图14-2室颤电流与时间曲线可知，当电流持续时间超过心脏搏动周期时，人的室颤电流约为50 mA；当电流持续时间短于搏动周期时，人的室颤电流约为数百毫安。

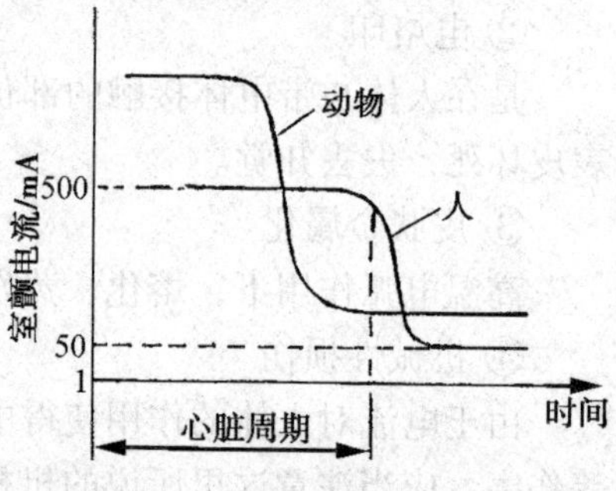

图14-2　室颤电流与时间曲线

通过人体电流的大小取决于外加电压和人体电阻，人体电阻主要由体内电阻和体外电阻组成。体内电阻一般约为500 Ω，体外电阻主要由皮肤表面的角质层决定，它受皮肤干燥程度、是否破损、是否沾有导电性粉尘等的影响。如皮肤潮湿时的电阻不及干燥时的一半，所以手湿时不要接触电气设备或拉合开关。人体电阻还会随电压升高而降低，工频电压220 V作用下的人体电阻只有50 V时的一半。当受很高电压作用时，皮肤被击穿则皮肤电阻可忽略不计，这时流经人体的电流则会成倍增加，人体的安全系数将降低。而一般情况下220 V工频电压作用下人体的电阻为1 000 ~2 000 Ω。

2. 通过人体的持续时间的影响

电流从左手到双脚会引起心室颤动效应。通电时间越长，越容易引起心室颤动，造成的危害越大。这是因为以下三个方面：

① 随通电时间增加，能量积累增加（如电流热效应随时间加大而加大），一般认为通电时间与电流的乘积大于50 mA · s时就有生命危险。

② 通电时间增加，人体电阻因出汗而下降，导致人体电流进一步增加。

③ 心脏在易损期对电流是最敏感的，最容易受到损害，发生心室颤动而导致心跳停止。如果触电时间大于一个心跳周期，则发生心室颤动的机会加大，电击的危害加大。

因此，通过人体的电流越大，时间越长，电击伤害造成的危害越大。通过人体电流的大小和通电时间的长短是电击事故严重程度的基本决定因素。

3. 电流途径的影响

电流通过人体的途径不同，造成的伤害也不同。电流通过心脏可引起心室颤动，导致心跳停止，使血液循环中断而致死。电流通过中枢神经或有关部位，会引起中枢神经系统强烈失调；通过头部会使人立即昏迷，而当电流过大时，则会导致死亡；电流通过脊髓，可能导致肢体瘫痪。

这些伤害中，以对心脏的危害性最大，流经心脏的电流越大，伤害越严重。而一般人的心脏稍偏左，因此，电流从左手到前胸的路径是最危险的。其次是右手到前胸，次之是双手到双脚及左手到单(或双)脚，右脚或双脚等。电流从左脚到右脚可能会使人站立不稳，导致摔伤或坠落，因此这条路径也是相当危险的。

4. 不同种类电流的影响

直流电和交流电均可使人发生触电。相同条件下，直流电比交流电对人体的危害较小。在电击持续时间长于一个心搏周期时，直流电的心室颤动电流比交流电高好几倍。直流电在接通和断开瞬间，平均感知电流约为 2 mA。接近 300 mA 直流电流通过人体时，在接触面的皮肤内感到疼痛，随通过时间的延长，可引起心律失常、电流伤痕、烧伤、头晕以及有时失去知觉，但这症状是可恢复的。如超过 300 mA 则会造成失去知觉。达到数安培时，只要几秒钟，则可能发生内部烧伤甚至死亡。

交流电的频率不同，对人体的伤害程度也不同。实验表明，50～60 Hz 的电流危险性最大。低于 20 Hz 或高于 350 Hz 时，危险性相应减小，但高频电流比工频电流更容易引起皮肤灼伤。因此，不能忽视使用高频电流的安全问题。

5. 个体差异的影响

不同的个体在同样条件下触电可能出现不同的后果。一般而言，女性对电流的敏感度较男性高，小孩较成人易受伤害。体质弱者比健康人易受伤害，特别是有心脏病、神经系统疾病的人更容易受到伤害，后果更严重。

第三节　触电事故发生的规律

了解触电事故发生的规律，有利增强防范意识和防止触电事故。根据对触电事故发生率的统计分析，可得出以下规律。

1. 触电事故季节性明显

统计资料表明，事故多发于第二、三季度且 6—9 月份较为集中。主要原因一是天气炎热，人体因出汗人体电阻降低，危险性增大；二是多雨、潮湿，电气绝缘性能降低容易漏电。且这段时间是农忙季节，农村用电量增加，也是事故多发季节。

2. 低压设备触电事故多

国内外统计资料表明，人们接触低压设备机会较多，因人们思想麻痹，缺乏安全知识，导致低压触电事故多。但在专业电工中，高压触电事故比低压触电事故多。

3. 携带式和移动式设备触电事故多

其主要原因是工作时人要紧握设备走动，人与设备连接紧密，危险性增大；另一方面，这些设备工作场所不固定，设备和电源线都容易发生故障和损坏；此外，单相携带式设备的保护零线与工作零线容易接错，造成触电事故。

4. 电气连接部位触电事故多

大量触电事故的统计资料表明，很多事故发生在接线端子、缠接接头、焊接接头、电缆头、灯座、插座、熔断器等分支线、接户线处。主要是由于这些连接部位机械牢固性较差，接触电阻较大，绝缘强度较低以及可能发生化学反应的缘故。

5. 冶金、矿业、建筑、机械行业触电事故多

由于这些行业生产现场条件差，不安全因素较多，以致触电事故多。

6. 中、青年工人、非专业电工、合同工和临时工触电事故多

因为他们是主要操作者，经验不足，接触电气设备较多，又缺乏电气安全知识，其中有的责任心不强，以致触电事故多。

7. 农村触电事故多

部分省市统计资料表明，农村触电事故约为城市的3倍。

8. 错误操作和违章作业造成的触电事故多

其主要原因是安全教育不够、安全制度不严和安全措施不完善。造成触电事故的发生，往往不是单一的原因。但经验表明，作为一名电工应提高安全意识，掌握安全知识，严格遵守安全操作规程，才能防止触电事故的发生。

第四节　触 电 急 救

人触电后，即使心跳和呼吸停止了，如能立即进行抢救，也还有救活的机会。据一些统计资料表明，心跳呼吸停止，在1 min内进行抢救，约80%可以救活，如6 min才开始抢救，则80%救不活了。可见触电后，争分夺秒，立即就地正确地抢救是至关重要的。触电急救必须迅速处理好以下几个步骤：

一、低压触电脱离电源的方法

1. 断开电源开关

如果电源开关或插头就在附近，应立即断开开关或拔掉插头。但要注意：

① 单刀开关装在零线时，断开开关，相线仍然带电；

② 单刀开关装在相线时，断开开关，开关的进线端仍然带电，如图14-3(a)、(b)所示；在线路的AB段触电，断开开关后触电者并未脱离电源。在装有双刀开关的线路上，断开开关，开关后的回路才不带电，如图14-3(c)，所以应将发生触电的回路上的双刀电源开关断开才能保证触电者脱离了电源。

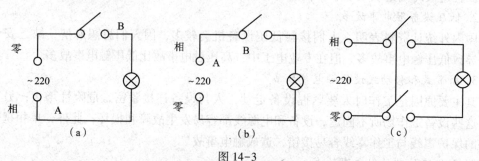

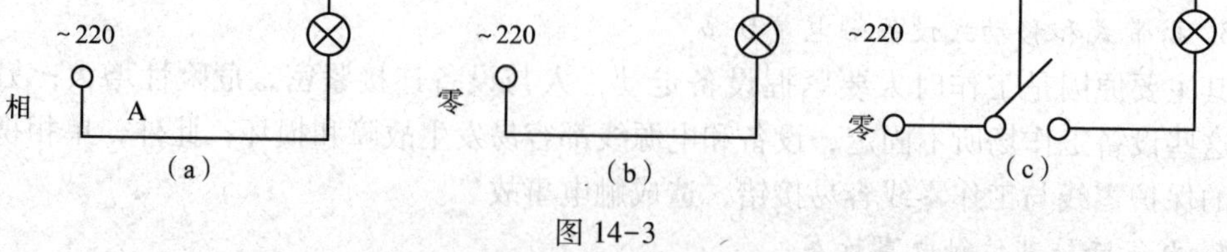

图14-3

(a) 开关装在零线上；(b) 开关装在相线上；(c) 双刃开关

2. 用绝缘工具将电线切断

救护人员如有绝缘胶柄的钳或绝缘木柄的刀、斧等，可用这些绝缘工具将触电回路上的绝缘导线切断，必须将相线、零线都切断，因不知哪根是相线，如只切断一根则不能保证触电者脱离电源。断线时应逐根切断，断口应错开，以防止断口接触发生短路。同时要防止断口触及他人或金属物体。用刀、斧砍线时，应防止导线断开时弹起触及自己或他人，也不能将导线支承在金属物体上砍断，以防断口使金属体带电导致触电。触电回路的电线是裸导线时，一般不宜采用砍线的方法，如要砍线，则必须有可靠的措施防止断线弹起和防止断线触及他人或金属物体。如果工具的胶柄或木柄是潮湿的则不能使用。

3. 用绝缘物体将带电导线从触电者身上移开

如果带电导线触及人体发生触电时，可以用绝缘物体，如干燥的木棍、竹竿小心地将电线从触电者身上拨开，但不能用力挑，以防电线甩出触及自己或他人，也要小心电线沿木棍滑向自己。也可用干燥绝缘的绳索缠绕在电线上将电线拖离触电者。对于电杆倒地造成电线触及人体，在拨开电线救人时要特别小心电线弹起。

4. 将触电者拉离带电物体

如触电者的衣服是干燥又不紧身的，救护人先用干燥的衣服将自己的手严密包裹，然后用包好的手拉着触电者干燥的衣服，将触电者拉离带电物体，或用干燥的木棍将触电者撬离带电物体。触电者的皮肤是带电的，千万不能触及，也不要触及触电者的鞋。拉人时自己一定要站稳、防止跌倒在触电者身上。救护人没有穿鞋或鞋是湿的时不能用此方法救人。

上述使触电者脱离电源的方法，应根据现场的具体条件，在确保救护人的安全的前提，以迅速、可靠为原则来选择采用。

(1) 高压触电脱离电源的方法

① 立即通知有关部门停电。

② 戴上绝缘手套，穿上绝缘靴，使用相应电压等级的绝缘工具拉开开关。

(2) 使触电者脱离电源时的注意事项

① 救人时要确保自身安全、防止自己触电，必须使用适当的绝缘工具，而不能使用金属或潮湿物件作救护工具，并且尽可能单手操作。

② 触电时，电流作用使肌肉痉挛手紧紧抓住带电体，电源一旦切断，没有电流的作用，手可能会松开而使人摔倒。防止切断电源时触电者可能的摔伤，应先做好防摔措施，断电时要注意触电者的倒下方向，触电者在高处时特别要注意防止摔伤。

③ 在黑暗的地方发生触电事故时，应迅速解决临时照明(如用手电筒等)，以便看清导致触电的带电物体，防止自己触电，也便于看清触电者的状况以利抢救。

④ 高压触电时，不能用干燥木棍、竹竿去拨开高压线。应与高压带电体保持足够的安全距离，防止跨步电压触电。

二、脱离电源后，检查触电者受伤情况的方法

触电者脱离电源后应立即检查其受伤的情况，首先判断其神志是否清醒，如神志不清则应迅速判断其有否呼吸和心跳，同时还应检查有否骨折、烧伤等其他伤害。然后分别进行现场急救处理。

1. 检查神志是否清醒的方法

在触电者耳边响亮而清晰地喊其名字或“张开眼睛”，或用手拍打其肩膀，如无反应则是失去知觉，神志不清。

2. 检查是否有自主呼吸的方法

触电者神志不清，则将其平放仰卧在干燥的地上，通过“看、听、试”判断是否有自主呼吸，看胸、腹部有无起伏，听有无呼吸的气流声，试口鼻有无呼气的气流，如都没有则可判断没有自主呼吸。应在 10 s 内完成“看、听、试”作出判断。

检查时可将耳朵靠近触电者的口鼻上方，眼睛注视其胸、腹部，边看胸、腹部有无起伏，边听口鼻有无呼吸的气流声，同时面部感觉有无呼气的气流。还可用羽绒、薄纸、棉纤维放在鼻、口前观察有否被呼气气流吹动。

3. 检查是否有心跳的方法

检查颈动脉有否搏动，如测不到颈动脉搏动，则可判断心跳停止。颈动脉位于颈部气管和邻近肌肉带之间的沟内(图 14-5)。救护人用一只手放在触电者前额使头部保持后仰，另一只手的食指与中指并齐放在触电者的喉结部位，然后将手指滑向颈部气管和邻近肌肉带之间的沟内就可测到颈动脉的搏动(图 14-4)。测颈动脉脉搏时应避免用力压迫动脉，脉搏可能缓慢不规律或微弱而快速，因此测试时间需 5~10 s。

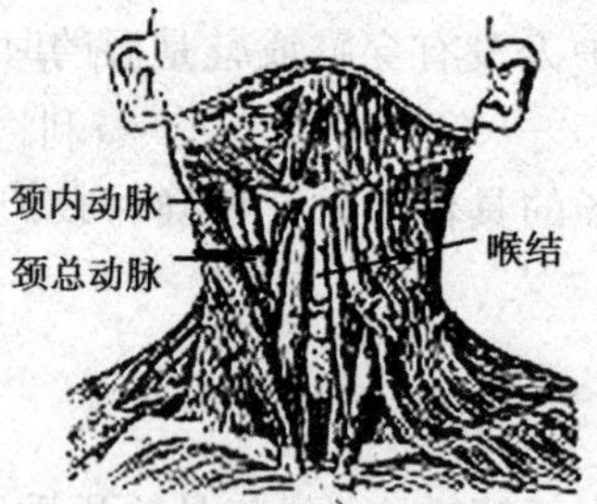

图 14-4 颈动脉的位置

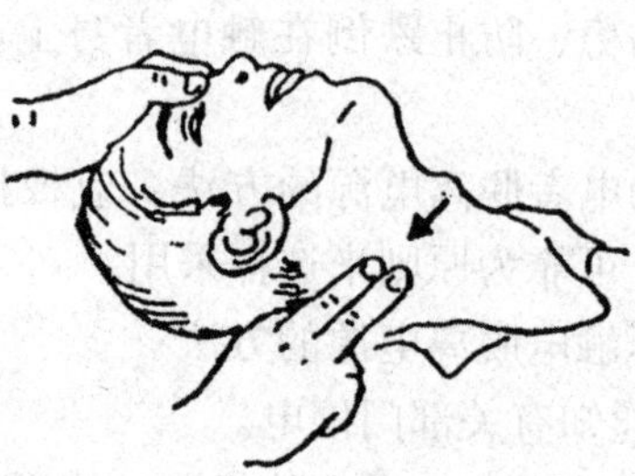

图 14-5 测动脉脉搏判断心跳

三、心跳、呼吸停止的现场抢救方法

发现有人触电后，应立即通知医院派救护车来抢救，纵使触电者神志清醒也应送医院检查。在医生到来之前，在现场的人员应立即根据触电者受伤情况采取相应的抢救措施，绝不能坐等医生，医生到来之前能否采取正确抢救措施直接关系到触电者的生存。

1. 根据受伤情况采取不同处理方法

① 脱离电源后，触电者神志清醒，应让触电者就地平卧安静休息，不要走动，以减小心脏负担，应有人密切观察其呼吸和脉搏变化。天气寒冷时要注意保暖。

② 触电者神志不清，有心跳，但呼吸停止，应立即进行口对口人工呼吸，如不及时进行人工呼吸，心脏因缺氧很快就会停止跳动。如呼吸很微弱也应立即进行人工呼吸，因为微弱的呼吸起不到气体交换作用。

③ 触电者神志不清，有呼吸，但心跳停止，应立即进行人工胸外心脏的挤压。

④ 触电者心跳停止，同时呼吸也停止或呼吸微弱，应立即进行心肺复苏抢救。

⑤ 如心跳、呼吸均停止并伴有其他伤害时，应先进行心肺复苏，然后再处理外伤。

2. 现场心肺复苏的生理基础

心跳和呼吸是人最基本的生理过程，呼吸时吸入新鲜空气，呼出二氧化碳，新鲜空气中所含的氧在肺部溶于血液中，随血液的循环输送到人体各器官，体内产生的二氧化碳又随血液送到肺部呼出，肺的呼吸起到气体交换的作用。血液的循环靠心脏跳动来维持。心脏像泵一样提供动力使血液在血管里不断循环。如果呼吸停止，则不能进行气体交换，如果心跳停了，则血液循环不了，都会使细胞缺氧受损。脑细胞对缺氧最敏感，一般缺氧超过 8 min 就会造成不可逆转的损害导致脑死亡，即使抢救后恢复了心跳和呼吸也会变成植物人。所以心跳、呼吸停止后，必须争分夺秒立即就地抢救。现场抢救是用人工呼吸的方法恢复气体交换，用人工胸外心脏按压的方法恢复循环，恢复对全身细胞供氧，对人体进行基本的生命支持，同时配合其他治疗，使伤员恢复自主的心跳、呼吸。

3. 口对口(鼻)人工呼吸的方法

① 人工呼吸的作用

人工呼吸是伤员不能自主呼吸时，人为地帮助其进行被动呼吸，救护人将空气吹入伤员肺内，然后伤员自行呼出，达到气体交换，维持氧气供给。

② 人工呼吸前的准备工作

a. 平放仰卧。使伤员仰面平躺。

b. 松开衣裤。松开伤员的上衣和裤带，使胸、腹部能够自由舒张。

c. 清净口腔。检查伤员口腔，如有痰、血块、呕吐物或松脱的假牙等异物，应将其清除以防止异物堵塞喉部，阻碍吹气和呼气。可将伤员头部侧向一面，有利将异物清出。

d. 头部后仰、鼻孔朝天。救护人一手放在伤员前额上，手掌向后压，另一只手的手指托着下颚向上抬起，使头部充分后仰至鼻孔朝天，防止舌根后坠堵塞气道。因为在昏迷状态下舌根会向后下坠将气道堵塞[图 14-6(a)]，令头部充分后仰可以提起舌根使气道开放[图 14-6(b)]。

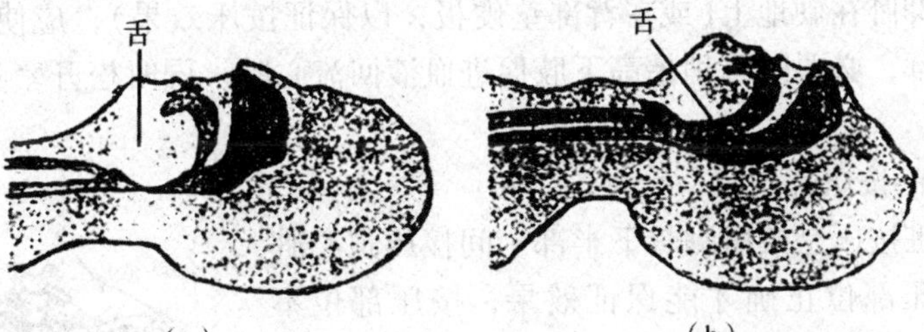

图 14-6　仰舌根位置示意图

各项准备工作都是为了使气道通畅。

4. 吹气、呼气的方法

① 深吸一口气。吹入伤员肺内的气量要达到 800~1 200 mL(成年人)，才能保证有足够的氧，所以救护人吹气前应先深吸一口气。

② 口对口，捏紧鼻，吹气。救护人一只手放在伤员额上，用拇指和食指将伤员鼻孔捏紧，另一只手托住伤员下颚，使头部固定，救护人低下头，将口贴紧伤员的口，吹气。吹气时鼻要捏紧，口要贴紧以防漏气。吹气要均匀，将吸入的气全部吹出，时间约 2 s。

吹气时目光注视伤员的胸、腹部，吹气正确胸部会扩张，如感觉吹气阻力很大且胸部不见扩张，说明气道不通畅，吹气量不足则胸部扩张不明显，如腹部胀起则是吹气过猛，使空气吹入胃内(图 14-7)。

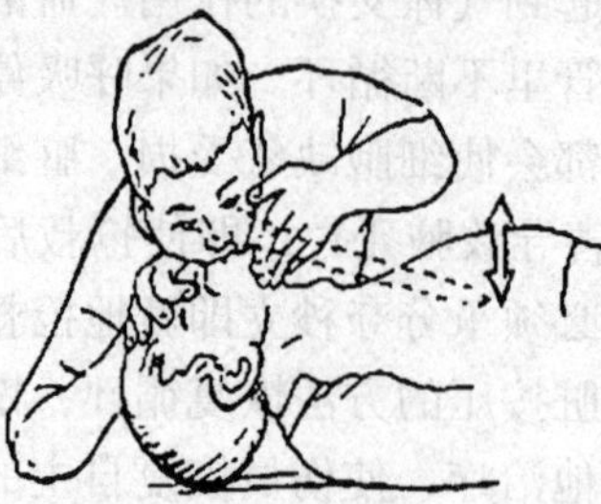

图 14-7　口对口人工呼吸

③ 口离开，松开鼻，自行呼气。吹气后随即松开鼻孔，口离开，让伤员自行将气呼出，时间约 3 s。伤员呼气时救护人抬起头准备又再深吸气，伤员呼气完后，救护人紧接着口对口吹气，持续进行抢救。

如果伤员牙关紧闭无法张开时，可以口对鼻吹气。对儿童进行人工呼吸时，吹气量要减少。

5. 人工胸外心脏按压的方法

① 心脏按压的作用

心跳停止后，血液循环失去动力，用人工的方法可建立血液循环。人工有节律地压迫心脏，按压时使血液流出，放松时心脏舒张使血液流入心脏，这样可迫使血液在人体内流动。

② 按压心脏前的准备

a. 放置好伤员并使气道顺畅

将伤员平放仰卧在硬地上(或在背部垫硬板，以保证按压效果)，应使头部低于心脏，以利血液流向脑部，必要时可稍抬高下肢促进血液回流心脏。同时松开紧身衣裤，清净口腔，使气道顺畅。

b. 确定正确的按压部位

人工胸外心脏按压是按压胸骨下半部。间接压迫心脏使血液循环，按压部位正确才能保证效果，按压部位不当，不仅无效甚至有危险，比如压断肋骨伤及内脏，或将胃内流质压出引起气道堵塞等。所以在按压前必须准确确定按压部位。了解心脏、胸骨、胸骨剑突、肋弓的解剖位置(图 14-8)有助于掌握正确的按压部位(正确压点)。

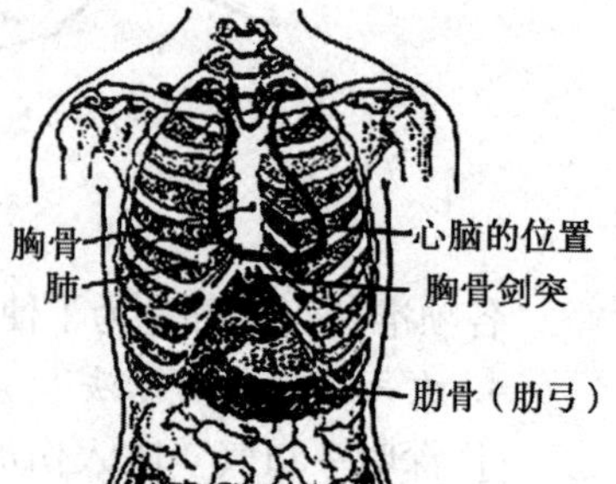

图 14-8　心脏、胸骨、胸骨剑突、肋骨的位置

确定正确的按压部位的方法是：先在腹部的左(或右)上方摸到最低的一条肋骨(肋弓)，然后沿肋骨摸上去，直到左、右肋弓与胸骨的相接处(在腹部正中上方)，找到胸骨剑突，把手掌放在剑突上方并使手掌边离剑突下沿二手指宽(图 14-9)，掌心应在胸骨的中心线上，偏左

或偏右都可能会造成肋骨骨折。这方法可概括为："沿着肋骨向上摸，遇到剑突放二指，手掌靠在指上方，掌心应在中线上。"

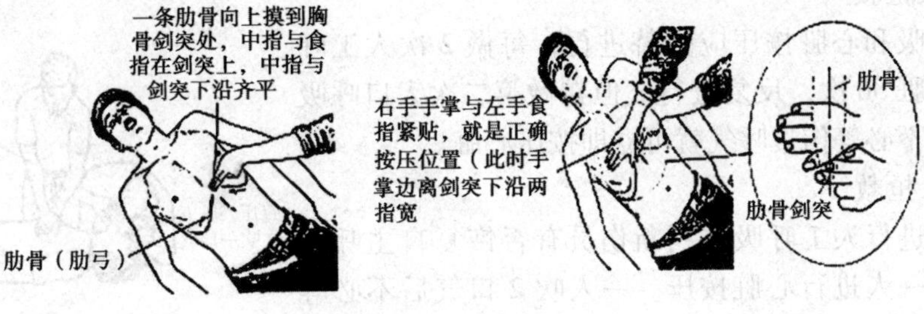

图 14-9 正确的按压位置

6. 正确的按压方法

① 两手相叠放在正确的按压部位上，手掌贴紧胸部，手指稍翘起不要接触胸部(图 14-10)。按压时只是手掌用力下压，手指不得用力，否则会使肋骨骨折。

② 腰稍向前弯，上身略向前倾，使双肩在双手正上方，两臂伸直，垂直均匀用力向下压，压陷 4~5 cm，使血液流出心脏。下压时以髋关节为支点用力(图 14-11)，用力方向是垂直向下压向胸骨，如斜压则会推移伤员。按压时切忌用力过猛，否则会造成骨折伤及内脏。压陷过深有骨折危险，压下深度不足则效果不好，成年人压陷 4~5 cm，体形大的压下深些。

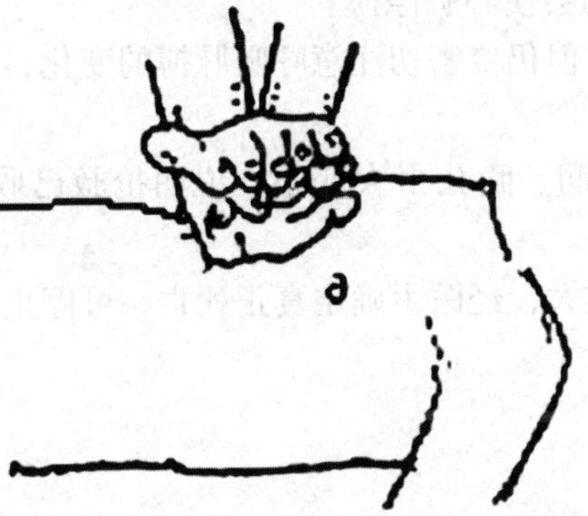

图 14-10 按压时手掌的正确姿势

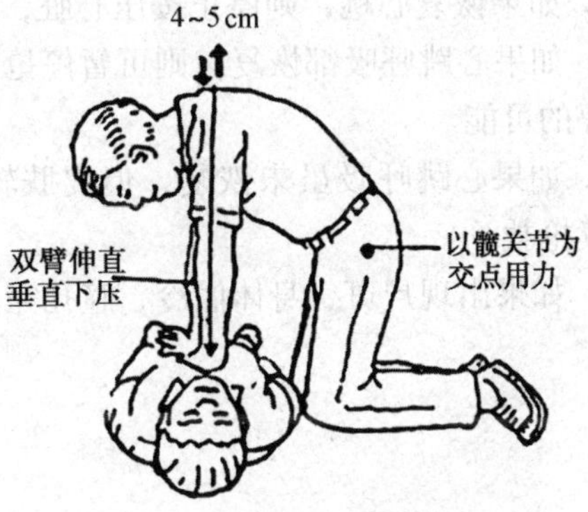

图 14-11 正确的按压姿势

③ 压陷后立即放松使胸部恢复原状，心脏舒张使血液流入心脏，但手不要离开胸部。

④ 以每分钟 100 次的频率节奏均匀地反复按压，按压与放松的时间相等。

⑤ 婴儿和幼童，只用两只手指按压，压下约 2 cm，10 岁以上儿童用一只手按压，压下 3 cm，按压频率都是每分钟 100 次。

⑥ 救护人的位置：伤员放在地上时，可以跪在伤员一侧或骑跪在伤员腰部两侧(但不要蹲着)，以保证双臂能垂直下压来确定具体位置。伤员放在床上时，救护人可站在伤员一侧。

正确压法可概括为："跪在一侧，两手相叠，掌贴压点，身稍前倾，两臂伸直，垂直下压，压后即松，每分钟压 100 次，成人压下 4~5cm，小孩压下 2~3cm。"

7. 现场心肺复苏的方法

一个救护人员进行抢救和有两个救护人员进行抢救的方法：

① 单人抢救

人工呼吸和心脏按压应交替进行，每做 2 次人工呼吸再按压心脏 30 次，反复进行。但在做第二次人口呼吸时，吹气后不必等伤员呼气就可立即按压心脏。

② 双人抢救

一个人进行人工呼吸并判断伤员有否恢复自主呼吸和心跳，另一人进行心脏按压。一人吹 2 口气后不必等伤员呼气，另一人立即按压心脏 30 次，反复进行，但吹气时不能按压(图 14-12)。

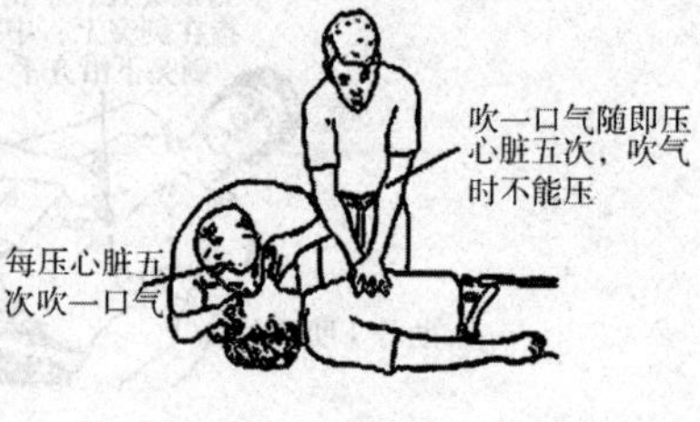
吹一口气随即压
心脏五次，吹气
时不能压
每压心脏五
次吹一口气

图 14-12　双人抢救

8. 用人工呼吸、心脏按压对伤员进行抢救的注意事项

① 要立即、就地、正确、持续抢救。越早开始抢救生还的机会越大，脱离电源后立即就地抢救，避免转移伤员而延误了抢救时机，正确的方法是取得成效的保证，抢救应坚持不断，在医务人员未接替抢救前，现场抢救人员不得放弃抢救，也不得随意中断抢救。

② 抢救过程中要注意观察伤员的变化，每做 5 个循环(人工呼吸 2 次，心脏按压 30 次为一个循环)，就检查一次是否恢复自主心跳、呼吸。

a. 如果恢复呼吸，则停止吹气。

b. 如果恢复心跳，则停止按压心脏，否则会使心脏停搏。

c. 如果心跳呼吸都恢复，则可暂停抢救，但仍要密切注意呼吸脉搏的变化，随时有再次骤停的可能。

d. 如果心跳呼吸虽未恢复，但皮肤转红润、瞳孔由大变小，说明抢救已收到效果，要继续抢救。

e. 如果出现尸斑、身体僵冷、瞳孔完全放大，经医生确定真正死亡，可停止抢救。

习题十四

一、判断题

1. 触电事故是由电能以电流形式作用于人体造成的事故。

2. 据部分省市统计，农村触电事故要少于城市的触电事故。

3. 触电分为电击和电伤。

4. 一般情况下，接地电网的单相触电比不接地的电网的危险性小。

5. 两相触电危险性比单相触电小。

6. 直流电弧的烧伤较交流电弧烧伤严重。

7. 按照通过人体电流的大小，人体反应状态的不同，可将电流划分为感知电流、摆脱电流和室颤电流。

8. 概率为50%时，成年男性的平均感知电流值约为1.1 mA，最小为0.5 mA，成年女性约为0.6 mA。

9. 脱离电源后，触电者神志清醒，应让触电者来回走动，加强血液循环。

10. 触电者神志不清，有心跳，但呼吸停止，应立即进行口对口人工呼吸。

11. 发现有人触电后，应立即通知医院派救护车来抢救，在医生来到前，现场人员不能对触电者进行抢救，以免造成二次伤害。

二、填空题

12. 电伤是由电流的____________效应对人体所造成的伤害。

13. 在对可能存在较高跨步电压的接地故障点进行检查时，室内不得接近故障点____________ m以内。

14. 人体直接接触带电设备或线路中的一相时，电流通过人体流入大地，这种触电现象称为____________触电。

15. 引起电光性眼炎的主要原因是____________。

三、单选题

16. 下列说法中，正确的是(　　)。

A. 通电时间增加，人体电阻因出汗而增加，导致通过人体的电流减小

B. 30~40 Hz 的电流危险性最大

C. 相同条件下，交流电比直流电对人体危害较大

D. 工频电流比高频电流更容易引起皮肤灼伤

17. 电流对人体的热效应造成的伤害是(　　)。

A. 电烧伤　　B. 电烙印　　C. 皮肤金属化

18. 人体同时接触带电设备或线路中的两相导体时，电流从一相通过人体流入另一相，这种触电现象称为(　　)触电。

A. 单相　　B. 两相　　C. 感应电

19. 当电气设备发生接地故障，接地电流通过接地体向大地流散，若人在接地短路点周围行走，其两脚间的电位差引起的触电叫(　　)触电。

A. 单相　　B. 跨步电压　　C. 感应电

20. 人体体内电阻约为(　　)Ω。

A. 200　　　　　　B. 300　　　　　　C. 500

21. 人的室颤电流约为(　)mA。

A. 16　　　　　　B. 30　　　　　　C. 50

22. 一般情况下 220 V 工频电压作用下人体的电阻为(　)Ω。

A. 500~1 000　　　　B. 800~1 600　　　　C. 1 000~2 000

23. 电流从左手到双脚引起心室颤动效应，一般认为通电时间与电流的乘积大于(　)mA·s 时就有生命危险。

A. 16　　　　　　B. 30　　　　　　C. 50

24. 脑细胞对缺氧最敏感，一般缺氧超过(　)min 就会造成不可逆转的损害导致脑死亡。

A. 5　　　　　　B. 8　　　　　　C. 12

25. 据一些资料表明，心跳呼吸停止，在(　)min 内进行抢救，约 80%可以救活。

A. 1　　　　　　B. 2　　　　　　C. 3

26. 如果触电者心跳停止，有呼吸，应立即对触电者施行(　)急救。

A. 仰卧压胸法　　B. 胸外心脏按压法　　C. 俯卧压背法

27. 对触电成年伤员进行人工呼吸，每次吹入伤员的气量要达到(　)mL 才能保证足够的氧气。

A. 500~700　　　　B. 800~1 200　　　　C. 1 200~1 400

四、多项选择题

28. 在居住场所安装剩余电流保护器应选用(　)。

A. 动作电流 30 mA 以下　　　　B. 动作电流 6 mA 以下

C. 动作时间 0.1 s 以内　　　　D. 额定电压 220 V

29. 对装设接地线的要求，下列正确的是(　)。

A. 装设接地线必须两人进行

B. 装设接地线必须先接导体端，后接接地端

C. 拆接地线必须先拆导体端，后拆接地端

D. 经验电确认设备已停电，装接地线可以不使用绝缘棒或戴绝缘手套。

30. 在验电操作过程中，正确的行为是(　)。

A. 对已停电的线路设备，当其经常接入的电压表或其他信号指示无电，可以作为无电压的根据，不必进行验电

B. 验电时，必须使用电压等级合适且合格的验电器

C. 验电时，应在检修设备的进线和出线两侧分别验电

D. 验电前应先在电压等级合适的有电设备上进行试验，以确认验电器良好

31. 电伤是由电流的(　)直接造成伤害。

A. 热效应　　B. 化学效应　　C. 机械效应　　D. 高空坠落

32. 属于电伤的有(　)。

A. 电烧伤　　B. 电烙印　　C. 触电后摔伤　　D. 机械性损伤

33. 不同电流对人体的影响正确的是(　)。

A. 直流电和交流电均可使人触电

B. 直流电比交流电的危害较小
C. 50~60 Hz 的电流危险性最大
D. 低于 20 Hz 或高于 350 Hz 的电流危险性相应减小
34. 使触电者脱离电源时的注意事项有(　)。
A. 救护者一定要判明情况，做好自身防护
B. 在触电人脱离电源的同时，要防止二次伤害事故
C. 如果是夜间抢救，要及时解决临时照明，以避免延误抢救时机
D. 高压触电时，不能用干燥木棍、竹竿去拨开高压线

五、简答题

35. 按照人体及带电的方式和电流通过人体的途径，触电可分为哪几种?
36. 电流对人体的伤害程度与哪些因素直接有关?

附　表　一

电工作业工作票（第一种）　　　　编号：

1. 工作负责人（监护人）：______________________

班组：______________________

2. 工作班人员：______________________共______人

3. 工作内容和工作地点：

4. 计划工作时间：自　　年　月　日　　时　　分

至　　年　月　日　　时　　分

5. 安全措施：

下列由工作票签发人填写　　　　下列由工作许可人（值班员）填写

下列由工作票签发人填写	下列由工作许可人（值班员）填写
应拉开关和刀闸，包括填写前已拉开关和刀闸（注明编号）	已拉开关和刀闸（注明编号）
应装接地线（注明地点）	已装接地线（注意接地线编号和装设地点）
应设遮栏，应挂标示牌	已设遮栏，已挂标示牌（注明地点）
	工作地点保留带电部分和补充安全措施
工作票签发人签名： 收到工作票时间：　　　年　月　日 时　　分 值班负责人签名：	工作许可人签名： 值班负责人签名：

值长签名：

6. 许可开始工作时间：______年____月____日____时____分

工作负责人签名：__________工作许可人签名：____________

7. 工作负责人变动：

原工作负责人___________离去；变更__________为工作负责人。

变动时间：______年____月____日____时____分

工作票签发人签名：__________

8. 工作票延期，有效期延长到：______年____月____日____时____分

工作负责人签名：______

值长或值班负责人签名：__________

9. 工作结束：工作班人员已全部撤离，现场已清理完毕。

全部工作于______年____月____日____时____分结束。

工作负责人签名：___________工作许可人签名：___________接地线共_________组已拆除。值班负责人签名：_________

10. 备注：_________

附 表 二

电工作业工作票(第二种)　　　　　　编号:

1. 工作负责人(监护人): ______________________________

班组: ______________________________

工作人员: ______________________________

2. 工作任务: ______________________________

3. 计划工作时间: 自______年___月___日___时___分

至自______年___月___日___时___分

4. 工作条件(停电或不停电): ______________________________

5. 注意事项(安全措施): ______________________________

工作票签发人签名: ______________________________

6. 许可开始工作时间: ______年___月___日___时___分

工作许可人(值班员)签名:

工作负责人签名:

7. 工作结束时间: ______年___月___日___时___分

工作许可人(值班员)签名: ______________________________

工作负责人签名: ______________________________

8. 备注: ______________________________

参考答案

习题一参考答案

一、判断题

1. ×；2. √；3. √

二、填空题

4. 11；5. 18；6. 6；7. 3；8. 初中；9. 1 000 V

三、单选题

10-14 BBABA　15-19 ABCBC　20-21 CA

四、多项选择题

22. ABC；23. ACD；24. ABCD

五、简答题

25. 电工作业分为高压电工作业、防爆电气作业和低压电工作业。

26. 伪造特种作业操作证；涂改特种作业操作证；使用伪造特种作业操作证。

习题二参考答案

一、判断题

1. ×；2. ×；3. √；4. √；5. √；6. ×；7. √；8. √；9. √；10. ×；11. √；12. ×；13. ×

二、填空题

14. 50；15. 高；16. 空气；17. 楞次定律；18. 电容器；19. 二极管

三、单选题

20-24 DDABA　25-29 BBBAC　30-34 BABAC　35-39 ABABA　40-44 BAABC
45-48 CACB

四、多项选择题

49. AB；50. ABD；51. BCD；52. BC；53. ABC；54. ABC；55. ABD；56. AB；57. AC；58. ABC；59. ABC；60. ACD；61. ABD

五、简答题

62. 一般由电源、负载、控制设备和连接导线组成。

63. 三相对称电动势的特点是最大值相同、频率相同、相位上互差120°。

习题三参考答案

一、判断题

1. ×；2. √；3. √；4. √；5. √；6. ×；7. √；8. √；9. √；10. √；11. ×；

12. √；13. √；14. ×；15. ×；16. √；17. ×；18. ×；19. √；20. ×；21. √；22. ×；23. ×；24. √；25. ×；26. √；27. ×；28. √；29. ×；30. √；31. √；32. ×；33. √；34. √

二、填空题

35. 温度；36. 非自动切换；37. 复合按钮；38. 铁壳开关；39. 断路器；40. 按钮；41. 接触器；42. 熔断器；43. 延时断开动合

三、单选题

44-48 BDBCC　49-53 BCCCB　54-58 BAABC　59-63 ABABA　64-68 AABBB

69-73 CCABB　74-78 ABBBC　79-83 BABAC　84-85 AC

四、多项选择题

86. ABCD；87. ABC；88. ABCD；89. ABCD；90. ABC；91. ABD；92. BCD；93. ABD；94. ABC；95. ABCD；96. ABCD；97. ABC；98. BCD；99. ACD；100. ABC；101. BCD；102. ABCD；103. ABCD；104. ABC；105. ABCD

五、简答题

106. 采用储能合、分闸操作机构；当铁盖打开时，不能进行合闸操作；当合闸后，不能打开铁盖。

107. 额定电流、额定电压、通断能力、线圈的参数、机械寿命与电寿命。

108. 断路器的长延时电流整定值等于电机的额定电流；保护笼形电机时，整定电流等于系数 K_f×电机的额定电流（系数与型号、容量、启动方法有关，约 8~15 A 之间）；保护绕线转子电机时，整定电流等于系数 K_f×电机的额定电流（系数与型号、容量、启动方法有关，约 3~6 A 之间）；考虑断路的操作条件和电寿命。

习题四参考答案

一、判断题

1. ×；2. √；3. ×；4. √；5. √；6. ×；7. √；8. √；9. √；10. √；11. ×；12. √；13. √；14. ×；15. √；16. ×；17. ×；18. √；19. √

二、填空题

20. 开启式、防护式、封闭式；21. 定子；22. 定子铁芯；23. 允许输出；24. 线电压

三、单选题

25-29 ABBBB　30-34 BCBAC　35-39 ABBAC　40-44 BCCCB　45-49 BCBAB

50-52 BBC

四、多选题

53. AD；54. ABD；55. ABC；56. ABCD；57. ABCD；58. ABC；59. ABC；60. ABD；61. ACD；62. BCD；63. AC；64. ABCD；65. AB；66. ABCD

五、简答题

67. 检查电机外部清洁及铭牌各数据与实际电机是否相符；拆除电机所有外部连接线，对电机进行绝缘测量，合格后才可用；检查电机轴承的润滑脂是否正常；检查电机的辅助设备和电机与安装底座、接地等。

习题五参考答案

一、判断题

1. √；2. ×；3. √；4. √；5. √；6. ×；7. ×；8. √；9. √；10. ×；11. √；12. ×；13. ×；14. ×；15. ×；16. ×；17. ×；18. √；19. ×

二、填空题

20. 220；21. 防爆型；22. 白炽灯；23. 白炽灯；24. 1.3；25. 零线

三、单选题

26-30 DACCA　31-35 BACBC　36-40 ABBBB　41-45 BABBC　46-50 ABAAB
51-52 BA

四、多项选择题

53. CD；54. ABC；55. BCD；56. BCD；57. ACD；58. BC；59. BC；60. BD；61. ABC；62. BCD；63. ABC；64. BCD；65. BCD；66. ABCD

五、简答题

67. 电光源根据工作原理可分为热辐射光源、气体放电光源。

68. 体积小、无噪声、低压启动、节能。

习题六参考答案

一、判断题

1. ×；2. √；3. √；4. ×；5. √；6. √；7. √；8. ×；9. ×；10. ×；11. ×；12. √；13. ×；14. √；15. √；16. √；17. √；18. ×；19. √；20. ×；21. ×；22. ×；23. √；24. ×

二、填空题

25. 黄色；26. 送电；27. 绝缘子；28. 提高机械强度；29. 淡蓝色；30. 短路；31. 法；32. 乏

三、单选题

33-37 ACACC　38-42 BBCBB　43-47 ACBCB　48-52 ABBCC　53-57 ACACB
58-62 BBBCB　63-67 BABCA　68-72 CCCCB　73-75 ABC

四、多项选择题

76. ABD；77. ACD；78. BC；79. AC；80. BCD；81. BCD；82. BCD；83. ABCD；84. ABCD；85. CD；86. BCD；87. AC；88. ABCD；89. ABD；90. ACD；91. BC；92. BCD；93. BD；94. AC；95. ABD

五、简答题

96. 直埋敷设、架空敷设、排管敷设、电缆沟敷设、隧道敷设、桥架敷设、电缆竖井敷设、海底电缆敷设等。

97. 集中补偿、分散补偿、个别补偿。

习题七参考答案

一、判断题

1. ×；2. ×；3. ×；4. √；5. √；6. ×；7. ×；8. √；9. ×；10. ×；11. ×；

12. √；13. √；14. √；15. ×；16. √；17. ×；18. √；19. ×；20. √；21. √；22. ×

二、填空题

23. 兆欧；24. 测量电路；25. 接地电阻；26. 电流互感器；27. 直流；28. 电流表；29. 并联；30. 电能

三、单选题

31-35 AAABB　36-40 CBCCB　41-45 CABBB　46-50 ABBBA　51-55 ACABB

四、多选题

56. ABC；57. ABCD；58. AB；59. AD；60. ABC；61. AB；62. ABCD；63. ABD；64. ABCD；65. ABCD；66. BC；67. BD；68. BC

五、简答题

69. 一般可测量直流电压、交流电压、直流电流、电阻。

70. 磁电式、电磁式、电动式、感应式。

习题八参考答案

一、判断题

1. √；2. √；3. ×；4. ×；5. ×；6. √；7. √；8. √；9. √；10. √；11. ×

二、填空题

12. 500；13. 150 mm；14. 3 mm；15. Ⅲ类

三、单选题

16-20 BBBCA　21-25 BBCBB　26-28 BCB

四、多项选择题

29. ABCD；30. BCD；31. ABCD；32. ABCD；33. AB；34. ABCD；35. ABC

五、简答题

36. 具体要求有：应采用橡皮绝缘软电缆、单相用三芯电缆，三相用四芯电缆，电缆中间不得有接头。

习题九参考答案

一、判断题

1. √；2. √；3. √；4. ×；5. ×；6. √；7. ×；8. ×；9. ×；10. √；11. ×；12. ×

二、填空题

13. 易引发火灾；14. 接触；15. 接闪杆

三、单选题

16-20 BACAA　21-25 ACBCC　26-28 CBA

四、多项选择题

29. ABCD；30. ABD；31. BCD；32. ABD；33. ABD；34. ABD

五、简答题

35. 避雷装置包括接闪器或避雷器、引下线、接地装置。

36. 雷电的危害主要有引起火灾和爆炸、可使人遭到电击、破坏电力设备、破坏建筑物。

习题十参考答案

一、判断题

1. √；2. √；3. √；4. ×；5. √；6. ×；7. ×；8. √；9. ×；10. ×；11. √

二、填空题

12. 防爆型；13. 迅速设法切断电源；14. 不同；15. 50

三、单选题

16-20 CABAA 21-25 CBAAC 26-28 CAB

四、多项选择题

29. ABC；30. ABD；31. ABCD；32. AC；33. ACD；34. ABD

五、简答题

35. 电气设备选型的依据主要有：使用环境的等级、使用条件、可靠性。

习题十一参考答案

一、判断题

1. √；2. √；3. ×；4. ×；5. ×；6. √；7. ×；8. √；9. ×；10. ×；11. ×

二、填空题

12. 6.5；13. 0.5；14. 重复；15. 三相五线

三、单选题

16-20 BCAAA 21-25 BCBCA 26 B

四、多项选择题

27. BCD；28. ACD；29. ABD；30. ABD；31. BD；32. BCD；33. BD；34. ABD

五、简答题

35. 工程中用以防止间接接触电击的安全措施有：保护接地、保护接零、装置剩余电流动作。

习题十二参考答案

一、填空题

1. 组织；2. 技术；3. 二

二、多项选择题

4. ABCD；5. ABCD

习题十三参考答案

一、判断题

1. √；2. √；3. √；4. √；5. ×；6. √；7. ×；8. √；9. √；10. √；11. √；12. ×

二、填空题

13. 高挂低用；14. 25；15. 60°

三、单选题

16-20 ACCBA　21-25 CBACC

四、多项选择题

26. BC；27. ABC；28. ABC；29. ABCD

五、简答题

30. 安全牌按其用途一般分为允许、警告、禁止、提示等类型。

习题十四参考答案

一、判断题

1. √；2. ×；3. √；4. ×；5. ×；6. √；7. √；8. ×；9. ×；10. √；11. ×

二、填空题

12. 热、化学与机械；13. 4；14. 单相；15. 紫外线

三、单选题

16-20 CABBC　21-25 CCCBA　26-27 BB

四、多项选择题

28. ACD；29. AC；30. BCD；31. ABC；32. ABD；33. ABCD；34. ABCD

五、简答题

35. 按照人体及带电的方式和电流通过人体的途径，触电可分为单相、两相、跨步电压触电。

36. 电流对人体的伤害程度与电流的大小、通电时间、电流的种类直接有关。

参考文献

[1]杨有启. 电工安全知识与操作技能[M]. 北京：中国劳动社会保障出版社，2010.
[2]广东省安全生产宣传教育中心. 电工安全技术[M]. 广州：广东经济出版社，2009.
[3]张常年，等. 电路与磁路[M]. 北京：中国水利水电出版社，2011.
[4]李邦协. 电气设备的安全[M]. 北京：中国标准出版社，2011.
[5]杨岳. 电气安全[M]. 2版. 北京：机械工业出版社，2010.
[6]陈惠群，陈俊民. 实用电工测量技术[M]. 沈阳：辽宁科学技术出版社，2011.
[7]杨金桃，胡宽. 高级电工技能训练[M]. 北京：中国电力出版社，2007.
[8]王金花. 电工技术[M]. 北京：人民邮电出版社，2009.
[9]《电气工程师手册》编辑委员会. 电气工程师手册[M]. 北京：中国电力出版社，2008.
[10]徐建俊. 电工考工实训教程[M]. 北京：清华大学出版社、北京交通大学出版社，2005.
[11]广州市红十字会，广州市红十字培训中心. 电力行业现场急救技能培训手册[M]. 北京：中国电力出版社，2011.

教材意见反馈表

<table>
<tr><td colspan="2">教材名称</td><td></td></tr>
<tr><td colspan="2">意见和建议</td><td></td></tr>
<tr><td rowspan="4">联系方式</td><td>姓　　名</td><td></td></tr>
<tr><td>单　　位</td><td></td></tr>
<tr><td>联系电话</td><td></td></tr>
<tr><td>电子邮箱</td><td></td></tr>
</table>

注：1. 纸质版反馈信息，请寄北京市朝阳区北苑路 32 号甲 1 安全大厦 21 层，应急管理部培训中心收。

2. 电子版反馈信息，可发至 pxzx_ks@ 163. com。

3. 联系电话：010-64463729/64463761 应急管理部培训中心。